KB088172

#영재_특목고대비
#최강심화문제_완벽대비

최강 TOT

Chunjae
Makes
Chunjae

▼

[최강 TOT] 초등 수학 6단계

기획총괄	김안나
편집개발	김정희, 김혜민, 최수정, 최경환
디자인총괄	김희정
표지디자인	윤순미, 여화경
내지디자인	박희춘
제작	황성진, 조규영

발행일	2023년 10월 15일 2판 2024년 11월 1일 2쇄
발행인	(주)천재교육
주소	서울시 금천구 가산로9길 54
신고번호	제2001-000018호
고객센터	1577-0902

※ 정답 분실 시에는 천재교육 교재 홈페이지에서 내려받으세요.

※ KC 마크는 이 제품이 공통안전기준에 적합하였음을 의미합니다.

※ 주의

책 모서리에 다칠 수 있으니 주의하시기 바랍니다.

부주의로 인한 사고의 경우 책임지지 않습니다.

8세 미만의 어린이는 부모님의 관리가 필요합니다.

최강

TOT

6단계

초등수학 6학년

Structure

구성과 특징

창의·융합, 창의·사고 문제,
코딩 수학 문제와 같은 새로운
문제를 풀어 봅니다.

STEP 1 경시 기출 유형 문제

경시대회 및 영재교육원에서 자주 출제되는 문제의 유형을 뽑아 주제별로 출제 경향을 한눈에 알아볼 수 있도록 구성하였습니다.

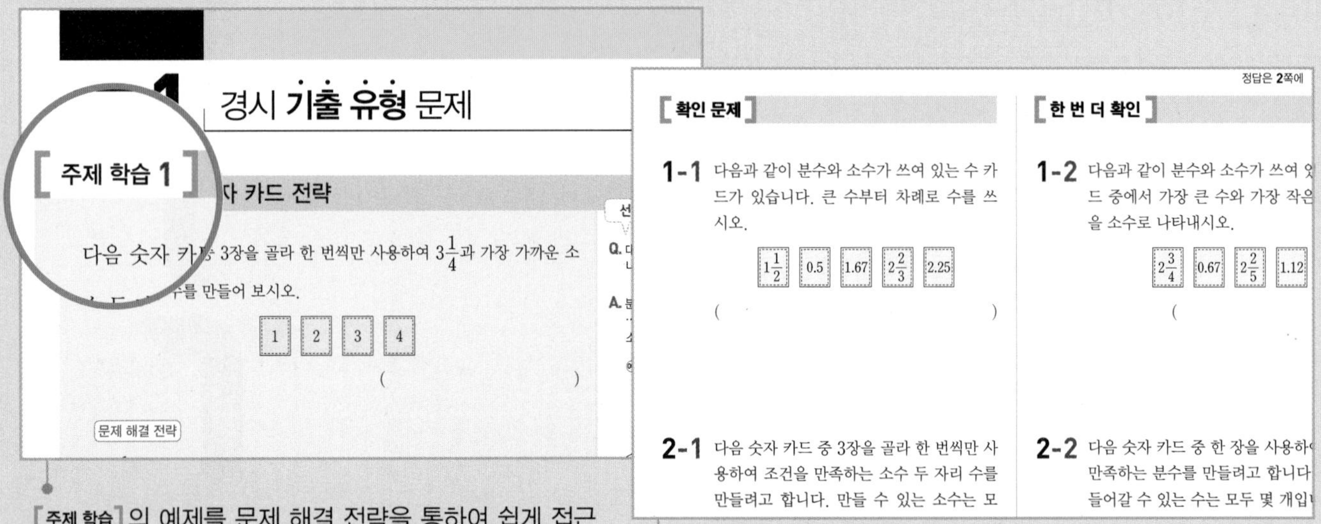

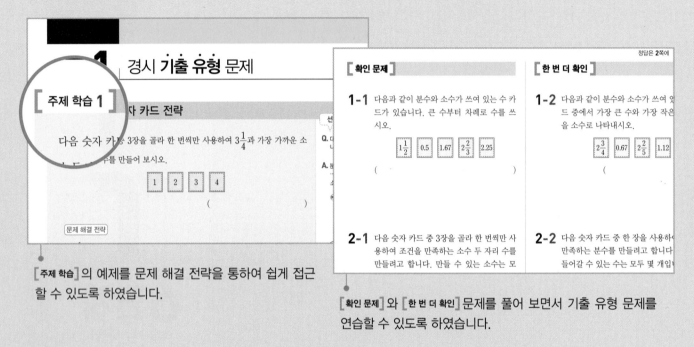

[주제 학습]의 예제를 문제 해결 전략을 통하여 쉽게 접근할 수 있도록 하였습니다.

[확인 문제]와 [한 번 더 확인] 문제를 풀어 보면서 기출 유형 문제를 연습할 수 있도록 하였습니다.

STEP 2 실전 경시 문제

경시대회 및 영재교육원에서 출제되었던 다양한 유형의 문제를 수록하였고, 전략을 이용해 스스로 생각하여 문제를 해결할 수 있도록 구성하였습니다.

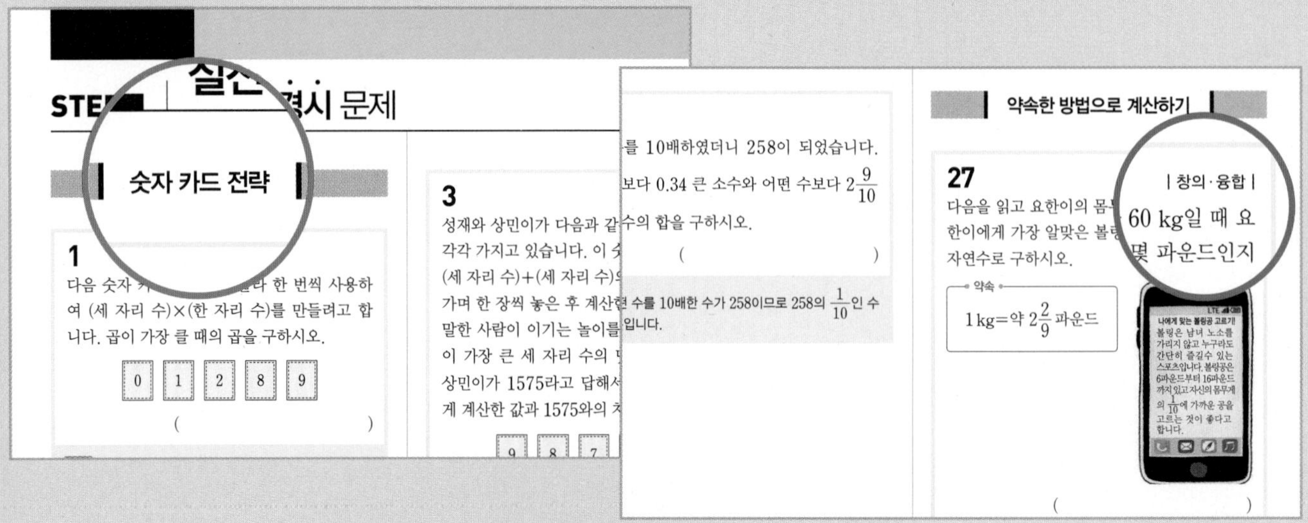

STEP 3 **코딩 유형** 문제

컴퓨터적 사고 기반을 접목하여 문제 해결을 위한 절차와 과정을 중심으로 코딩 유형 문제를 수록하였습니다.

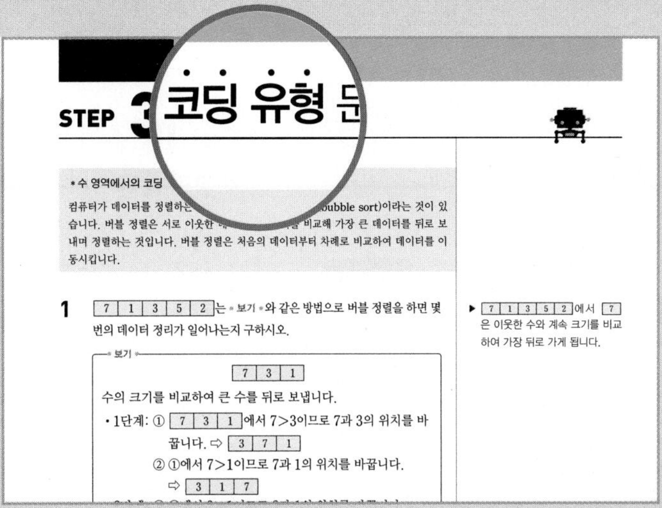

STEP 4 도전! **최상위** 문제

종합적 사고를 필요로 하는 문제들과 창의·융합 문제들을 수록하여 최상위 문제에 도전할 수 있도록 하였습니다.

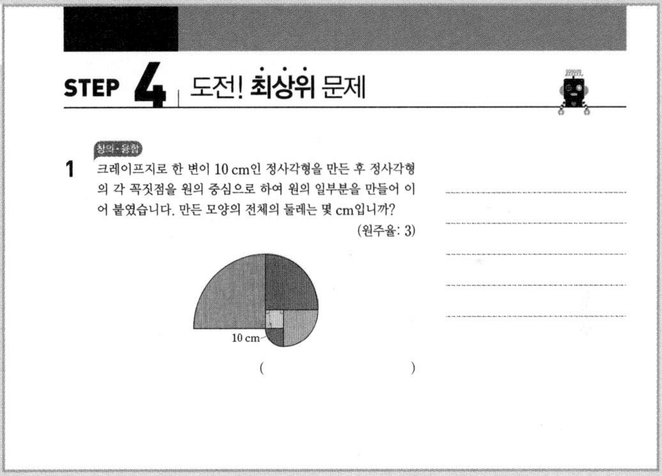

특강 영재원 · **창의융합** 문제

영재교육원, 올림피아드, 창의·융합형 문제를 학습하도록 하였습니다.

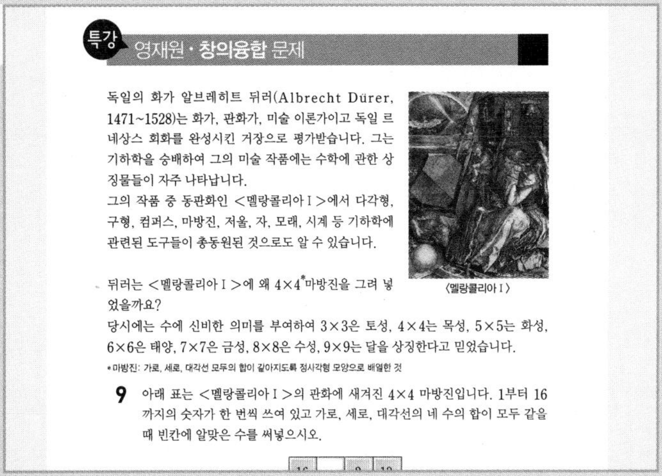

Contents

차례

Unit

영역별 관련 단원

Ⅰ 수 영역

분수의 나눗셈
소수의 나눗셈

Ⅱ 연산 영역

분수의 나눗셈
소수의 나눗셈
여러 가지 문제

Ⅲ 도형 영역

각기둥과 각뿔
원기둥, 원뿔, 구
쌓기나무

Ⅳ 측정 영역

원의 넓이
원기둥, 원뿔, 구
직육면체의 겉넓이와 부피

Ⅴ 확률과 통계 영역

비와 비율
비례식과 비례배분
비율그래프

Ⅵ 규칙성 영역

정비례와 반비례
여러 가지 문제

Ⅶ 논리추론 문제해결 영역

여러 가지 문제

I

수 영역

| 주제 구성 |

1 숫자 카드 전략

2 수에서 규칙성 찾기

3 분수와 소수로 표현하여 문제 해결하기

4 모르는 수 해결하기

STEP 1 경시 기출 유형 문제

[주제 학습 1] 숫자 카드 전략

다음 숫자 카드 중 3장을 골라 한 번씩만 사용하여 $3\frac{1}{4}$과 가장 가까운 소수 두 자리 수를 만들어 보시오.

1	2	3	4

( )

문제 해결 전략

① $3\frac{1}{4}$을 소수로 나타내기

$3\frac{1}{4}=3\frac{25}{100}$이므로 $3\frac{1}{4}$을 소수로 나타내면 3.25입니다.

② 3.25에 가장 가까운 소수 두 자리 수 구하기

3.25에 가장 가까운 소수 두 자리 수가 되려면 소수의 자연수 부분이 3이고, 소수 부분은 0.25에 가장 가깝게 만들면 됩니다.
따라서 3.25와 가장 가까운 소수 두 자리 수는 3.24입니다.

선생님, 질문 있어요!

Q. 대분수는 소수로 어떻게 나타내나요?

A. 분모를 10, 100, 1000 ……인 분수로 나타낸 후 소수로 나타냅니다.

예 $2\frac{1}{5}=2+\frac{1\times2}{5\times2}$
$=2+\frac{2}{10}$
$=2.2$

분자를 분모로 나누어 소수로 나타낼 수도 있어요.

$$\begin{array}{r} 0.25 \\ 4\overline{)1.00} \\ 8 \\ \hline 20 \\ 20 \\ \hline 0 \end{array} \Rightarrow \frac{1}{4}=0.25$$

따라 풀기 1

다음 숫자 카드 중 3장을 골라 한 번씩만 사용하여 6.23과 가장 가까운 대분수를 만들어 보시오.

1	2	3	4	5	6

( )

따라 풀기 2

다음 숫자 카드를 모두 한 번씩 사용하여 42와의 차가 가장 작은 소수 세 자리 수를 만들어 보시오. (단, 0은 맨 앞자리나 소수점 아래 끝자리에 올 수 없습니다.)

4	0	7	8	3	.

( )

확인 문제

1-1 다음과 같이 분수와 소수가 쓰여 있는 수 카드가 있습니다. 큰 수부터 차례로 수를 쓰시오.

$1\frac{1}{2}$ | 0.5 | 1.67 | $2\frac{2}{3}$ | 2.25

(　　　　　　　　　　)

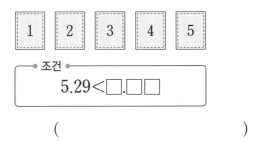

2-1 다음 숫자 카드 중 3장을 골라 한 번씩만 사용하여 조건을 만족하는 소수 두 자리 수를 만들려고 합니다. 만들 수 있는 소수는 모두 몇 개입니까?

1 | 2 | 3 | 4 | 5

조건

$5.29<\square.\square\square$

(　　　　　　　　　　)

3-1 3, 5, 7, 9의 4장의 숫자 카드를 한 번씩만 사용하여 다음과 같은 곱셈식을 완성하려고 합니다. 곱이 가장 작을 때의 곱을 구하시오.

㉠ ㉡ ㉢ × 1 ㉣

(　　　　　　　　　　)

한 번 더 확인

1-2 다음과 같이 분수와 소수가 쓰여 있는 수 카드 중에서 가장 큰 수와 가장 작은 수의 합을 소수로 나타내시오.

$2\frac{3}{4}$ | 0.67 | $2\frac{2}{5}$ | 1.12

(　　　　　　　　　　)

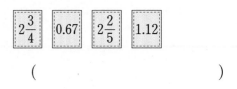

2-2 다음 숫자 카드 중 한 장을 사용하여 다음을 만족하는 분수를 만들려고 합니다. □ 안에 들어갈 수 있는 수는 모두 몇 개입니까?

1 | 2 | 3 | 4 | 5

$$\frac{1}{2}<\frac{\square}{5}<\frac{9}{10}$$

(　　　　　　　　　　)

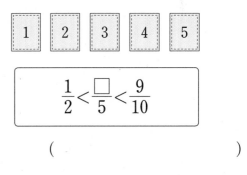

3-2 다음 숫자 카드를 한 번씩만 사용하여 곱이 가장 큰 (두 자리 수)×(두 자리 수)를 만들었을 때의 곱을 구하시오.

2 | 4 | 6 | 8

(　　　　　　　　　　)

[주제 학습 2] 수에서 규칙성 찾기

다음은 규칙에 따라 수를 나타낸 것입니다. $\frac{4}{3}$는 1행 2열에 있는 수이고 $\frac{19}{13}$는 3행 3열에 있는 수입니다. ㉣에 알맞은 수는 얼마입니까?

	1열	2열	3열	4열
1행	1	$\frac{4}{3}$	$\frac{13}{9}$	㉠
2행	$\frac{10}{7}$	$\frac{7}{5}$	$\frac{16}{11}$	㉡
3행	$\frac{25}{17}$	$\frac{22}{15}$	$\frac{19}{13}$	㉢
4행				㉣

( )

문제 해결 전략

① 규칙 찾기

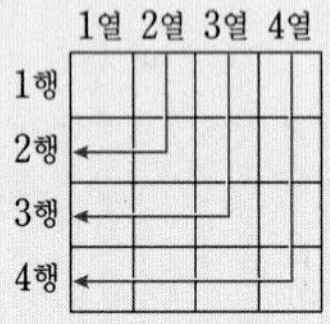

왼쪽 그림과 같이 분수가 나열된 것입니다.

$(\frac{1}{1}), (\frac{4}{3}, \frac{7}{5}, \frac{10}{7}), (\frac{13}{9}, \frac{16}{11}, \frac{19}{13}, \frac{22}{15}, \frac{25}{17})$……

따라서 분모는 2씩 커지고, 분자는 3씩 커지는 규칙입니다.

② 규칙을 이용하여 ㉣에 알맞은 수 구하기

㉠$=\frac{25+3}{17+2}=\frac{28}{19}$, ㉡$=\frac{28+3}{19+2}=\frac{31}{21}$, ㉢$=\frac{31+3}{21+2}=\frac{34}{23}$, ㉣$=\frac{34+3}{23+2}=\frac{37}{25}$

선생님, 질문 있어요!

Q. 수에서 규칙은 처음의 수부터 찾아야 하나요?

A. 꼭 그런 것은 아닙니다. 하지만 많은 경우 첫 번째 수와 두 번째 수, 두 번째 수와 세 번째 수의 관계를 찾으면 규칙을 발견하기 더 쉽습니다.

가로, 세로의 규칙을 찾아본 후 대각선 등을 알아봐요. [주제 학습 2]와 같이 분자, 분모가 각각의 규칙을 갖는 경우도 있어요.

따라 풀기 1

다음과 같은 규칙으로 수를 늘어놓았습니다. 50번째 수를 구하시오.

1, 1, 2, 1, 2, 3, 1, 2, 3, 4, 1, 2, 3, 4, 5, 1 ……

( )

[확인 문제]

1-1 다음은 혜미가 규칙에 따라 수를 차례로 쓴 것입니다. □ 안에 알맞은 수를 구하시오.

79 ⇨ 63 ⇨ 18 ⇨ □

(   )

2-1 계단 안의 수는 규칙에 따라 쓴 것입니다. 빈칸에 알맞은 수를 써넣으시오.

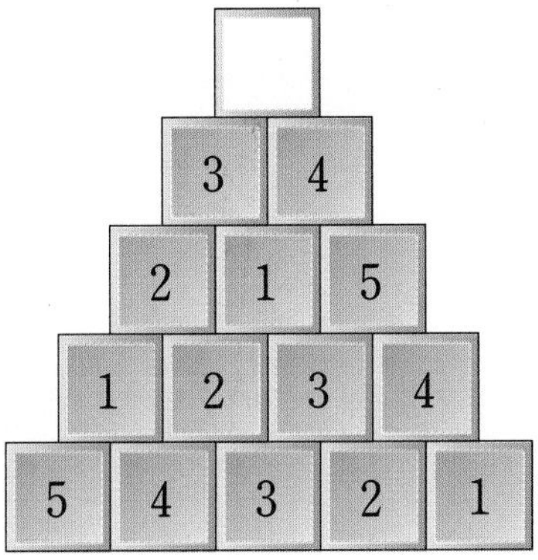

3-1 세로줄은 맨 위의 칸의 수를 아래 두 칸에 있는 수로 가르기한 것입니다. 빈칸에 알맞은 수를 써넣으시오.

5	5	10	8	16
4	3	3	1	
1		7		6

[한 번 더 확인]

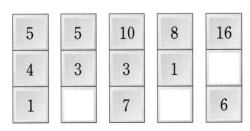

1-2 다음 중 규칙에 맞지 않는 수가 한 개 있습니다. 규칙에 맞지 않는 수를 찾아 쓰시오.

4 9 16 20 25 36

(   )

2-2 계단 안의 수는 규칙에 따라 쓴 것입니다. 빈칸에 알맞은 수를 써넣으시오.

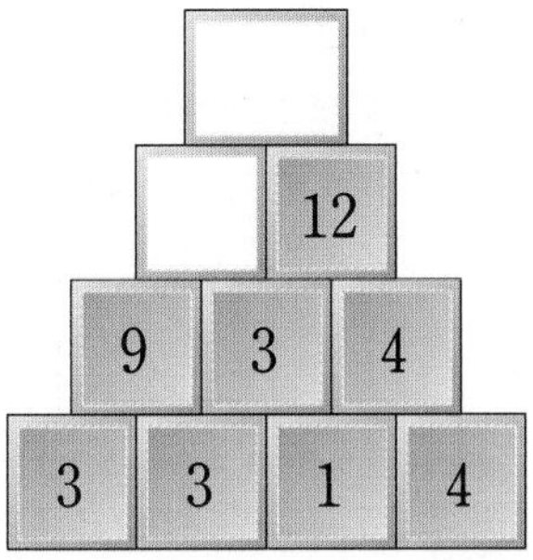

3-2 가로, 세로, 4칸짜리 사각형 안에 1, 3, 5, 7을 한 번씩만 들어 가도록 표를 완성하였습니다. 빈칸에 알맞은 수를 써넣으시오.

7	3	5	1
		7	3
3	7	1	5
5	1	3	7

[주제 학습 3] 분수와 소수로 표현하여 문제 해결하기

□ 안에 들어갈 수 있는 자연수를 모두 쓰시오.

$$\frac{1}{6}<\frac{\square}{36}<\frac{3}{12}$$

( )

문제 해결 전략

① 분수를 통분하기

세 분모 6, 36, 12의 최소공배수는 36이므로 세 분수의 분모를 36으로 하여 통분합니다.

$$\frac{6}{36}<\frac{\square}{36}<\frac{9}{36}$$

② □ 안에 들어갈 수 있는 수 구하기

분모가 같은 분수의 크기 비교는 분자의 크기로 비교합니다.

$6<\square<9$이므로 □ 안에 들어갈 수 있는 자연수는 7, 8입니다.

선생님, 질문 있어요!

Q. 분수의 크기를 비교할 때 소수로 고쳐서 비교해도 될까요?

A. 분수를 소수로 고쳐도 되지만 분모가 6, 36, 12와 같이 10, 100, 1000…… 으로 만들어지지 않는 경우는 분모를 통분하여 해결하는 것이 더 좋습니다.

따라 풀기 1

$\frac{1}{5}$과 0.67 사이에 있는 분수 중에서 분모가 15인 기약분수는 모두 몇 개입니까?

( )

따라 풀기 2

수직선에서 □ 안에 알맞은 수를 구하시오. (단, 눈금 한 칸의 크기는 모두 같습니다.)

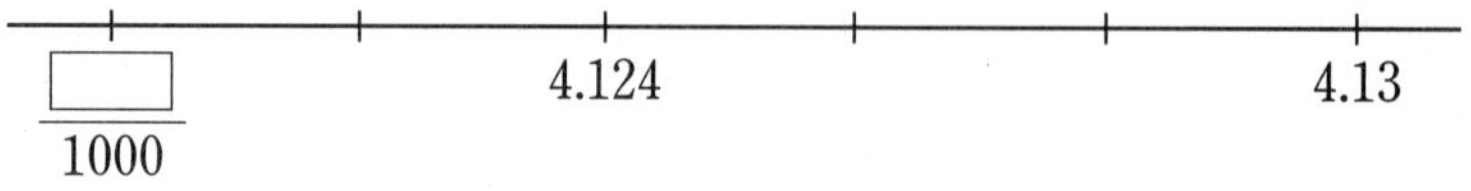

( )

[확인 문제]

1-1 2.52를 기약분수로 나타내었을 때 분모는 얼마입니까?

(　　　　　　　　　　)

2-1 $\frac{1}{3}$과 $\frac{1}{2}$ 사이에는 무수히 많은 소수가 있습니다. 이 중에서 소수 두 자리 수는 모두 몇 개입니까? (단, 소수점 아래 끝자리에 0은 올 수 없습니다.)

(　　　　　　　　　　)

3-1 어머니께서 정육점에서 돼지고기 2.14 kg과 소고기 $2\frac{3}{25}$ kg을 사셨습니다. 돼지고기와 소고기 중 어머니께서 더 많이 사신 것은 무엇입니까?

(　　　　　　　　　　)

[한 번 더 확인]

1-2 어떤 진분수를 기약분수로 나타내었을 때 분모와 분자의 합이 11이고 분모가 분자보다 5 클 때 이를 소수로 나타내면 얼마입니까?

(　　　　　　　　　　)

2-2 ㉠보다 크고 ㉡보다 작은 소수 세 자리 수가 있습니다. 이 중에서 소수 셋째 자리 숫자가 5인 가장 큰 수와 가장 작은 수의 차를 구하시오. (단, 눈금 한 칸의 크기는 모두 같습니다.)

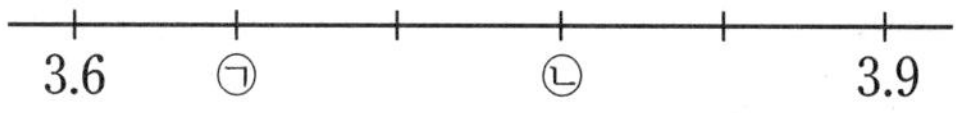

(　　　　　　　　　　)

3-2 들이가 4 L인 대야 A, B가 있습니다. 대야 A에는 물이 20초에 $\frac{7}{20}$ L씩 나오는 수도가 연결되어 있고, 대야 B에는 물이 30초에 0.4 L씩 나오는 수도가 연결되어 있습니다. 비어 있는 두 대야에 동시에 물을 틀어 같은 시간 동안 물을 담을 때, 대야 A와 대야 B 중 먼저 가득 차는 대야는 어느 것입니까?

(　　　　　　　　　　)

[주제 학습 4] 모르는 수 해결하기

어떤 자연수에 18을 곱했더니 12와 15의 공배수가 되었습니다. 이때 어떤 수 중에서 가장 작은 수를 구하시오.

(　　　　　　　　　　)

문제 해결 전략

① 12와 15의 공배수 구하기
12=2×2×3, 15=3×5이므로 12와 15의 최소공배수는 2×2×3×5=60입니다.
따라서 두 수의 공배수는 두 수의 최소공배수의 배수이므로 12와 15의 공배수는 60, 120, 180 ……입니다.

② 어떤 수를 □라 하여 식 세우기
어떤 자연수를 □라 하면 □×18=60, □×18=120, □×18=180 ……이므로 이 중 가장 작은 자연수는 □×18=180이 되는 10입니다.

선생님, 질문 있어요!

Q. 모르는 수는 어떻게 나타내면 좋을까요?

A. 문제를 해결할 때 모르는 수는 주로 □로 나타냅니다. x, y ……와 같이 나타낼 수도 있습니다.

참고
어떤 수 중에서 가장 작은 수는 12, 15, 18의 최소공배수를 이용할 수도 있습니다. 세 수의 최소공배수는 2×2×3×3×5=180입니다. 따라서 □×18=180, □=10입니다.

따라 풀기 1

어떤 자연수에 20을 곱했더니 10과 25의 공배수가 되었습니다. 이때 어떤 수 중에서 가장 작은 수를 구하시오.

(　　　　　　　　　　)

따라 풀기 2

다음 • 조건 • 을 모두 만족하는 가장 큰 자연수를 구하시오.

• 조건 •
- 어떤 수는 자연수입니다.
- 어떤 수에 3을 곱하면 40보다 작습니다.
- 어떤 수를 5로 나누면 2가 남습니다.

(　　　　　　　　　　)

[확인 문제]

1-1 어떤 자연수의 $\frac{3}{7}$이 12의 약수입니다. 조건을 만족하는 어떤 수 중 가장 큰 수는 얼마입니까?

( )

2-1 다음을 만족하는 가장 작은 자연수 ㉠과 ㉡을 구하시오.

$$\frac{2}{3} \times ㉠ = \frac{5}{6} \times ㉡$$

㉠ ( )

㉡ ( )

3-1 다음 나눗셈식에서 ■에 알맞은 수를 구하시오. (단, ■는 모두 같은 숫자입니다.)

```
          ■
  ■.■ )17.6
       17 6
          0
```

( )

[한 번 더 확인]

1-2 어떤 수와 18의 최소공배수가 90이고 어떤 수는 20보다 작습니다. 조건을 만족하는 어떤 수 중 가장 큰 수는 얼마입니까?

( )

2-2 다음을 만족하는 가장 작은 자연수 ㉠, ㉡을 각각 구하시오.

$$\frac{48}{㉠} \times \frac{1}{㉠} = \frac{1}{㉡}$$

㉠ ( )

㉡ ( )

3-2 어떤 자연수를 8로 나누어도 나머지가 5이고, 20으로 나누어도 나머지가 5입니다. 조건을 만족하는 어떤 수 중 가장 작은 수를 구하시오. (단, 어떤 수는 5보다 큽니다.)

( )

STEP 2 실전 경시 문제

숫자 카드 전략

1

다음 숫자 카드 중 4장을 골라 한 번씩 사용하여 (세 자리 수)×(한 자리 수)를 만들려고 합니다. 곱이 가장 클 때의 곱을 구하시오.

[0] [1] [2] [8] [9]

(　　　　　　　　　　)

전략 곱이 가장 크려면 곱하는 두 수의 가장 높은 자리 숫자가 커야 합니다.

2 | KMC 기출 유형 |

다음 숫자 카드를 한 번씩 모두 사용하여 곱이 가장 작은 (세 자리 수)×(두 자리 수)를 만들려고 합니다. 이때 두 자리 수는 얼마입니까?

[0] [1] [3] [5] [7]

(　　　　　　　　　　)

전략 곱이 가장 작으려면 곱하는 두 수의 가장 높은 자리 숫자가 작아야 합니다. 이때 가장 높은 자리에 0은 들어갈 수 없습니다.

3 | 창의·융합 |

성재와 상민이가 다음과 같은 숫자 카드 5장을 각각 가지고 있습니다. 이 숫자 카드를 (세 자리 수)+(세 자리 수)의 놀이 판에 번갈아 가며 한 장씩 놓은 후 계산한 값을 먼저 바르게 말한 사람이 이기는 놀이를 하고 있습니다. 합이 가장 큰 세 자리 수의 덧셈을 만들었을 때 상민이가 1575라고 답해서 틀렸습니다. 바르게 계산한 값과 1575와의 차는 얼마입니까?

[9] [8] [7] [6] [5]

(　　　　　　　　　　)

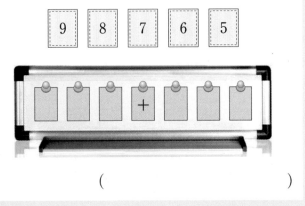

전략 두 사람이 5장의 카드를 각각 가지고 있으므로 같은 숫자를 2번씩 사용할 수 있습니다.

4 | 성대 기출 유형 |

숫자 카드 [1], [2], [4], [5]를 한 번씩만 사용하여 다음과 같은 덧셈식을 만들었습니다. 서로 다른 가를 모두 더하면 얼마입니까?

□□+□□=가

(　　　　　　　　　　)

전략 (두 자리 수)+(두 자리 수)의 식을 만들어 가의 값이 될 수 있는 수를 먼저 알아봅니다.

5

다음 숫자 카드 중 4장을 골라 곱했을 때, 곱이 1000보다 크고 1100보다 작으며 숫자 카드의 합이 26이 되는 카드를 큰 수부터 차례로 쓰시오.

9 8 7 6 5

4 3 2 1

( )

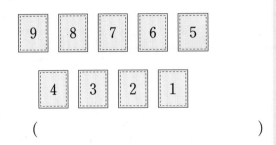

전략 카드의 합이 26이 되는 경우를 알아보고 그 카드의 곱을 구합니다. 곱이 1000보다 크고 1100보다 작은지 확인합니다.

6

| HMC 기출 유형 |

1부터 9까지의 숫자 카드 중에서 3개를 골라 한번씩만 사용하여 세 자리 수를 만들려고 합니다. • 보기 • 와 같이 만들 수 있는 세 자리 수는 모두 몇 개입니까?

• 보기 •

이웃한 자리의 숫자끼리의 차가 같습니다.

예 123 ⇨ $3-2=1$, $2-1=1$

642 ⇨ $6-4=2$, $4-2=2$

( )

전략 각 자리 숫자끼리의 차가 1, 2, 3, 4일 때로 나누어 세 자리 수를 알아봅니다.

수에서 규칙성 찾기

7

| 성대 경시 기출 유형 |

규칙에 따라 다음 식을 계산한 값을 구하시오.

$$1+2+3+4+5+6+7+8+9+10+9+\cdots\cdots+2+1$$

( )

전략 수에 규칙이 있을 경우에는 수를 계산할 때 간단히 하여 계산할 수 있는지 알아봅니다.

8

다음 수들은 일정한 규칙으로 늘어놓은 것입니다. □ 안에 알맞은 수를 구하시오.

102, 304, 708, 1516, □

( )

전략 단순히 ×2, ÷2 등의 규칙이 아닌 경우가 있으므로 여러 가지 규칙을 스스로 찾아보고 모든 수에 적용되는지 확인해야 합니다.

9
| 창의·융합 |

연속하는 홀수의 덧셈은 정사각형의 수를 세는 방법을 이용하면 쉽게 구할 수 있습니다. 예를 들어 $1+3=4$는 $1+3=2\times2$로 나타낼 수 있습니다. 또한 $1+3+5=9$는 $1+3+5=3\times3$으로 나타낼 수 있습니다. 같은 방법으로 다음을 계산하시오.

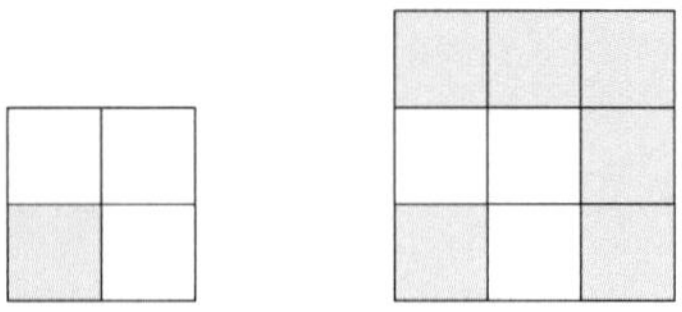

$1+3=2\times2$ $1+3+5=3\times3$

$$1+3+5+7+\cdots\cdots+93+95+97+99$$

( )

전략 $1+3=2\times2$, $1+3+5=3\times3$을 이용하여 규칙을 찾습니다.

10

일정한 규칙에 따라 수를 늘어놓은 것입니다. 15번째 수는 홀수인지 짝수인지 구하시오.

1, 1, 2, 3, 5, 8, 13, 21, 34, 55 ……

( )

전략 수가 점점 커지는 규칙이므로 덧셈이나 곱셈을 이용하여 규칙을 찾습니다.

분수와 소수 문제 해결하기

11
| KMC 기출 유형 |

□ 안에 들어갈 수 있는 자연수는 모두 몇 개입니까?

$$0.8<\frac{99}{\square}$$

( )

전략 소수와 분수가 같이 있는 경우에는 소수를 분수로 고치거나 분수를 소수로 고쳐서 문제를 해결합니다.

12
| KMC 기출 유형 |

대분수 $3\frac{1}{2}$을 분자와 분모가 모두 두 자리 수인 가분수로 나타내려고 합니다. 만들 수 있는 분수는 모두 몇 개입니까?

( )

전략 분모와 분자에 0이 아닌 같은 수를 곱하면 크기가 같은 분수로 나타낼 수 있습니다. $3\frac{1}{2}$을 가분수로 나타낸 후 분모와 분자에 같은 수를 곱해 봅니다.

13

다음을 모두 만족하는 ㉠은 모두 몇 개입니까?

- $0.32<\frac{㉠}{33}$
- $\frac{㉠}{33}<0.9$

( )

전략 $0.32<\frac{㉠}{33}$과 $\frac{㉠}{33}<0.9$를 하나의 식으로 나타내면 $0.32<\frac{㉠}{33}<0.9$입니다.

15

A는 자연수일 때, A를 구하시오.

$$3.18=\frac{3\times A+9}{A}$$

( )

전략 3.18을 분수로 나타낸 후 A의 값을 구해 봅니다.

14

표의 빈칸에 알맞은 수를 써넣어 가로, 세로, 대각선 방향에 놓인 세 수의 곱이 모두 같도록 만들려고 합니다. ㉠에 알맞은 소수를 구하시오.

$\frac{2}{5}$	㉠	1.6
㉡	㉢	$\frac{4}{5}$
6.4		

( )

전략 ●×■×▲=★×■×♥이면 ●×▲=★×♥입니다.

16

| 창의·융합 |

아빠의 허리 둘레는 35.8*인치이고 엄마의 허리 둘레는 $33\frac{1}{9}$인치입니다. 두 사람 중 복부 비만인 사람을 쓰고 정상이 되기 위해 허리 둘레를 적어도 몇 인치 줄여야 하는지 소수로 나타내시오.

○○○○년 ○○월 ○○일

한국인의 복부 비만, 이대로 괜찮은가?

비만은 우리 몸 속에 필요 이상으로 체지방이 많은 것을 말합니다. 그중에서 복부 비만은 심장과 혈관 등의 순환기 계통의 여러 질환의 위험률을 증가시킨다고 잘 알려져 있습니다. 따라서 자신이 복부 비만에 해당하는지 스스로 진단해 보고 복부 비만에 해당하는 사람은 식이조절과 운동을 병행해야 합니다. 복부 비만은 허리 둘레를 재어 알 수 있는데 남성은 허리 둘레가 $35\frac{2}{5}$*인치 초과, 여성은 허리 둘레가 33.5인치 초과일 때 복부 비만이라고 합니다.

*인치: 미국과 영국에서 주로 쓰는 길이의 단위, 1인치=약 2.54 cm

( ), ( )

전략 허리 둘레를 대분수로 나타내어 비만인지 알아봅니다.

17

분수 $\frac{399}{581}$의 분자에 어떤 수를 더한 후 약분을 하였더니 $\frac{5}{7}$가 되었습니다. 어떤 수는 얼마입니까?

( )

전략 어떤 수를 □라 하여 식을 세워 봅니다.

18

| 창의·융합 |

4분음표(♩)의 음의 길이를 $\frac{1}{4}$이라고 할 때 다른 음표들의 길이를 설명한 것입니다.

♪ (8분음표)	4분음표 음의 길이의 $\frac{1}{2}$만큼 소리 내는 것
𝅘𝅥𝅯 (16분음표)	8분음표 음의 길이의 $\frac{1}{2}$만큼 소리 내는 것
♩. (점4분음표)	4분음표 음의 길이보다 4분음표 음의 길이의 $\frac{1}{2}$만큼 더 길게 소리 내는 것
♪. (점8분음표)	8분음표 음의 길이보다 8분음표 음의 길이의 $\frac{1}{2}$만큼 더 길게 소리 내는 것

아래 악보에서 ①, ②, ③의 음의 길이를 더한 값을 기약분수로 나타내시오.

( )

전략 4분음표(♩)가 $\frac{1}{4}$이므로 8분음표(♪)는 $\frac{1}{4}\times\frac{1}{2}=\frac{1}{8}$, 점4분음표(♩.)는 $\frac{1}{4}+\frac{1}{4}\times\frac{1}{2}=\frac{1}{4}+\frac{1}{8}=\frac{3}{8}$입니다.

*번분수

*번분수: 분수의 분모나 분자가 분수로 되어 있는 분수

19

| KMC 기출 유형 |

다음을 •보기•와 같이 계산하여 대분수로 나타내면 ㉠$\frac{㉡}{㉢}$입니다. ㉠을 구하시오.

•보기•

$$\frac{1}{\frac{가}{나}}=1\div\frac{가}{나}=\frac{나}{가}$$

$$\frac{1}{\frac{1}{100}+\frac{2}{100}+\cdots\cdots+\frac{10}{100}}$$

( )

전략 분모를 계산하여 간단한 분수로 나타낸 후 •보기•와 같이 계산해 봅니다. 계산 결과를 대분수로 나타내는 것에 주의합니다.

20

다음 식을 19의 •보기•와 같이 계산하시오.

$$\frac{1}{1+\frac{1}{1+\frac{1}{2}}}$$

( )

전략 가장 아래에서부터 차례로 계산합니다.

모르는 수 해결하기

21

19의 • 보기 •와 같이 다음 식을 계산하여 ㉠, ㉡, ㉢, ㉣에 알맞은 자연수를 각각 구하시오.

$$\frac{19}{8}=㉠+\cfrac{1}{㉡+\cfrac{1}{㉢+\cfrac{1}{㉣}}}$$

㉠ (　　　　　), ㉡ (　　　　　),
㉢ (　　　　　), ㉣ (　　　　　)

전략 $\frac{19}{8}$를 먼저 대분수로 나타낸 후 진분수 부분을 분자가 1인 분수가 되도록 만들어 봅니다.

22

$A◎B=1+\frac{1}{A\times B}$이라 약속할 때 다음 식을 19의 • 보기 •와 같이 계산하시오.

$$(\frac{1}{4}◎\frac{1}{5})◎\frac{1}{15}$$

(　　　　　)

전략 괄호 안부터 차례로 계산해 봅니다.

23

□ 안에 들어갈 수 있는 자연수는 모두 몇 개입니까?

$\frac{7}{24}$의 분모에 □를 더하면 $\frac{1}{5}$보다 작고, 분자에 □를 더하면 $\frac{1}{2}$보다 큰 진분수가 됩니다.

(　　　　　)

전략 $\frac{7}{24+□}<\frac{1}{5}$, $\frac{7+□}{24}>\frac{1}{2}$임을 알고 □ 안에 들어갈 수 있는 수를 먼저 알아봅니다.

24

다음에서 ㉮, ㉯, ㉰는 서로 다른 한 자리 숫자입니다. ㉮+㉯+㉰를 구하시오.

㉮4㉯×3=10㉰1

(　　　　　)

전략 ㉯×3의 일의 자리 숫자가 1인 경우를 먼저 생각하여 ㉯의 값을 알아봅니다.

25

어떤 수를 10배하였더니 258이 되었습니다. 어떤 수보다 0.34 큰 소수와 어떤 수보다 $2\frac{9}{10}$ 작은 소수의 합을 구하시오.

( )

전략 어떤 수를 10배한 수가 258이므로 258의 $\frac{1}{10}$인 수가 어떤 수입니다.

26

■와 ▲는 서로 다른 어떤 자연수입니다. ■×▲의 값을 구하시오.

- $\frac{1}{5}=\frac{3}{■}+\frac{3}{■}+\frac{3}{■}$
- $\frac{1}{5}=\frac{6}{▲}+\frac{6}{▲}+\frac{6}{▲}+\frac{6}{▲}$

( )

전략 $\frac{1}{5}=\frac{2}{10}=\frac{3}{15}=\frac{4}{20}=\cdots\cdots$임을 이용합니다.

약속한 방법으로 계산하기

27

| 창의·융합 |

다음을 읽고 요한이의 몸무게가 60 kg일 때 요한이에게 가장 알맞은 볼링공은 몇 파운드인지 자연수로 구하시오.

약속

1 kg=약 $2\frac{2}{9}$ 파운드

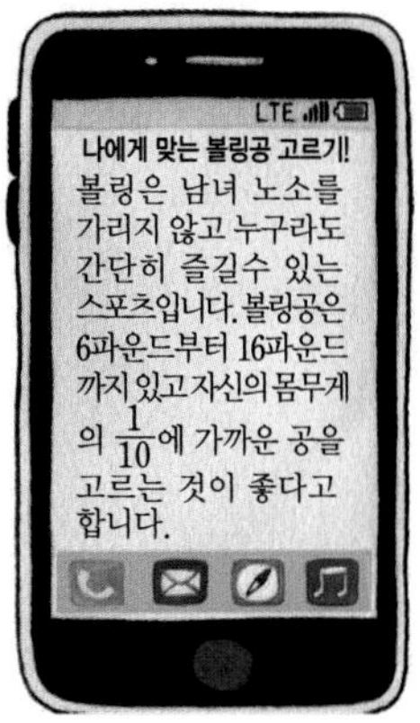
LTE
나에게 맞는 볼링공 고르기!
볼링은 남녀 노소를 가리지 않고 누구라도 간단히 즐길수 있는 스포츠입니다. 볼링공은 6파운드부터 16파운드 까지 있고 자신의 몸무게의 $\frac{1}{10}$에 가까운 공을 고르는 것이 좋다고 합니다.

( )

전략 요한이의 몸무게의 $\frac{1}{10}$을 먼저 구한 후 파운드로 고쳐 계산해 봅니다.

28

기호 ◌를 다음과 같이 약속할 때 $\frac{3}{5}$◌$\frac{5}{4}$를 분수로 구하시오.

약속

A◌B=(B−A)×$\frac{1}{2}$×B

( )

전략 주어진 식의 A에는 $\frac{3}{5}$을, B에는 $\frac{5}{4}$를 넣어 계산합니다.

29

기호 ◌와 ▲를 다음과 같이 약속할 때 (0.25 ◌ 0.39) ▲ 0.6을 소수로 구하시오.

약속
- 가 ◌ 나=가+나$-\frac{1}{2}\times$(가+나)
- 가 ▲ 나=가+나$\times\frac{5}{3}$

(　　　　　　　　)

전략 (　　) 안의 0.25 ◌ 0.39를 먼저 계산하고 그 값과 0.6을 계산합니다.

30

다음 약속을 모두 만족하는 수 ㉮를 구하시오.

약속
- 96과 ㉮의 최대공약수는 8입니다.
- 96과 ㉮의 최소공배수는 480입니다.

(　　　　　　　　)

전략 96과 ㉮의 최대공약수가 8이므로 ㉮는 2×2×2×■로 나타낼 수 있습니다.

31

다음 식에 알맞은 가장 작은 자연수 ㉠, ㉡의 값을 각각 구하시오.

$$\frac{㉡\times㉡}{㉠\times㉠\times㉠}\div\frac{1}{1125}=1$$

㉠ (　　　　　　　　)

㉡ (　　　　　　　　)

전략 $\frac{▲}{■}\div\frac{1}{2}=1$이면 $\frac{▲}{■}=1\times\frac{1}{2}=\frac{1}{2}$입니다.

32

다음을 보고 ♦와 ★의 약속을 찾아 □ 안에 알맞은 수를 써넣으시오.

3♦2=8	5♦3=18	2♦8=24
9★3=4	10★2=6	28★7=5

$$(6.6♦\frac{5}{9})★1\frac{1}{3}=\square$$

전략 ♦와 ★의 약속을 먼저 찾아봅니다. +, −, ×, ÷을 하거나 1 큰 수, 1 작은 수 등으로 약속을 찾아봅니다.

STEP 3 코딩 유형 문제

*수 영역에서의 코딩

컴퓨터가 데이터를 정렬하는 방법 중에 하나로 버블 정렬(bubble sort)이라는 것이 있습니다. 버블 정렬은 서로 이웃한 데이터끼리 크기를 비교해 가장 큰 데이터를 뒤로 보내며 정렬하는 것입니다. 버블 정렬은 처음의 데이터부터 차례로 비교하여 데이터를 이동시킵니다.

1 [7 | 1 | 3 | 5 | 2]는 ◦보기◦와 같은 방법으로 버블 정렬을 하면 몇 번의 데이터 정리가 일어나는지 구하시오.

◦ 보기 ◦

7	3	1

수의 크기를 비교하여 큰 수를 뒤로 보냅니다.

- 1단계: ① [7 | 3 | 1]에서 7>3이므로 7과 3의 위치를 바꿉니다. ⇨ [3 | 7 | 1]
  ② ①에서 7>1이므로 7과 1의 위치를 바꿉니다. ⇨ [3 | 1 | 7]
- 2단계: ③ ②에서 3>1이므로 3과 1의 위치를 바꿉니다. ⇨ [1 | 3 | 7]

1단계에서 [7]을 가장 뒤로 보내는 데 2번(①, ②), 2단계에서 [3]을 뒤로 보내는 데 1번(③) 이동해서 3번의 데이터 정렬을 통해 정리하였습니다.

( )

▶ [7 | 1 | 3 | 5 | 2]에서 [7]은 이웃한 수와 계속 크기를 비교하여 가장 뒤로 가게 됩니다.

2 정렬되지 않은 데이터 ㉮와 ㉯가 있습니다. 버블 정렬을 하여 정렬할 때 ㉮와 ㉯ 중 더 많이 정렬해야 하는 것은 어느 것입니까?

㉮ [9 | 2 | 1] ㉯ [3 | 1 | 8]

( )

▶ 각각의 데이터를 버블 정렬을 이용하여 정렬시켜 봅니다.

3 다음의 데이터를 버블 정렬을 할 경우 2단계에서 몇 번의 데이터 정렬이 일어나는지 구하시오.

9	7	2	5	4

( )

▶ 2단계는 2번째의 데이터가 정렬되는 것을 말합니다.

4 • 보기 • 에 따라 계산하려고 합니다. 출발할 때의 수가 0이면 도착할 때의 수는 얼마입니까?

• 보기 •

⇨ : 100 큰 수를 구하고 오른쪽으로 한 칸 이동

⇦ : ×5를 구하고 왼쪽으로 한 칸 이동

⇩ : ÷10을 구하고 아래쪽으로 한 칸 이동

⇧ : 1000 작은 수를 구하고 위쪽으로 한 칸 이동

출발 ⇨	⇨	⇨	⇩	
			⇩	
⇩	⇦	⇦	⇦	
도착				

( )

▶ 화살표 모양에 따라 계산해 봅니다.

STEP 4 도전! 최상위 문제

1 다음은 규칙에 따라 분수를 늘어놓은 것입니다. 30번째 분수의 분자와 분모의 합은 얼마입니까?

$$\frac{1}{1}, \frac{2}{3}, \frac{3}{5}, \frac{4}{7}, \frac{5}{9}, \frac{1}{11}, \frac{2}{13}, \frac{3}{15}, \frac{4}{17}, \frac{5}{19}, \frac{1}{21} \cdots\cdots$$

( )

2 ●, ▲는 각각 1부터 9까지의 숫자 중 하나입니다. ㉮를 구하시오.

●▲00●▲=●▲×㉮

( )

창의·사고

3 보기 와 같이 앞에서부터 읽을 때나 뒤에서부터 읽을 때나 모양이 같은 자연수를 대칭수라고 합니다. 이때 10부터 600까지의 자연수 중에서 대칭수가 아닌 것은 몇 개입니까?

보기

대칭수: 11, 202, 363 ……

( )

창의·사고

4 다음 보기 와 같이 선분으로 연결된 두 수의 합을 그 수의 위에 씁니다.

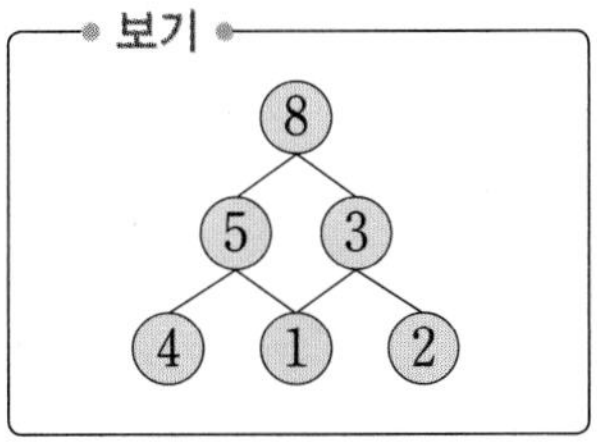

다음 그림에서 ㉮, ㉯, ㉰, ㉱, ㉲에 수 1, 2, 3, 4, 5를 여러 가지 방법으로 하나씩 써서 보기 와 같이 만들었을 때, ㉠에 들어갈 수 중 가장 큰 것은 얼마입니까?

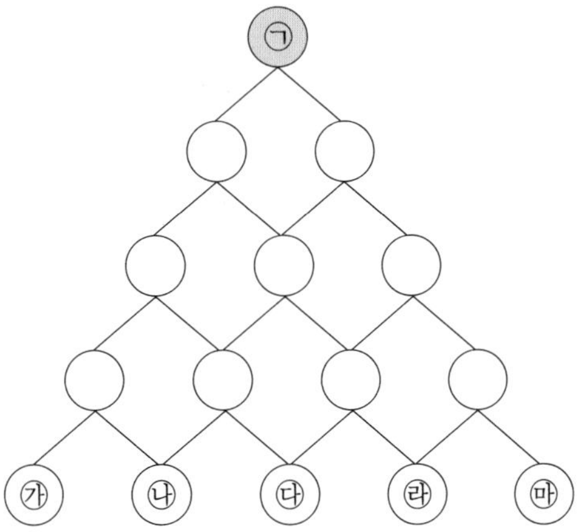

( )

5 □ 안에 같은 수를 넣으면 다음 두 분수가 모두 자연수가 된다고 합니다. □ 안에 알맞은 수를 구하시오.

$$\frac{\square+1}{5} \qquad \frac{30-\square}{4}$$

(　　　　　　　　　　)

생활 속 문제

6 두 개의 초시계 A, B가 있습니다. 두 초시계가 모두 고장이 나서 A는 1.5초마다 0.2초씩 빠르게 가며, B는 1.8초마다 0.1초씩 빠르게 갑니다. 두 초시계가 같은 시각에서 시작하여 5.6초의 차이가 나는 데 걸리는 시간은 몇 분 몇 초입니까? (단, 두 초시계는 각각 일정한 빠르기로 움직입니다.)

(　　　　　　　　　　)

7 ㉮, ㉯, ㉰가 서로 다른 한 자리 자연수일 때 다음 두 식을 모두 만족하는 ㉮, ㉯, ㉰를 구하시오.

㉮+㉯=㉰5
㉮+㉰=㉯

㉮ (　　　　　　　　　　)
㉯ (　　　　　　　　　　)
㉰ (　　　　　　　　　　)

창의・사고

8 보기 와 같이 약수와 배수의 관계를 이용하여 어떤 수의 약수를 모두 나타낸 그림을 하세의 다이어그램(Hasse's Diagram)이라고 합니다. 배수의 배수는 처음 수의 배수이고 약수의 약수는 처음 수의 약수가 되는 성질 때문에 약수와 배수의 관계를 선분을 이어서 나타낼 수 있습니다.

보기

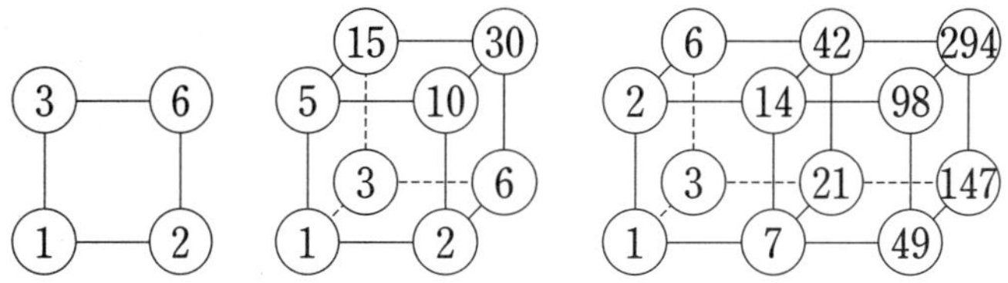

6의 약수　　30의 약수　　294의 약수

300의 약수를 하세의 다이어그램으로 나타내려고 합니다. ㉠, ㉡, ㉢에 들어갈 세 수의 합을 구하시오.

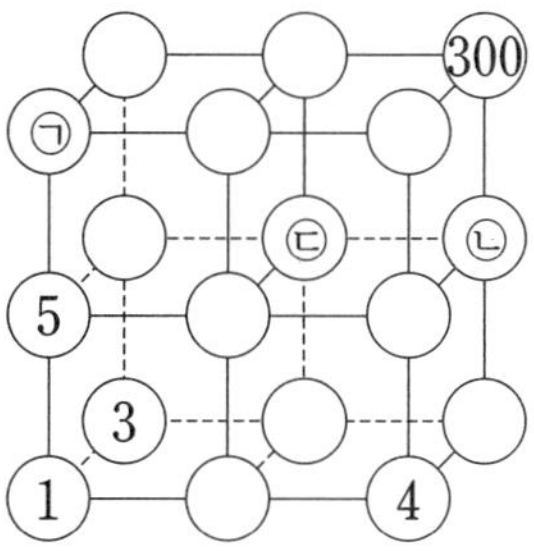

(　　　　　　　　　　)

정답은 11쪽에

특강 영재원 · 창의융합 문제

독일의 화가 알브레히트 뒤러(Albrecht Dürer, 1471~1528)는 화가, 판화가, 미술 이론가이고 독일 르네상스 회화를 완성시킨 거장으로 평가받습니다. 그는 기하학을 숭배하여 그의 미술 작품에는 수학에 관한 상징물들이 자주 나타납니다.
그의 작품 중 동판화인 <멜랑콜리아 I >에서 다각형, 구형, 컴퍼스, 마방진, 저울, 자, 모래, 시계 등 기하학에 관련된 도구들이 총동원된 것으로도 알 수 있습니다.

〈멜랑콜리아 I〉

뒤러는 <멜랑콜리아 I >에 왜 4×4*마방진을 그려 넣었을까요?
당시에는 수에 신비한 의미를 부여하여 3×3은 토성, 4×4는 목성, 5×5는 화성, 6×6은 태양, 7×7은 금성, 8×8은 수성, 9×9는 달을 상징한다고 믿었습니다.

*마방진: 가로, 세로, 대각선 모두의 합이 같아지도록 정사각형 모양으로 배열한 것

9 아래 표는 <멜랑콜리아 I >의 판화에 새겨진 4×4 마방진입니다. 1부터 16까지의 숫자가 한 번씩 쓰여 있고 가로, 세로, 대각선의 네 수의 합이 모두 같을 때 빈칸에 알맞은 수를 써넣으시오.

16		2	13
	10	11	8
	6	7	
	15	14	1

10 가로, 세로, 대각선의 세 수의 합이 모두 같을 때 빈칸에 알맞은 수를 써넣으시오.

	6	
12	18	24
	30	

II

연산 영역

| 주제 구성 |

[주제 학습 5] 자연수의 연산 활용하기

어떤 자연수를 27로 나눈 후 몫을 소수 첫째 자리에서 반올림을 하였더니 11이 되었습니다. 이러한 자연수 중 가장 큰 수는 얼마입니까?

( )

문제 해결 전략

① 알맞은 몫 찾기
어떤 수를 나눈 몫이 11이 되도록 검산식을 세웁니다.
□÷27=11⋯☆

② ☆에 알맞은 수 구하기
27로 나누었을 때 나머지가 14이거나 14보다 크면 몫의 소수 첫째 자리가 5보다 커지므로 몫을 반올림하면 12가 됩니다. ☆에 들어갈 수 있는 가장 큰 수는 13입니다.

③ 가장 큰 수 자연수 구하기
□÷27=11⋯13이므로 □=27×11+13=310입니다.

선생님, 질문 있어요!

Q. 반올림은 어떻게 하나요?

A. 반올림은 구하려는 자리 바로 아래 자리의 숫자가 0, 1, 2, 3, 4이면 버리고, 5, 6, 7, 8, 9이면 올리는 방법입니다.

참고
소수 첫째 자리에서 반올림하여 11이 되려면 몫은 10.5보다 크거나 같고 11.5보다 작아야 합니다.
몫이 11.5일 때
27×11.5=310.5이므로
310.5보다 작은 수 중 가장 큰 자연수는 310입니다.

따라 풀기 1

선생님께서 학생들에게 사탕을 주려고 합니다. 한 명에게 30개씩 나누어 주려면 15개 부족하고, 한 명에게 25개씩 나누어 주려면 75개가 남습니다. 한 명에게 최대한 많은 사탕을 나누어 주려면 몇 개씩 나누어 줄 수 있습니까?

( )

따라 풀기 2

어떤 자연수를 다음과 같이 나누고 몫을 어림하여 나타내었습니다. 어떤 자연수가 될 수 있는 수를 모두 구하시오.

- 12로 나누었을 때의 몫을 소수 첫째 자리에서 버림하여 나타내면 11입니다.
- 13으로 나누었을 때의 몫을 소수 첫째 자리에서 반올림하여 나타내면 11입니다.
- 14로 나누었을 때의 몫을 소수 첫째 자리에서 올림하여 나타내면 10입니다.

( )

[확인 문제]

1-1 다음 세 자리 수를 5로 나누면 4가 남고, 6으로 나누면 5가 남습니다. □ 안에 들어갈 수 있는 수를 모두 쓰시오.

3□9

(   )

2-1 23으로 나누었을 때 몫과 나머지가 같은 수 중에서 가장 큰 수를 구하시오.

(   )

3-1 A와 B의 합을 구하시오.

- A와 B는 모두 두 자리 수입니다.
- A×B는 가장 큰 세 자리 수가 됩니다.
- A와 B의 차는 10입니다.

(   )

[한 번 더 확인]

1-2 다음을 모두 만족하는 수는 몇 개입니까?

- 210의 약수입니다.
- 2의 배수도, 3의 배수도 아닙니다.

(   )

2-2 17로 나누었을 때 몫과 나머지의 차가 1인 수 중에서 가장 큰 수를 구하시오.

(   )

3-2 A+B가 가장 작을 때의 값을 구하시오.

- A, B는 자연수입니다.
- $\frac{8\times B\times B}{25\times A\times A\times A}\div 1\frac{11}{21}=\frac{21}{50}$

(   )

[주제 학습 6] 분수와 소수의 연산 활용하기

다음을 계산하시오.

$$0.125\times0.25\times0.5\times128\times12345678$$

(   )

문제 해결 전략

① 소수를 분수로 간단히 나타내기

$0.125=\frac{1}{8}$, $0.25=\frac{1}{4}$, $0.5=\frac{1}{2}$입니다.

② 식을 계산하기

$$0.125\times0.25\times0.5\times128\times12345678=\frac{1}{8}\times\frac{1}{4}\times\frac{1}{2}\times(8\times4\times2\times2)\times12345678$$
$$=(\frac{1}{8}\times8)\times(\frac{1}{4}\times4)\times(\frac{1}{2}\times2)\times2\times12345678$$
$$=1\times1\times1\times2\times12345678=24691356$$

선생님, 질문 있어요!

Q. 복잡한 분수와 소수의 계산은 어떻게 하나요?

A. 간단히 나타낼 방법이 있는지 먼저 살펴보고 계산하는 것이 좋습니다. $0.5=\frac{1}{2}$, $0.25=\frac{1}{4}$, $0.125=\frac{1}{8}$ 등을 외워 두는 것도 계산을 간단히 하는 데에 도움이 됩니다.

따라 풀기 1

㉮, ㉯가 서로 다른 한 자리 자연수일 때, $\frac{1}{㉮}-\frac{1}{㉯}=\frac{1}{42}$입니다. ㉮+㉯의 값은 얼마입니까?

(   )

따라 풀기 2

0부터 9까지의 숫자 중에서 서로 다른 4개를 골라 ㉠, ㉡, ㉢, ㉣ 자리에 써넣고 소수의 합이 자연수가 되도록 하려고 합니다. □는 ㉢의 2배일 때 ㉠+㉣이 가장 클 때의 값을 구하시오.

```
   2.㉠㉡
 + 3.㉢㉣
 ─────────
     □
```

(   )

[확인 문제]

1-1 1.7을 100번 곱했을 때 계산 결과의 오른쪽 끝자리의 숫자를 구하시오.

> 1번: 1.7
> 2번: 1.7×1.7
> 3번: $1.7\times1.7\times1.7$
> ⋮
> 100번: $1.7\times1.7\times\cdots\cdots\times1.7\times1.7$

(　　　　　　　　　　)

2-1 수직선에서 각 점 사이의 거리는 같습니다. 가+나+다를 소수로 나타내시오.

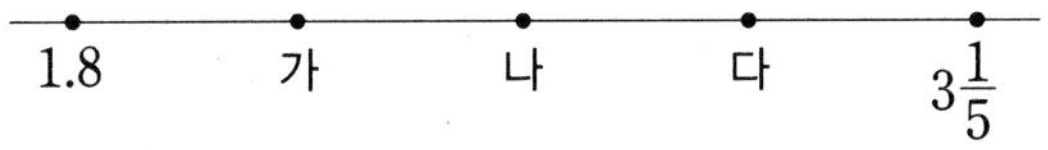

(　　　　　　　　　　)

3-1 휘발유 1 L로 산길은 6 km, 도로는 8 km를 달릴 수 있는 오토바이가 있습니다. 이 오토바이로 산길 15 km와 도로 10 km를 달리는 데 필요한 휘발유는 모두 몇 L인지 기약분수로 나타내시오.

(　　　　　　　　　　)

[한 번 더 확인]

1-2 $\frac{2}{3}$를 35번 곱하여 기약분수로 나타냈을 때 분모와 분자의 일의 자리 숫자의 합을 구하시오.

(　　　　　　　　　　)

2-2 수직선에서 각 점 사이의 거리는 같습니다. ㉠보다 크고 ㉡보다 작은 소수 세 자리 수 중에서 소수 셋째 자리 숫자가 6인 가장 큰 수와 가장 작은 수의 차를 구하시오.

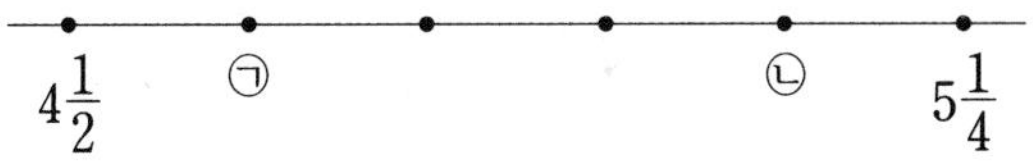

(　　　　　　　　　　)

3-2 어느 실 공장에서 빨간색 실은 60분 동안 5 m 만들고, 흰색 실은 30분 동안 8 m 만든다고 합니다. 1분 동안 어느 색 실을 몇 m 더 많이 만들 수 있습니까?

(　　　　　　), (　　　　　　)

[주제 학습 7] 비의 해결

길이가 120 cm인 철사를 3도막으로 잘랐습니다. 3도막으로 자른 철사를 ㉮, ㉯, ㉰라고 할 때, ㉯, ㉰의 길이의 비는 3 : 4이고 15 cm만큼 차이납니다. ㉮의 길이는 몇 cm입니까?

( )

선생님, 질문 있어요!

Q. 비례배분은 무엇인가요?

A. 비례배분은 전체의 양을 주어진 비로 나누는 것입니다.

문제 해결 전략

① ㉯, ㉰의 길이 구하기

㉯ : ㉰=3 : 4이므로 비례배분하면 ㉯=(㉯+㉰)$\times\frac{3}{7}$, ㉰=(㉯+㉰)$\times\frac{4}{7}$입니다.

㉯와 ㉰의 길이의 차는 (㉯+㉰)의 $\frac{1}{7}$만큼이고 차가 15 cm이므로

㉯=15×3=45 (cm), ㉰=15×4=60 (cm)입니다.

② ㉮의 길이 구하기

전체 길이가 120 cm이므로

(㉮의 길이)=120−45−60=15 (cm)입니다.

참고

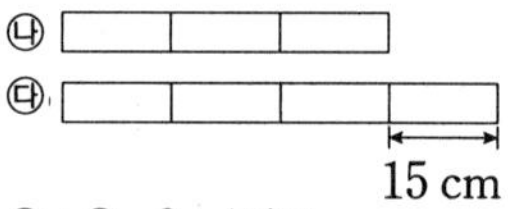

㉯ : ㉰=3 : 4이고 15 cm만큼 차이가 나므로 한 도막은 15 cm입니다.

따라 풀기 1

지호는 4300원, 예슬이는 2900원을 가지고 있습니다. 두 사람이 같은 가격의 빵을 각각 한 개씩 샀더니 지호와 예슬이에게 남은 돈의 비가 10 : 3이 되었습니다. 빵은 얼마입니까?

( )

따라 풀기 2

승요는 문구점에서 자와 지우개를 더하여 50개 샀더니 85000원이었습니다. 자의 수와 지우개 수의 비는 7 : 3이고 자 1개 가격과 지우개 1개 가격의 비는 2 : 1입니다. 자 한 개는 얼마입니까?

( )

확인 문제

1-1 종수, 미나, 유빈이가 구슬을 가지고 있습니다. 종수와 미나가 가진 구슬의 비는 5 : 7이고 종수와 유빈이가 가진 구슬의 비는 5 : 2입니다. 미나가 가진 구슬이 35개라 할 때 유빈이가 가진 구슬은 몇 개입니까?

( )

2-1 들이가 2.4 L인 생수통에 물이 $\frac{3}{8}$만큼 들어 있습니다. 이 중에서 진명이가 70 %만큼을 마셨습니다. 남은 생수는 몇 mL입니까?

( )

3-1 소하네 학교 6학년 학생 250명을 대상으로 행운권 추첨을 했습니다. 6학년 남학생의 3 %, 여학생의 4 %가 행운권이 당첨되었습니다. 6학년 남학생과 여학생의 비는 2 : 3일 때 6학년에서 행운권이 당첨된 학생은 모두 몇 명입니까?

( )

한 번 더 확인

1-2 장권, 준성, 용호가 받은 칭찬 붙임 딱지 수의 비는 3 : 6 : □입니다. 용호가 받은 칭찬 붙임 딱지는 20개이고 세 명이 받은 칭찬 붙임 딱지가 모두 65개일 때, 준성이가 받은 칭찬 붙임 딱지는 몇 개입니까?

( )

2-2 현주네 가족은 우유를 3 L 사서 그중 20 %를 마셨습니다. 남은 우유와 냉장고에 있는 사과 주스의 비가 6 : 5일 때 사과 주스는 몇 L입니까?

( )

3-2 두 도시 A와 B가 있습니다. A 도시의 한 해 예산과 B 도시의 한 해 예산의 비는 7 : 5입니다. 만약 A 도시의 한 해 예산 중 500억 원을 B 도시에게 준다면 A 도시의 한 해 예산과 B 도시의 한 해 예산의 비는 13 : 11이 됩니다. A 도시의 한 해 예산은 얼마입니까?

( )

[주제 학습 8] 평균값 활용하기

미라와 경수의 시험 점수를 나타낸 표입니다. 영어는 한 문제에 5점씩이고, 나머지 과목은 한 문제에 4점씩입니다. 미라와 경수의 평균 점수가 같을 때 경수의 국어와 영어 점수는 각각 몇 점입니까?

미라와 경수의 시험 점수

	국어	영어	수학	사회
미라	92	80	96	100
경수			88	96

국어 (　　　　　　　　)
영어 (　　　　　　　　)

선생님, 질문 있어요!

Q. 평균은 어떻게 구하나요?

A. (평균)
=(자료 전체의 합)
÷(자료의 개수)
예를 들어 90점, 80점, 70점의 평균은
$(90+80+70)\div3$
$=240\div3=80$(점)입니다.

문제 해결 전략

① 미라의 평균 점수 구하기
(미라의 평균 점수)$=(92+80+96+100)\div4=368\div4=92$(점)

② 경수의 국어와 영어 점수의 합 구하기
(경수의 국어와 영어 점수의 합)$=92\times4-(88+96)=368-184=184$(점)

③ 경수의 국어 점수와 영어 점수 구하기
(국어 점수, 영어 점수)라 했을 때 국어 점수는 4의 배수, 영어 점수는 5의 배수인 것을 찾습니다.
(100, 84) → ×, (96, 88) → ×, (92, 92) → ×, (88, 96) → ×, (84, 100) → ○
따라서 국어는 84점, 영어는 100점입니다.

영어는 한 문제에 5점씩 이므로 100점, 95점, 90점……을 받을 수 있고 나머지 과목은 한 문제에 4점씩이므로 100점, 96점, 92점……을 받을 수 있어요.

따라 풀기 1

지현이네 학교 6학년 수학 경시 대회의 각 반별 평균 점수를 나타낸 표입니다. 전체 6학년의 평균 점수는 63점이고, 4반과 5반의 평균 점수는 같다고 합니다. 4반의 수학 경시 대회 평균 점수는 몇 점입니까? (단, 각 반의 학생 수는 모두 같습니다.)

수학 경시 대회 반별 평균 점수

반	1반	2반	3반	4반	5반
평균 점수	62	58	67		

(　　　　　　　　)

[확인 문제]

1-1 다음 세 수의 평균이 74라고 합니다. □ 안에 알맞은 수는 얼마입니까?

80 □ 55

( )

2-1 지오가 수학 시험에서 틀린 문제 수를 나타낸 표입니다. 시험은 모두 100점이 만점이고 한 문제당 4점일 때, 지오의 수학 시험의 평균 점수는 몇 점입니까?

틀린 문제 수

	1회	2회	3회
틀린 문제 수	6	3	0

( )

3-1 승연이의 4번의 수학 점수는 84점, 82점, 87점, 92점이고 5번째 점수는 가장 높았습니다. 승연이의 5번의 수학 점수의 평균이 자연수일 때, 승연이의 5번째 수학 점수는 몇 점입니까? (단, 승연이는 수학 점수를 100점을 받은 적이 없습니다.)

( )

[한 번 더 확인]

1-2 민호네 반 학생 수는 22명이고 수학 평균 점수는 81점입니다. 남학생의 수학 평균 점수는 86점이고 여학생의 수학 평균 점수는 75점일 때 민호네 반 남학생은 몇 명입니까?

( )

2-2 희라네 모둠은 4명, 인성이네 모둠은 5명입니다. 희라네 모둠과 인성이네 모둠의 미술 수행 평가 점수를 나타낸 표입니다. 인성이네 모둠의 미술 수행 평가 점수의 평균은 몇 점입니까?

미술 수행 평가 평균 점수

모둠	희라네	인성이네	전체
평균	93		88

( )

3-2 준이는 5번의 영어 시험 점수가 모두 5의 배수입니다. 3번의 점수가 55점, 65점, 95점이고 5번 전체 평균은 70점입니다. 최저 점수와 최고 점수가 각각 55점, 95점이고 매번 다른 점수를 받았을 때 나머지 2번의 시험 점수를 각각 구하시오.

( ), ( )

STEP 2 실전 경시 문제

자연수의 연산 활용하기

1 | KMC 기출 유형 |

어떤 자연수를 15로 나눈 몫을 소수 첫째 자리에서 반올림하면 12입니다. 이 자연수 중 가장 큰 수를 구하시오.

(　　　　　　　　　　　　)

전략 몫을 소수 첫째 자리에서 반올림하였을 때 12가 되면 몫은 11.5 이상 12.5 미만입니다.

2

유진이가 구슬을 봉지에 5개씩 담았더니 3개가 남고, 6개씩 담았더니 4개가 남았습니다. 4개씩 담았더니 남는 구슬이 없었고 구슬이 100개보다는 많고 200개보다는 적을 때 유진이가 가진 구슬은 몇 개입니까?

(　　　　　　　　　　　　)

전략 5개씩 담았더니 3개가 남았으므로 2개가 더 있으면 5개씩 똑같이 담을 수 있습니다.

3

최대공약수가 6, 최소공배수가 180인 두 수의 차가 42입니다. 두 수를 구하시오.

(　　　　　　　　　　　　)

전략 최대공약수가 6인 두 수는 $6\times a$, $6\times b$로 나타낼 수 있습니다.

4 | 창의·융합 |

넓이가 1 a인 철판과 나무 판이 1개씩 있습니다. 철판의 가로를 $\frac{2}{5}$, 세로를 $\frac{3}{5}$으로 줄여서 무게를 재어 보니 432 kg이었고 나무 판의 가로를 0.6, 세로를 0.8로 줄여서 무게를 재어 보니 144 kg이었습니다. 넓이가 1 a인 철판과 나무 판의 무게의 합은 몇 t입니까?

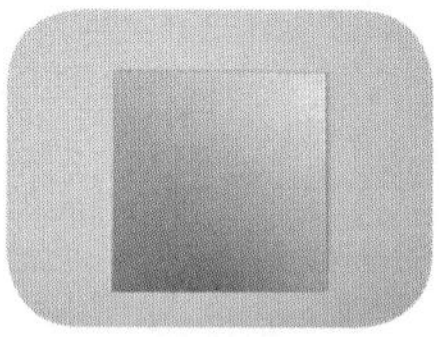

▲ 철판

▲ 나무판

(　　　　　　　　　　　　)

전략 가로를 ■, 세로를 ●로 줄이면 넓이는 전체의 ■×●가 됩니다.

분수로 나타내어 상황 해결하기

5

가분수 ㉮를 소수로 나타내면 2.25이고 분모와 분자의 합은 26입니다. 이 분수의 분자는 몇입니까?

(　　　　　　　　　　)

전략 2.25를 가분수로 나타내어 분모와 분자의 합이 26이 되도록 만들어 봅니다.

6

다음 식을 보고 a+b를 구하시오.

$$\frac{b-8}{a}=\frac{1}{4}, \frac{b}{a+6}=\frac{1}{2}$$

(　　　　　　　　　　)

전략 $\frac{b}{a}=\frac{d}{c}$일 때 $a \times d=b \times c$입니다.

7

| 성대 경시 기출 유형 |

어떤 일을 지호가 혼자 하면 60일이 걸리고, 명수가 혼자 하면 36일이 걸립니다. 지호와 명수가 이 일을 함께 했을 때 며칠 만에 끝낼 수 있습니까?

(　　　　　　　　　　)

전략 지호가 일을 다 하는 데 60일이 걸리므로 일 전체의 양을 1이라고 생각하면 지호가 하루에 하는 일의 양은 $\frac{1}{60}$입니다.

8

다음 두 식을 계산한 결과가 모두 자연수가 될 때 ㉠이 될 수 있는 가장 작은 대분수를 구하시오.

$$㉠ \div 1\frac{1}{4}, ㉠ \times \frac{32}{35}$$

(　　　　　　　　　　)

전략 $\frac{b}{a} \times \frac{d}{c}$가 자연수가 되려면 a와 c가 약분 과정을 통해 1이 되어야 합니다.

II 연산 영역

9

□ 안에 들어갈 수 있는 자연수는 몇 개입니까?

$$\frac{4}{10} \div \frac{4}{35} < 4 \div \frac{3}{\square} < 9 \div \frac{3}{4}$$

( )

전략 ① 각 식을 계산합니다.
② □만 남기도록 양쪽에 곱하거나 나눕니다.

10

A 마을에서 자동차로 오전 10시에 출발하여 어느 지정된 시각까지 B 마을에 가려고 합니다. 한 시간에 60 km를 가는 빠르기로 가면 2시간 늦게 도착하고, 한 시간에 90 km를 가는 빠르기로 가면 10분 일찍 도착합니다. 지정된 시각은 오후 몇 시 몇 분입니까?

( )

전략 10분은 $\frac{10}{60}$시간입니다. 걸리는 시간을 □시간이라 하여 식을 세워 먼저 계산해 봅니다.

소수로 나타내어 상황 해결하기

11

길이가 211.36 cm인 끈이 있습니다. 이 끈을 14.56 cm씩 잘라서 체육 대회에서 사용할 팔찌를 만들려고 합니다. 팔찌를 최대 몇 개까지 만들 수 있습니까?

( )

전략 팔찌는 2.5개 만들 수 없음에 주의합니다. 소수점 아래 수를 버림합니다.

12

| 창의·융합 |

다음 기사를 읽고 이달에 270 kWh 사용한 가정의 기본 요금을 제외한 전기 요금은 얼마인지 구하시오.

천재일보 사회

올해 여름 기록적인 폭염

2016년 여름은 기록적인 더위로 에어컨의 전기소비가 많았습니다. 우리나라는 전기세에 대해 누진제를 실시하고 있습니다. 다음은 지난 여름 기본요금을 제외한 전력량 누진 요금표입니다.

전력량 요금(원/kWh)	
처음 100kWh 까지	60.7
다음 100kWh 까지	125.9
다음 100kWh 까지	187.9
다음 100kWh 까지	280.6
다음 100kWh 까지	417.7
500kWh 초과	709.5

예를 들어 110kWh를 사용하면 기본 요금을 제외한 전기요금은 60.7×100+125.9×10=7329(원)입니다.

( )

전략 270 kWh일 때 전력량을 (100+100+70) kWh로 나누어 생각해 봅니다.

13

소수 한 자리 수인 어떤 수를 1.3으로 나눈 몫을 소수 둘째 자리에서 반올림하였더니 4.7이 되었습니다. 처음 소수 한 자리 수를 100배하면 얼마입니까?

( )

전략 소수 한 자리 수를 □라 놓고 생각해 봅니다.

14 | 창의·융합 |

현대인들은 필요한 물의 양보다 물을 적게 먹고 있다고 합니다. 세계보건기구(WHO)에서 발표한 하루 물 권장량은 체중 1 kg당 0.033 L라고 합니다. 승찬이는 오늘 1.274 L만큼의 물을 마셨습니다. 이는 하루 물 권장량보다 0.112 L 적은 양일 때 승찬이의 몸무게는 몇 kg입니까?

( )

전략 승찬이의 하루 물 권장량을 먼저 구해 봅니다.
(승찬이의 하루 물 권장량)
=(승찬이가 오늘 마신 물의 양)+0.112

15

세 자연수 A, B, C가 있습니다. A는 B와 C보다 크고, B는 A와 C보다 작다고 합니다. 또 A, B, C에 각각 0.37을 곱한 수의 자연수 부분은 모두 31입니다. C를 구하시오.

( )

전략 A>B, A>C이고 B<A, B<C이므로 B<C<A입니다.

16

어느 회사에서 사용하는 컴퓨터의 하드디스크 용량은 2.5*TB입니다. 3월에는 전체 용량의 $\frac{1}{5}$을 사용하였고, 4월에는 나머지의 0.4를 사용하였습니다. 그리고 5월에는 남은 용량의 $\frac{67}{100}$을 사용했을 때 남은 용량은 몇 TB입니까?

*TB: 컴퓨터 칩에 저장할 수 있는 정보량의 단위로 테라바이트라고 읽습니다.

( )

전략 3월, 4월, 5월에 사용하고 남은 용량을 각각 구합니다.

비례식 응용 문제

17

구슬 72개를 혜원, 세빈, 해솔에게 20 : ◉ : ▲의 비로 나누어 주었습니다. 혜원이가 받은 구슬이 40개이고, 세빈이가 해솔이보다 4개의 구슬을 더 받았을 때 세빈이와 해솔이의 구슬의 비인 ◉ : ▲를 가장 간단한 자연수의 비로 나타내시오.

(   )

전략 ♣을 ■ : ★ : ♥로 비례배분하기

⇨ ♣ × ■/(■+★+♥), ♣ × ★/(■+★+♥), ♣ × ♥/(■+★+♥)

18 | HMC 기출 유형 |

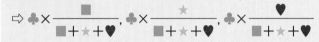

어느 인형 가게의 강아지 인형과 토끼 인형의 가격의 비는 6 : 7입니다. 두 인형의 가격을 각각 4000원씩 인상하면 가격의 비가 8 : 9가 됩니다. 인상된 강아지 인형의 가격은 얼마입니까?

(   )

전략 처음 강아지 인형의 가격을 (□×6)원이라 하면 처음 토끼 인형의 가격은 (□×7)원입니다.

19

사다리꼴 ㄱㄴㄷㄹ의 변 ㄱㄹ의 한가운데 점 ㅁ에서 변 ㄹㄷ과 평행한 선분 ㅁㅂ을 그어서 도형을 두 부분으로 나누었습니다. 나누어진 두 부분의 넓이 비가 5 : 3일 때, 변 ㄴㅂ의 길이를 구하시오.

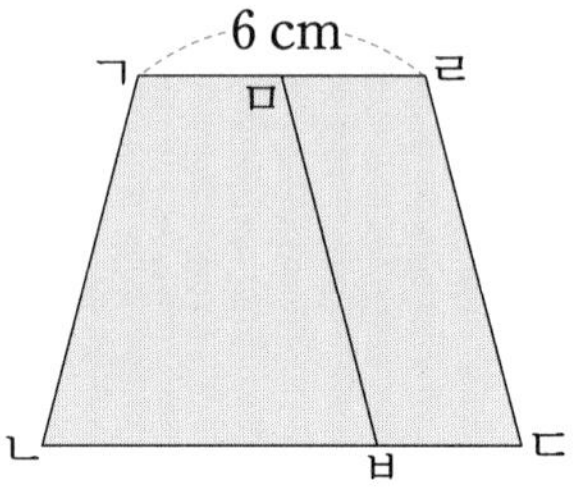

(   )

전략 변 ㄹㄷ과 변 ㅁㅂ이 평행하므로 사각형 ㅁㅂㄷㄹ은 평행사변형입니다.

20

경진이네 학교 남학생 수와 여학생 수의 비는 8 : 7이었습니다. 그런데 여학생이 몇 명 전학을 와서 남학생 수와 여학생 수의 비가 16 : 15가 되었고, 경진이네 학교 전체 학생 수는 465명이 되었습니다. 전학 온 여학생은 몇 명입니까?

(   )

전략 전학 온 여학생 수를 □명이라 하여 비례식을 만듭니다.

평균값 활용하기

21

차례로 2씩 커지는 네 자연수의 평균이 16입니다. 네 개의 자연수 중 가장 작은 자연수를 구하시오.

(　　　　　　　　　　)

전략 가장 작은 자연수를 □라고 하면 차례로 2씩 커지는 네 자연수를 □, □+2, □+4, □+6이라고 할 수 있습니다.

22

연희와 수연이는 같은 반이고 연희네 반 학생은 모두 21명입니다. 연희네 반의 전체 수학 점수 평균과 연희와 수연이의 수학 점수 평균이 다음과 같을 때, 연희와 수연이를 제외한 연희네 반 19명의 평균은 몇 점입니까?

- 연희네 반 수학 점수 평균: 74점
- 연희, 수연이의 수학 점수 평균: 83.5점

(　　　　　　　　　　)

전략 (연희네 반의 수학 점수의 합)=(평균)×(학생 수)

23 | 성대 경시 기출 유형 |

준이의 시험 점수는 희수 점수의 $1\frac{1}{4}$배이고, 유진이는 세 사람의 평균보다 8점이 더 높습니다. 희수는 세 사람의 평균보다 13점이 더 낮을 때 준이의 시험 점수는 몇 점입니까?

(　　　　　　　　　　)

전략 문제를 읽고 평균과 세 사람 사이의 점수 관계를 표나 화살표로 나타내어 보고 계산을 합니다.

24

조건 을 만족하는 모든 수의 평균을 구하시오.

조건

① 각 자리 숫자 모양은 다음과 같습니다.

0 1 2 3 4 5 6 7 8 9

② 10보다 크고 20보다 작은 소수 두 자리 수입니다.

③ 수의 왼쪽에서 전체 수를 거울에 비추었을 때 거울에 비친 수는 소수 두 자리 수입니다.

④ 처음 만든 수에서 십의 자리 숫자와 소수 둘째 자리 숫자를 바꾸고 일의 자리 숫자와 소수 첫째 자리 숫자를 바꾸어도 처음 수와 같습니다.

(　　　　　　　　　　)

전략 ③, ④의 조건을 만족하는 수를 먼저 알아봅니다.

Ⅱ 연산 영역

돈에 관한 문제 해결하기

25 | KMC 기출 유형 |

진영이는 500원짜리 동전을, 문태는 100원짜리 동전을 가지고 있습니다. 진영이가 가지고 있는 동전의 수는 문태가 가진 동전 수의 5배이고 진영이가 500원짜리 동전 3개를 100원짜리로 바꿔서 문태에게 주었더니 문태가 가진 동전의 수가 진영이가 가진 동전 수보다 2개 더 많아졌습니다. 처음에 진영이가 가진 동전은 모두 몇 개입니까?

( )

전략 진영이가 500원짜리 3개를 100원짜리로 바꿔서 문태에게 주었으므로 진영이는 동전의 수가 3개 줄어들었고 문태는 동전의 수가 15개 늘어났습니다.

26

세형이네 반에서 1주일 동안 모은 불우 이웃 성금을 세어 보았습니다. 50원짜리 동전이 12개가 있고 500원짜리와 100원짜리 동전의 수의 합은 50원짜리 동전의 수보다 적을 때, 500원짜리 동전이 가장 많을 때는 몇 개입니까?

(단, 모인 돈은 5000원보다 적습니다.)

( )

전략 불우 이웃 성금 중 50원짜리 동전이 12개이므로 50원짜리 동전은 모두 600원입니다.

27 | 창의·융합 |

지우가 우리나라 예산을 조사하여 메모한 것입니다. 내년 우리나라 1년 예산은 얼마입니까?

내년 우리나라 예산 계획 조사

−김지우

올해 1년 예산: 376조 원

① 환경부: 올해 예산 6조에서 내년 10 % 증가

② 교육부: 올해 예산 20조에서 내년 5 % 증가

③ 국방부, 기획재정부 등 나머지 부서 예산 변동 없음.

( )

전략 예산 □의 10 %가 증가했다고 하면 전체는 $□+□\times\frac{10}{100}$입니다.

28

정가가 2000원인 머리핀을 A에서는 25 % 할인하여 판매하고 B에서는 20 % 할인하여 판매하고 있습니다. A에서 B보다 12개 더 팔았더니 판매 금액이 7200원 더 많았을 때 B에서 판 머리핀은 몇 개입니까?

( )

전략 (A의 판매 가격)$=2000\times0.75$

(B의 판매 가격)$=2000\times0.8$

여러 가지 복면산

29

같은 모양은 각각 같은 숫자를 나타냅니다.
●+■−▲+★의 값을 구하시오.

$$\begin{array}{r} ● \\ +\ ■ \\ \hline ●▲ \end{array} \qquad \begin{array}{r} ●★ \\ +\ ■● \\ \hline ●▲■ \end{array}$$

( )

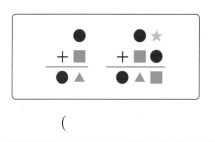

전략 한 자리 수끼리의 합이 두 자리 수가 되려면 9+9=18이므로 합의 십의 자리 숫자는 1만 될 수 있습니다.

30

A, B, C는 각각 어떤 숫자를 나타내고, 다른 문자는 서로 다른 숫자를 나타냅니다. B+C를 구하시오. (단, C>5입니다.)

$$\begin{array}{r} A\ B\ C \\ \times \quad\ 3 \\ \hline B\ B\ A \end{array}$$

( )

전략 (세 자리 수)×3이 세 자리 수이므로 A<4입니다.

31

㉮, ㉯, ㉰, ㉱는 서로 다른 한 자리 자연수입니다. 소수 ㉮.㉯를 소수 ㉰.㉱로 나누면 몫이 자연수가 되고 나머지가 없습니다. ㉮.㉯÷㉰.㉱의 몫이 가장 클 때 ㉮+㉯+㉰+㉱를 구하시오.

( )

전략 ㉮.㉯÷㉰.㉱의 몫이 9보다 클 수는 없습니다.

32

같은 모양은 같은 숫자를 나타냅니다.
●+■+▲를 구하시오. (단, ■<▲입니다.)

$$\begin{array}{r} 6\,.\,●\,■ \\ -\ ■\,.\,▲\,▲ \\ \hline ■\,.\,▲\,● \end{array}$$

( )

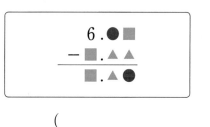

전략 6−■=■가 되는 ■를 먼저 구합니다.

Ⅱ 연산 영역

STEP 3 코딩 유형 문제

* 연산 영역에서의 코딩

카이사르 암호는 암호학에서 말하는 간단한 치환 암호 중 하나입니다. 치환 암호란 암호화하고자 하는 내용을 알파벳별로 순서를 일정하게 건너뛰어서 다른 알파벳으로 대체하는 방식입니다. 따라서 카이사르 암호도 몇 글자씩 뒤로 건너뛰는지 알아보면 암호를 해결할 수 있습니다.

1 세 글자씩 건너 뛰어서 다음의 평문을 암호문으로 바꾸는 표를 완성하시오.

평문	A	B	C	D	E	F	G	H	I	J	K	L	M
암호	D												
평문	N	O	P	Q	R	S	T	U	V	W	X	Y	Z
암호											A	B	

▶ 알파벳을 몇 글자씩 건너뛰었는지 알아봅니다.

2 다음은 카이사르에게 전해진 서신입니다. **1**의 암호문과 평문의 표를 보고 암호문을 평문으로 바꾸어 쓰시오.

EH FDUHIXO IRU DVVDVVLQDWRU

⇨ ______________________________

▶ • ASSASSINATOR: 암살자
• COOPERATOR: 협력자
• BETRAYER: 배신자

3 소희가 재민이에게 학교 끝나고 봐(SEE YOU AFTER SCHOOL)를 암호문으로 만들어 보내려 합니다. 암호문을 만들어 보시오.

SEE YOU AFTER SCHOOL

⇨ ______________________________

▶ 표를 보고 평문을 암호문으로 바꾸어 봅니다.

4 다음은 격자 암호입니다. 격자 암호는 격자 모양의 해독판을 가진 사람만 암호를 해독할 수 있습니다. 해독 방법은 격자 암호와 위치가 일치하는 격자의 색칠한 부분의 글씨만 적어서 나열하면 평문으로 해독할 수 있습니다. 다음 격자 암호를 평문으로 해독하고 평문을 계산하시오.

〈해독판〉

물	하	삼	가	드	서
암	을	호	립	을	사
받	해	니	분	다	아
선	가	독	주	의	생
가	삼	십	으	하	로
나	시	누	하	시	오

〈격자 암호〉

		■			
	■				■
			■		
				■	
	■		■		■
■		■		■	■

____

( )

▶ 격자 암호의 해독판에 똑같이 색칠하고 색칠한 부분에 쓰여진 글씨를 나열해서 알아봅니다.

STEP 4 도전! 최상위 문제

생활 속 문제

1 지현이네 과수원에서는 올해 사과를 수확해서 전체 무게의 $\frac{3}{8}$ 만큼을 성재네 과일 가게에 팔고, 나머지의 $\frac{4}{5}$만큼을 상민이네 과일 가게에 팔았습니다. 성재네 과일 가게와 상민이네 과일 가게에 팔고 남은 사과가 150 kg일 때 지현이네 과수원에서 올해 수확한 사과는 모두 몇 kg입니까?

(　　　　　　　　　　)

2 자연수 A를 23으로 나눈 몫을 소수 첫째 자리에서 반올림하면 3이 됩니다. A가 될 수 있는 수는 모두 몇 개입니까?

(　　　　　　　　　　)

3 단비와 우혁이는 일주일에 용돈을 각각 5000원, 4500원씩 받습니다. 단비가 이번 주 용돈 중 얼마를 우혁이에게 주니 단비와 우혁이의 용돈의 비가 8 : 11이 되었습니다. 단비가 우혁이에게 준 돈은 얼마입니까?

( )

창의・융합

4 다음은 태극기의 비율을 나타낸 것입니다. 둘레가 120 m인 대형 태극기를 만들어 응원을 하려고 합니다. 이 태극기의 태극 문양의 지름과 괘의 너비의 합을 구하시오.

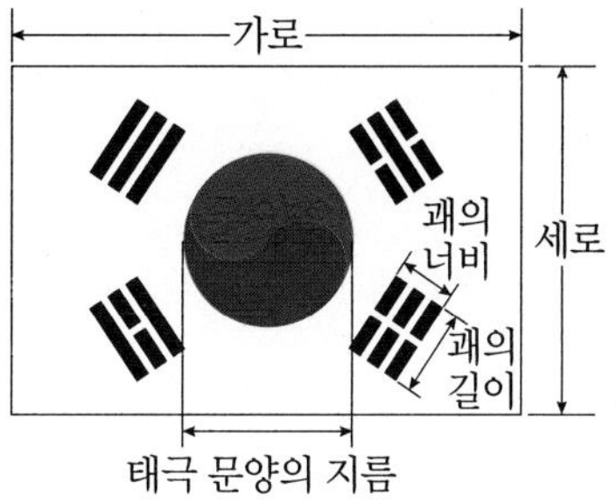

- (가로) : (세로)=3 : 2
- (세로) : (태극 문양의 지름)=2 : 1
- (태극 문양의 지름) : (괘의 길이)=2 : 1
- (괘의 길이) : (괘의 너비)=3 : 2

( )

창의·융합

5 두 가지 이상의 색을 섞어서 새로운 색을 만들 수 있습니다. 빨간색과 노란색 물감을 4 : 1로 섞고 노란색과 초록색 물감을 5 : 3으로 섞어서 각각 주황색과 연두색을 만들었습니다. 만든 주황색 물감이 40 g, 연두색 물감이 56 g일 때 사용한 빨간색 물감과 초록색 물감의 양을 더하면 몇 g입니까?

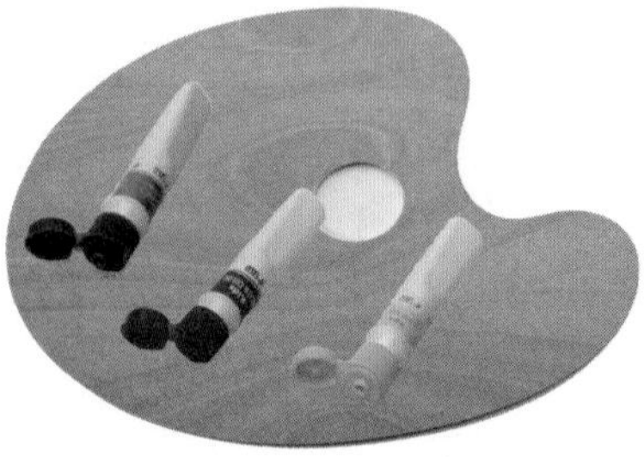

(　　　　　　　　　　)

생활 속 문제

6 가연이네 초등학교 6학년은 1반부터 4반까지 있습니다. 학생 한 명당 학교 도서실의 한 달 평균 도서 대출 권수는 1반은 8권, 2반은 9권, 3반은 7권, 4반은 6권입니다. 가연이네 학교 6학년 전체 학생의 학교 도서실 한 달 평균 도서 대출 권수는 몇 권인지 소수 둘째 자리에서 반올림하여 구하시오.

- 1반과 2반의 학생 수는 각각 18명과 20명입니다.
- 3반의 학생 수는 1반과 2반의 학생 수의 평균입니다.
- 4반 학생 수는 3반 학생 수보다 4명 더 많습니다.

(　　　　　　　　　　)

생활 속 문제

7 어떤 일을 정호가 혼자 하면 8일 걸리고 장훈이가 혼자 하면 10일 걸립니다. 이 일을 정호가 혼자서 2일 동안 하고, 정호와 장훈이가 같이 2일 동안 하였습니다. 나머지 일을 장훈이 혼자 할 때 일을 끝마치려면 혼자 며칠 동안 일을 해야 합니까?

( )

8 다음 수들은 1보다 큰 자연수 A로 나누었더니 나머지가 모두 같았습니다. 나머지가 0이 아닐 때 A가 될 수 있는 수의 합을 구하시오.

306	348	502

( )

특강 영재원 · 창의융합 문제

고대 그리스의 수학자 디오판토스(Diophantos)는 문자를 도입하여 문제를 푸는 방법을 최초로 도입한 사람으로 '대수학의 아버지'로 불립니다.

디오판토스 이전에는 문자 없이 수학적 문장으로 표현하였지만 디오판토스는 이것을 간단한 식으로 나타내었습니다.

예를 들어 '한 변이 7 cm인 정삼각형의 둘레는 몇 cm일까?'를 간단히 '$7\times3=21$'과 같이 식을 이용하여 해결할 수 있도록 만든 사람이 바로 디오판토스입니다.

하지만 이렇게 위대한 디오판토스에 대해서는 별로 알려진 것이 없습니다. 다만 디오판토스의 묘비에 써 있는 글을 통하여 위대한 수학자가 몇 살까지 살았는지 계산할 수 있었습니다.

9 디오판토스의 묘비에 써 있는 글을 보고 디오판토스는 몇 살까지 살았는지 구하시오.

> 여행자여!
> 이 돌 아래에는 디오판토스의 영혼이 잠들어 있다.
> 그의 신비스런 생애를 수로 말해 보겠다.
> 그는 일생의 $\frac{1}{6}$을 소년으로 지냈다. 또 일생의 $\frac{1}{12}$은 청년 시절이었다.
> 그 후 일생의 $\frac{1}{7}$을 혼자 살다 결혼을 하였다.
> 결혼 후 5년이 지나 아들이 태어났지만 아들은 아버지의 일생의 반 밖에 살지 못했다.
> 그리고 아들이 죽고 난 후 4년을 더 살고 생애를 마쳤다.

( )

III

도형 영역

| 주제 구성 |

9 각기둥과 각뿔의 구성 요소

10 전개도를 보고 문제 해결하기

11 주사위 눈의 수의 합 구하기

[주제 학습 9] 각기둥과 각뿔의 구성 요소

삼각기둥, 사각기둥, 오각기둥, 육각기둥이 있습니다. 네 각기둥의 모서리 수의 합은 모두 몇 개입니까?

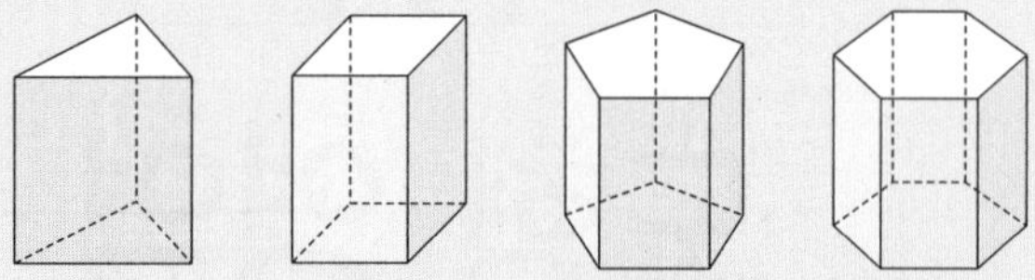

( )

문제 해결 전략

① 각기둥의 모서리의 수 구하기
(각기둥의 모서리의 수)=(한 밑면의 변의 수)×3
삼각기둥: 3×3=9(개), 사각기둥: 4×3=12(개),
오각기둥: 5×3=15(개), 육각기둥: 6×3=18(개)

② 네 개의 각기둥의 모서리의 수의 합
9+12+15+18=54(개)

선생님, 질문 있어요!

Q. 각기둥의 면의 수와 꼭짓점의 수는 어떻게 구하나요?

A. (각기둥의 면의 수)
=(한 밑면의 변의 수)+2
(각기둥의 꼭짓점의 수)
=(한 밑면의 변의 수)×2

참고

(각뿔의 면의 수)
=(밑면의 변의 수)+1
(각뿔의 모서리의 수)
=(밑면의 변의 수)×2
(각뿔의 꼭짓점의 수)
=(밑면의 변의 수)+1

따라 풀기 1 칠각기둥의 모서리의 수와 면의 수의 차는 몇 개인지 식을 쓰고 답을 구하시오.

[식] ______________________

[답] ______________________

따라 풀기 2 오각뿔의 모서리의 수를 ㉠, 면의 수를 ㉡, 꼭짓점의 수를 ㉢이라고 할 때, (㉠+㉡)×㉢의 값은 얼마입니까?

( )

[확인 문제]

1-1 모서리가 각각 24개인 각기둥 ㉮와 각뿔 ㉯가 있습니다. 각기둥 ㉮와 각뿔 ㉯의 이름을 각각 쓰시오.

각기둥 ㉮ (　　　　　　　　)
각뿔 ㉯ (　　　　　　　　)

2-1 꼭짓점의 수와 면의 수의 합이 16인 각뿔의 모서리는 모두 몇 개입니까?

(　　　　　　　　)

3-1 어느 각기둥의 면의 수, 모서리의 수, 꼭짓점의 수를 모두 더하면 44개입니다. 이 각기둥의 이름을 쓰시오.

(　　　　　　　　)

[한 번 더 확인]

1-2 꼭짓점의 수가 육각기둥의 면의 수보다 1이 적은 각뿔 ㉮의 이름을 쓰시오.

(　　　　　　　　)

2-2 모서리와 면의 수의 차가 8개인 각기둥의 꼭짓점은 몇 개입니까?

(　　　　　　　　)

3-2 다음은 크기와 모양이 같은 오각뿔 2개의 밑면을 서로 이어 붙여서 만든 입체도형입니다. 이 입체도형의 면의 수, 모서리의 수, 꼭짓점의 수의 합은 몇 개입니까?

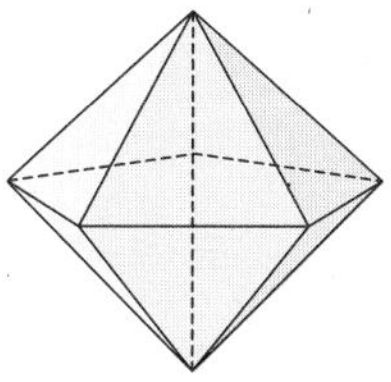

(　　　　　　　　)

Ⅲ 도형 영역

[주제 학습 10] 전개도를 보고 문제 해결하기

오른쪽 각뿔의 전개도 중에서 둘레가 가장 짧을 때는 몇 cm입니까?

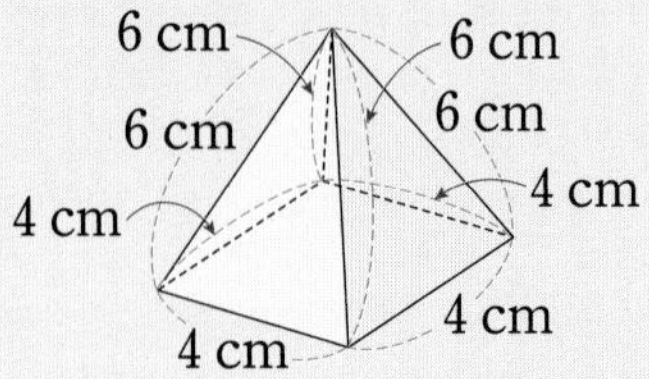

( )

문제 해결 전략

① 둘레가 가장 짧은 전개도 알아보기

전개도의 둘레가 가장 짧으려면 길이가 짧은 모서리를 자릅니다.

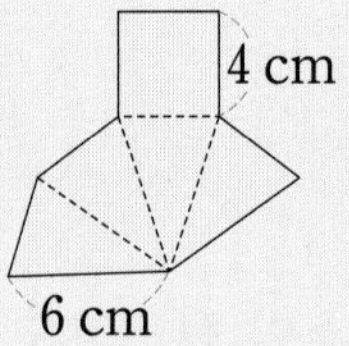

② 전개도의 둘레 구하기

(전개도의 둘레)$=4\times6+6\times2$

$=24+12=36$ (cm)

선생님, 질문 있어요!

Q. 전개도의 둘레가 가장 길 때는 몇 cm인가요?

A. ① 긴 모서리들을 잘라야 합니다.

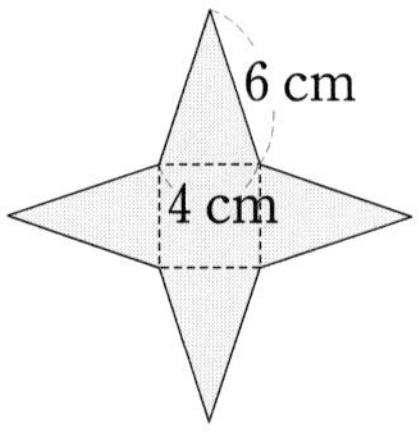

② (전개도의 둘레)

$=6\times8=48$ (cm)

따라 풀기 1

오른쪽 전개도를 접었을 때 만들어지는 각기둥의 모든 모서리의 길이의 합은 몇 cm입니까? (단, 옆면은 모두 합동입니다.)

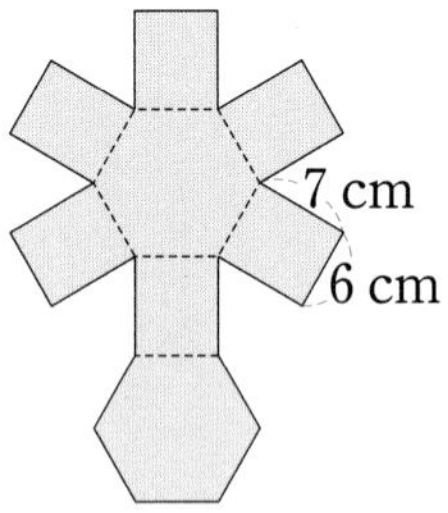

( )

따라 풀기 2

밑면의 모양이 오른쪽과 같은 삼각기둥의 전개도를 그렸을 때 옆면의 넓이의 합은 432 cm^2입니다. 이 삼각기둥의 높이는 몇 cm입니까?

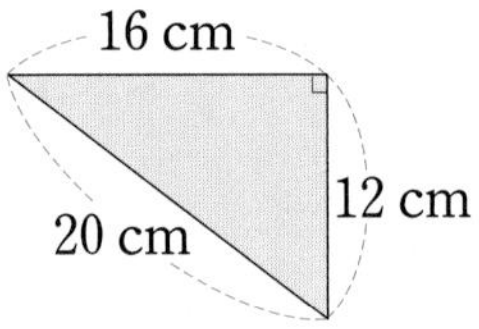

( )

확인 문제

1-1 삼각기둥의 전개도를 접었을 때 점 ㄷ과 만나는 점을 모두 찾아 쓰시오.

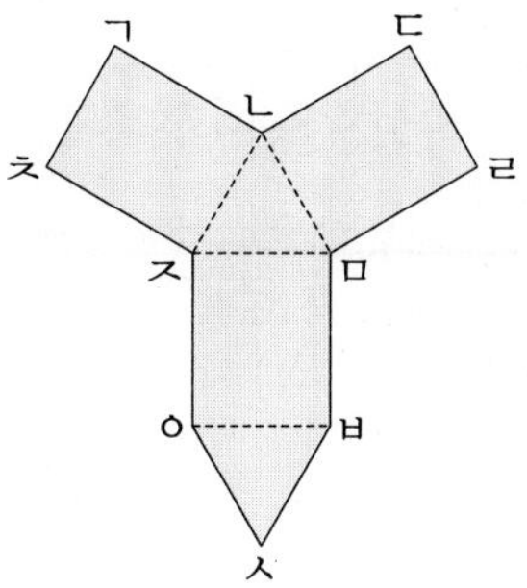

(　　　　　　　　　　　　　)

2-1 밑면이 한 개이고 밑면의 모양이 다음과 같은 입체도형이 있습니다. 옆면의 모양은 모두 합동인 이등변삼각형일 때 이 입체도형의 모서리는 모두 몇 개인지 구하시오.

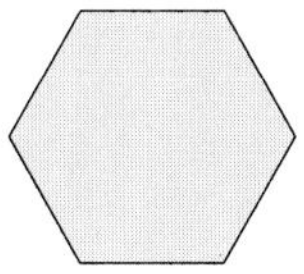

(　　　　　　　　　　　　　)

3-1 사각기둥의 면 위에 그어진 선을 보고 오른쪽 전개도에 선을 알맞게 그으시오.

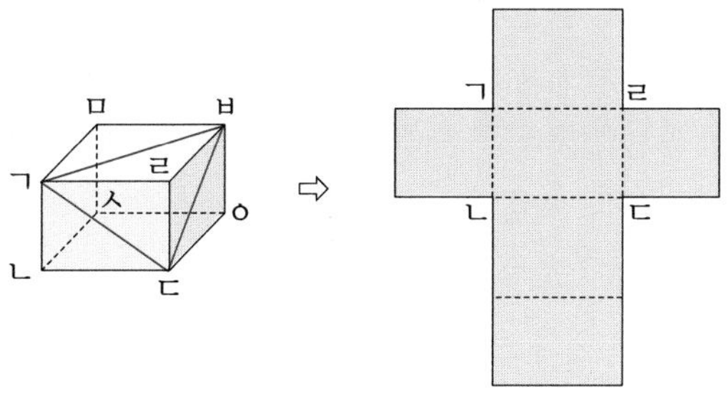

한 번 더 확인

1-2 삼각기둥의 전개도를 접었을 때 선분 ㅂㅅ과 수직으로 만나는 선분을 모두 찾아 쓰시오.

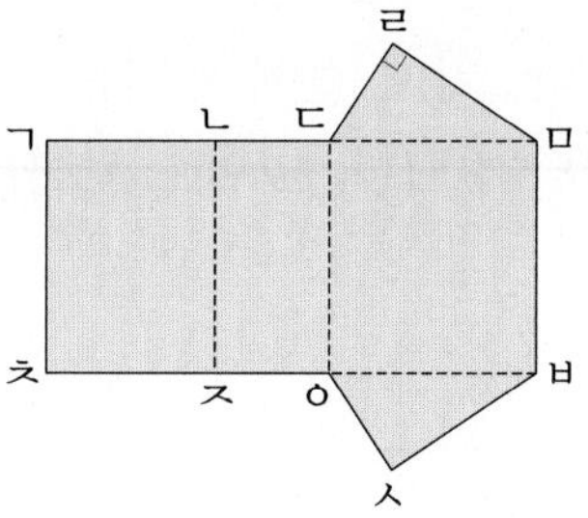

(　　　　　　　　　　　　　)

2-2 옆면이 다음 삼각형과 합동인 삼각형 7개로 이루어진 각뿔의 모든 모서리의 길이의 합은 모두 몇 cm입니까?

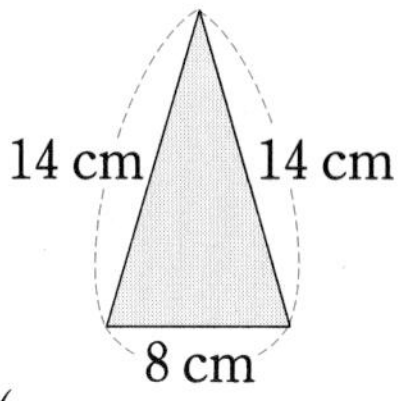

(　　　　　　　　　　　　　)

3-2 사각기둥의 면 위에 그어진 선을 보고 오른쪽 전개도에 선을 알맞게 그으시오.

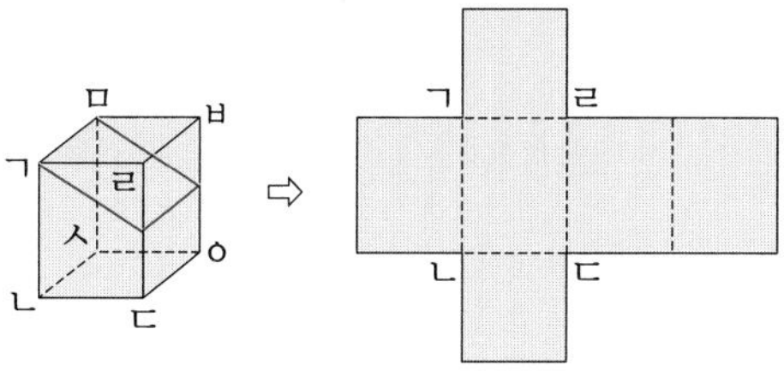

[주제 학습 11] 주사위 눈의 수의 합 구하기

마주 보는 면의 눈의 수의 합이 7인 주사위 5개를 이어 붙였습니다. 이때 겉에 보이는 눈의 수의 합이 가장 작을 때는 얼마입니까? (단, 밑면도 보이는 것으로 합니다.)

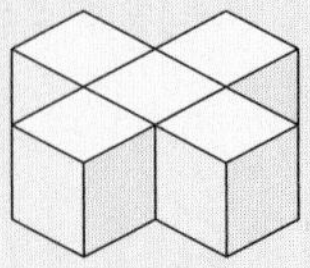

( )

문제 해결 전략

① 보이는 눈의 수가 작을 때 알아보기
보이는 눈의 수의 합이 작으려면 주사위끼리 붙어 있는 면의 눈의 수가 커야 합니다.
주사위의 눈은 6이 가장 크므로 6끼리 붙이면 겉에 보이는 주사위의 눈은 1,
가운데 주사위는 위아래 눈의 수를 더하면 7이고, 주사위 4개는 6만 안 보입니다.

② 눈의 수의 합 구하기
$(1+2+3+4+5)\times4+7=67$

선생님, 질문 있어요!

Q. 겉에 보이는 눈의 수의 합이 가장 클 때는 얼마인가요?

A. 겉에 보이는 눈의 수의 합이 크려면 가장 작은 1을 서로 붙여야 하고 이때의 주사위 눈의 수의 합은
$(2+3+4+5+6)\times4+7$
$=87$입니다.

따라 풀기 1

주사위 3개를 사용하여 오른쪽과 같이 사각기둥을 만들었습니다. 이 사각기둥의 한 밑면의 눈의 수의 합이 가장 클 때는 얼마입니까? (단, 주사위는 서로 마주 보는 면의 눈의 수의 합이 7입니다.)

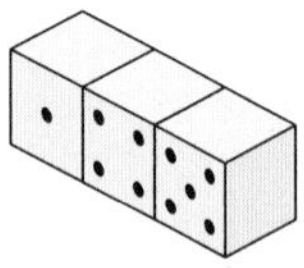

( )

따라 풀기 2

마주 보는 두 면의 눈의 수의 합이 7인 주사위 6개를 붙여 놓은 것입니다. 서로 맞닿는 두 면의 눈의 수가 같도록 붙였을 때, 겉면에 있는 눈의 수의 합은 얼마입니까? (단, 아랫면도 겉면에 포함됩니다.)

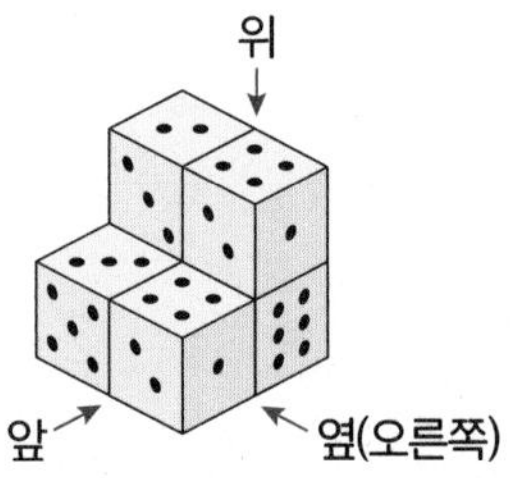

( )

확인 문제

1-1 다음과 같은 주사위의 전개도를 접었습니다. 이때 주사위의 한 꼭짓점에서 만나는 세 면의 눈의 수를 더했을 때, 그 값이 가장 클 때는 얼마입니까?

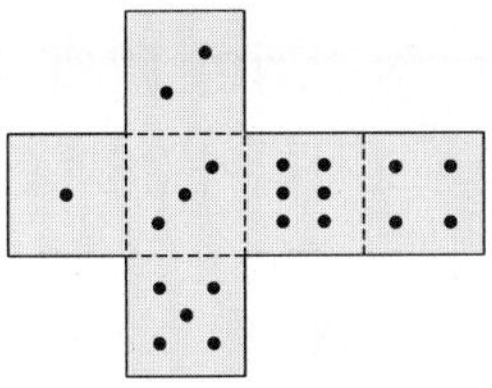

( )

2-1 쌓기나무를 9개까지 사용하여 만들 수 있는 서로 다른 직육면체는 모두 몇 가지입니까? (단, 돌리고 뒤집었을 때 같은 모양은 1가지로 합니다.)

( )

3-1 다음과 같은 쌓기나무로 만든 입체도형에 쌓기나무를 더 놓아 정육면체를 만들려고 합니다. 쌓기나무는 적어도 몇 개 더 필요합니까?

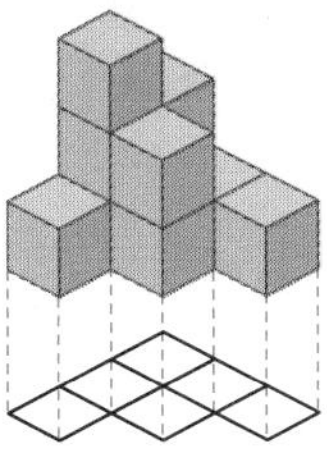

( )

한 번 더 확인

1-2 마주 보는 두 면의 눈의 수의 합이 7인 주사위 9개를 서로 맞닿는 두 면의 눈의 수가 같도록 붙여 다음과 같이 쌓았습니다. 옆(왼쪽)에서 본 모양을 그리고, 눈의 수를 써넣으시오.

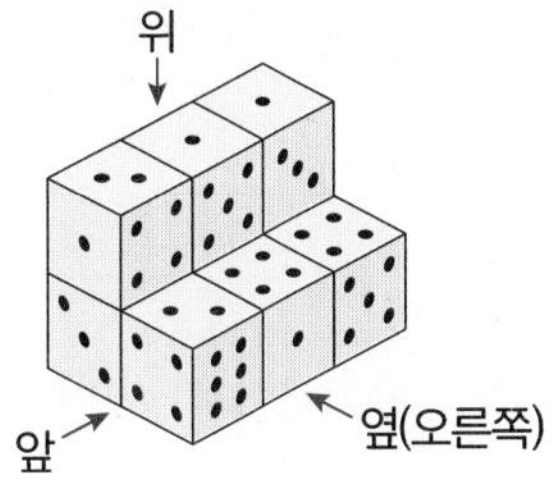

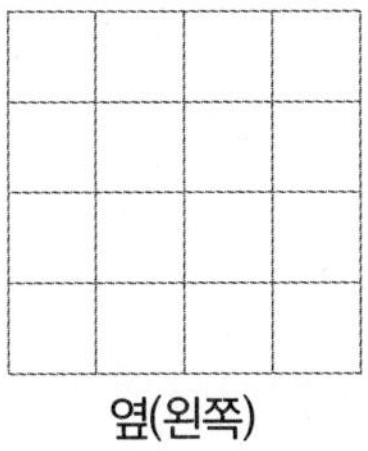

2-2 다음 쌓기나무 36개로 만든 직육면체의 선을 따라 만들 수 있는 서로 다른 직육면체는 모두 몇 가지입니까? (단, 돌리고 뒤집었을 때 같은 모양은 1가지로 합니다.)

( )

3-2 위, 앞, 옆에서 본 모양이 다음과 같이 되도록 쌓기나무를 쌓으려고 합니다. 이와 같은 모양을 만들기 위해 쌓기나무는 적어도 몇 개 필요합니까?

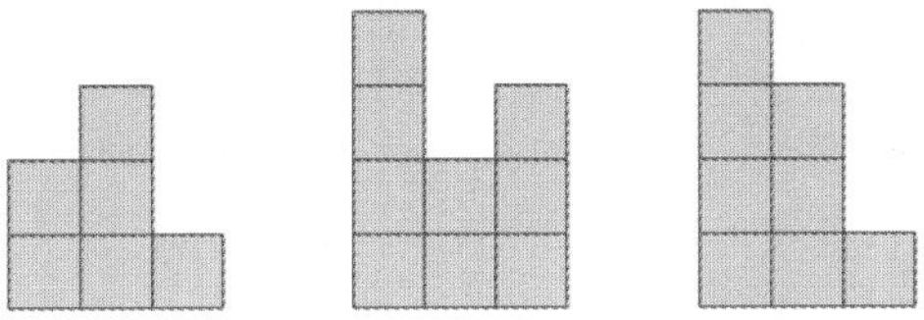

( )

STEP 2 실전 경시 문제

각기둥의 구성 요소의 수 구하기

1 | 성대 경시 기출 유형 |

꼭짓점이 10개인 각기둥과 꼭짓점이 14개인 각기둥이 있습니다. 두 각기둥의 면의 수의 합은 몇 개인지 구하시오.

(　　　　　　　　　　)

전략 ① 꼭짓점이 10개인 각기둥의 한 밑면의 변의 수를 구합니다.
② 꼭짓점이 14개인 각기둥의 한 밑면의 변의 수를 구합니다.
③ 두 각기둥의 면의 수를 구하여 더합니다.

2 | 성대 경시 기출 유형 |

밑면이 정육각형인 육각기둥에서 한 모서리에 평행한 모서리가 가장 많을 때와 가장 적을 때의 평행한 모서리의 수를 더하면 몇 개입니까?

(　　　　　　　　　　)

전략 육각기둥에서 평행한 모서리를 찾아봅니다. 밑면에서 서로 평행한 모서리를 빠뜨리지 않도록 합니다.

3

㉠, ㉡, ㉢ 각기둥의 이름을 쓰시오.

㉠ 면이 10개인 각기둥
㉡ 꼭짓점이 12개인 각기둥
㉢ 모서리가 36개인 각기둥

㉠ (　　　　　　　　　　)
㉡ (　　　　　　　　　　)
㉢ (　　　　　　　　　　)

전략 ㉠ (면의 수)=(한 밑면의 변의 수)+2
㉡ (꼭짓점의 수)=(한 밑면의 변의 수)×2
㉢ (모서리의 수)=(한 밑면의 변의 수)×3

4

십사각기둥의 꼭짓점의 수를 ㉠, 모서리의 수를 ㉡, 면의 수를 ㉢이라고 할 때, $\frac{㉡}{㉠}$×㉢의 값을 구하시오.

(　　　　　　　　　　)

전략 (■각기둥의 꼭짓점의 수)=■×2
(■각기둥의 모서리의 수)=■×3

5

서로 다른 세 각기둥 ㉮, ㉯, ㉰의 모서리의 수의 합이 54일 때, 세 각기둥의 꼭짓점의 수를 모두 더하면 몇 개입니까?

( )

전략 한 밑면의 변의 수의 합을 □라 하여 구해 봅니다. 각기둥의 한 밑면의 변의 수와 꼭짓점 수 사이의 관계를 알아 구해 봅니다.

6

다음 각기둥을 세 개의 입체도형이 생기도록 자른 면이 겹치지 않게 두 번 잘랐습니다. 이 입체도형들의 꼭짓점의 수의 합이 가장 많을 때는 몇 개입니까?

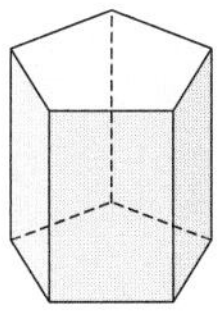

( )

전략 한 밑면의 변의 수가 많은 각기둥이 3개 만들어지도록 자릅니다.

각뿔의 구성 요소의 수 구하기

7

다음 전개도를 접어서 만든 입체도형의 꼭짓점과 모서리의 수의 합은 모두 몇 개입니까?

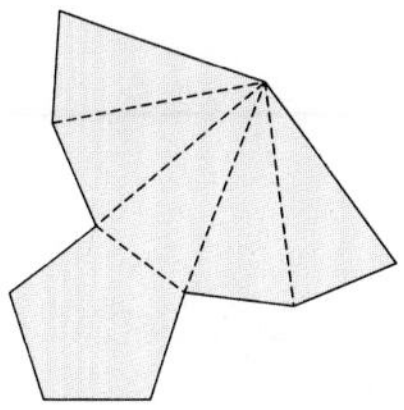

( )

전략 밑면이 다각형이고 옆면이 삼각형인 입체도형은 각뿔입니다.

8

다음에서 설명하는 입체도형의 옆면의 수와 모서리의 수의 곱은 얼마입니까?

- 옆면의 모양은 이등변삼각형입니다.
- 꼭짓점의 수는 8개입니다.
- 옆면은 모두 한 점에서 만납니다.

( )

전략 각뿔의 옆면은 각뿔의 꼭짓점에서 만납니다. 각뿔의 옆면의 수는 밑면의 변의 수와 같습니다.

9

밑면의 모양이 같은 각뿔 1개와 각기둥 1개의 꼭짓점의 수의 합이 25개일 때 각뿔의 모서리는 몇 개입니까?

(　　　　　　　　　　)

전략 각기둥과 각뿔의 밑면의 변의 수를 □라 하고 □를 먼저 구해 봅니다.

10

| KMC 기출 유형 |

십각뿔의 모서리의 수를 ㉠, 꼭짓점의 수를 ㉡, 면의 수를 ㉢이라 할 때 $\frac{㉡+㉢}{㉠}$의 값을 구하시오.

(　　　　　　　　　　)

전략 (각뿔의 모서리의 수)=(밑면의 변의 수)×2
(각뿔의 꼭짓점의 수)=(밑면의 변의 수)+1
(각뿔의 면의 수)=(밑면의 변의 수)+1

11

어떤 각뿔을 밑면에 수평으로 높이의 중간 지점을 잘랐습니다. 이때 만들어진 각뿔이 아닌 입체도형의 꼭짓점이 30개일 때 자르기 전 각뿔의 꼭짓점은 모두 몇 개입니까?

(　　　　　　　　　　)

전략 각뿔의 높이의 중간 지점을 잘랐을 때 잘려진 각뿔 모양은 처음 각뿔과 밑면의 변의 수가 같습니다.

12

사각뿔을 밑면에 수평으로 각뿔의 높이의 $\frac{1}{3}$지점과 $\frac{2}{3}$지점을 잘랐습니다. 이때 만들어진 각뿔 모양의 도형과 각뿔이 아닌 두 개의 입체도형의 꼭짓점 수의 합은 모두 몇 개인지 구하시오.

(　　　　　　　　　　)

전략 사각뿔을 밑면에 수평으로 해서 각뿔의 $\frac{1}{3}$지점과 $\frac{2}{3}$지점을 자르면 사각뿔 모양의 도형 하나와 두 개의 육면체가 나옵니다.

13

| 창의・융합 |

사각기둥 모양의 카스텔라를 • 보기 •와 같이 꼭짓점을 지나는 평면으로 잘라서 모두 삼각뿔 모양으로 만들어 학생들에게 나누어 주려고 합니다. 카스텔라를 몇 명까지 나누어 줄 수 있습니까?

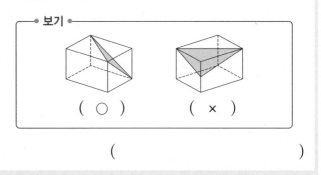

• 보기 •

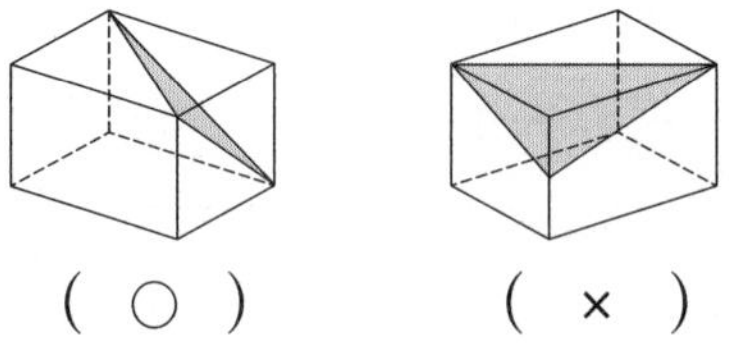

(　　　　　　　　　　)

전략 한 면씩 삼각형 모양이 되도록 잘라 봅니다.

전개도 활용 문제

14

다음은 삼각기둥의 옆면의 전개도입니다. 전개도를 접어서 입체도형을 만들었을 때 모든 모서리 길이의 합은 몇 cm입니까?

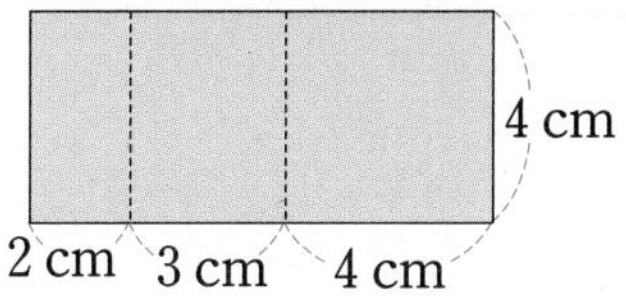

(　　　　　　　　　　)

전략 삼각기둥의 전개도를 접어서 입체도형을 만들었을 때 밑면의 모서리는 2 cm, 3 cm, 4 cm이고, 높이는 4 cm입니다.

15

다음 전개도를 접었을 때 모든 모서리의 길이의 합이 44 cm라고 합니다. 밑면이 정사각형일 때 밑면의 한 변의 길이는 몇 cm입니까?

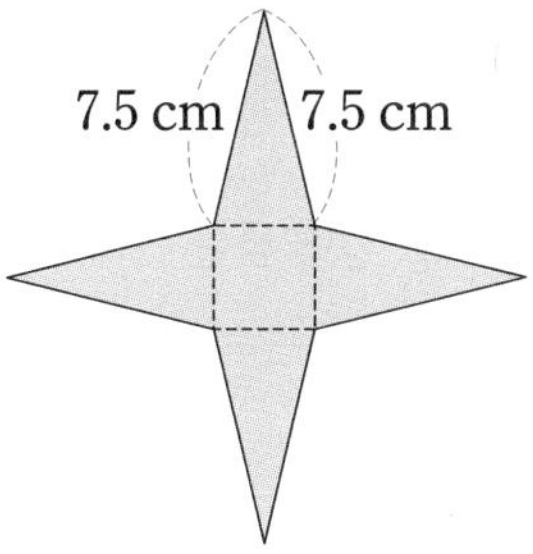

(　　　　　　　　　　)

전략 각뿔의 옆면은 이등변삼각형 모양입니다. 사각뿔의 모서리의 길이의 합은 (밑면의 둘레)+(모선의 길이)×4입니다.

16

그림은 세 모서리의 길이가 각각 6 cm, 4 cm, 2 cm인 직육면체입니다. 이 직육면체의 전개도 중에 둘레가 가장 클 때 $\frac{(\text{둘레})}{6+4+2}$는 몇 cm인지 구하시오.

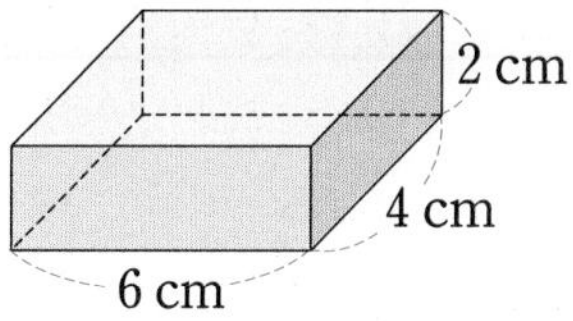

(　　　　　　　　　　)

전략 직육면체의 전개도가 둘레를 가장 크게 하기 위해서는 가장 긴 모서리부터 잘라야 합니다.

17

다음은 어떤 입체도형에서 삼각뿔을 4개 잘라낸 다음, 나머지 도형을 전개도로 나타낸 것입니다. 이 전개도로 만들어진 입체도형의 꼭짓점의 수를 구하시오.

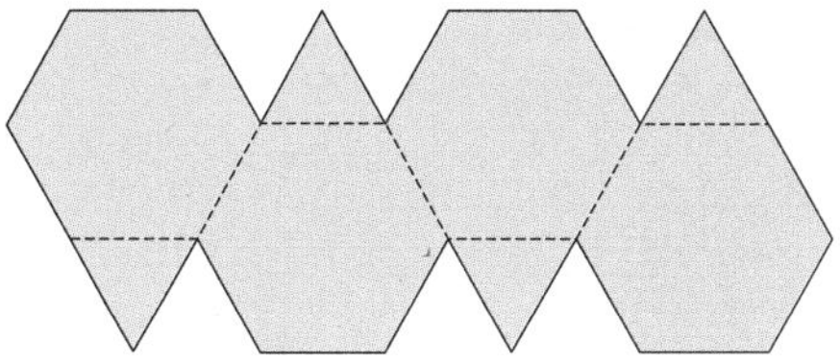

(　　　　　　　　　　)

전략 전개도에서 육각형이 4개이므로 전체 면의 수가 4개인 도형을 잘라낸 것입니다.

경로 문제

18

그림과 같이 모든 변의 길이가 같은 사각기둥에 세 개의 선을 그렸습니다. 선이 지나간 경로를 전개도 위에 그리시오.

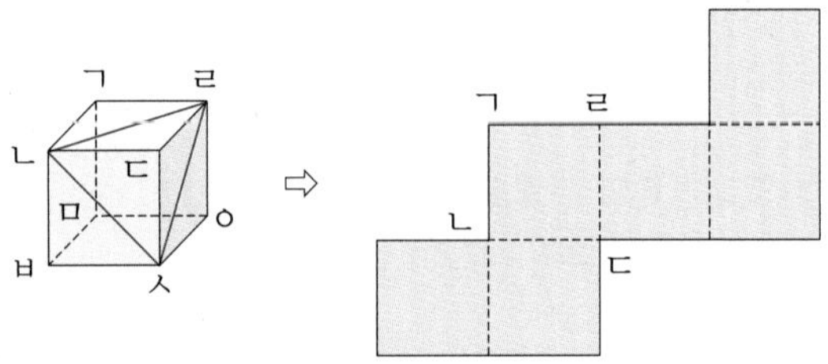

전략 면 ㄱㄴㄷㄹ을 기준으로 하여 전개도에 각 기호를 먼저 써넣습니다.

19

다음과 같이 점 ㄱ에서 시작해서 사각기둥을 한 바퀴 감는 선을 그렸습니다. 선이 지나간 경로를 전개도 위에 그리시오.

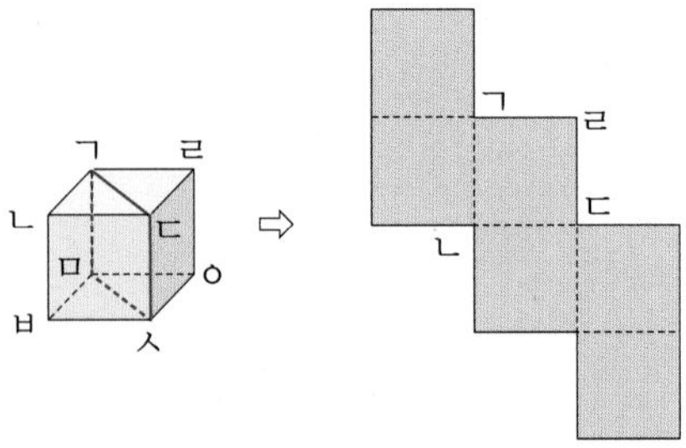

전략 전개도에 나머지 꼭짓점을 먼저 나타낸 후 선의 경로를 찾아봅니다. 전개도에서 어느 점과 어느 점을 이은 선인지 알아봅니다.

20

그림과 같은 전개도를 접어서 만든 사각기둥을 리본으로 장식하려고 합니다. 이 전개도에 그려진 리본은 모두 몇 cm입니까?

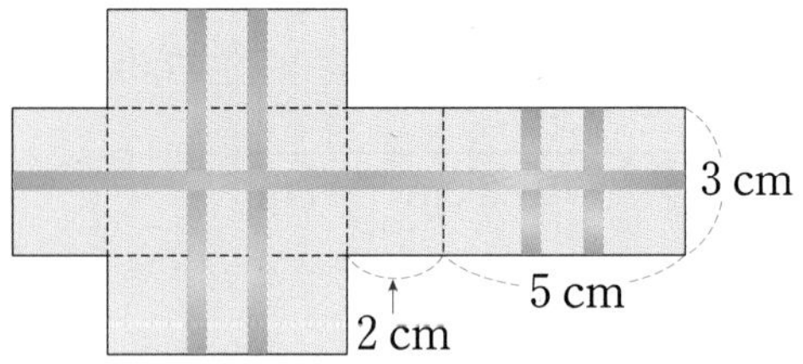

( )

전략 전개도를 접었을 때 만나는 모서리의 길이가 같음을 이용합니다. 전개도에서 리본이 세로로 2번 있는 것에 주의합니다.

21 | 창의 · 융합 |

밑면의 넓이와 높이가 각각 같은 사각기둥과 사각뿔이 있습니다. 색모래를 이용하여 사각기둥의 부피가 사각뿔 부피의 3배인 것을 알아보려고 합니다. 사각뿔에 색모래를 가득 채워 사각기둥에 2번 부었을 때 색모래가 닿는 부분을 전개도에 색칠하시오.

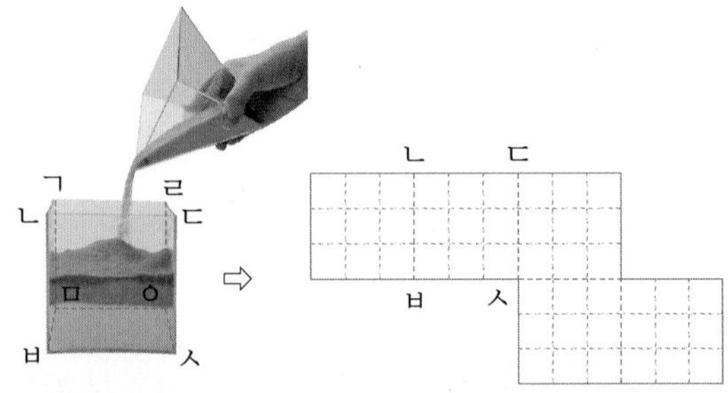

전략 사각뿔에 색모래를 가득 채워 사각기둥에 2번 부으면 사각기둥의 $\frac{2}{3}$만큼 채워집니다.

쌓기나무 문제

22

다음과 같이 쌓기나무 64개를 정육면체 모양으로 쌓고 바깥쪽 면을 페인트로 칠했습니다. 한 면만 색칠된 쌓기나무와 두 면이 색칠된 쌓기나무 수의 합에서 세 면이 색칠된 쌓기나무의 수를 빼면 몇 개입니까? (단, 겉면에는 아랫면도 포함됩니다.)

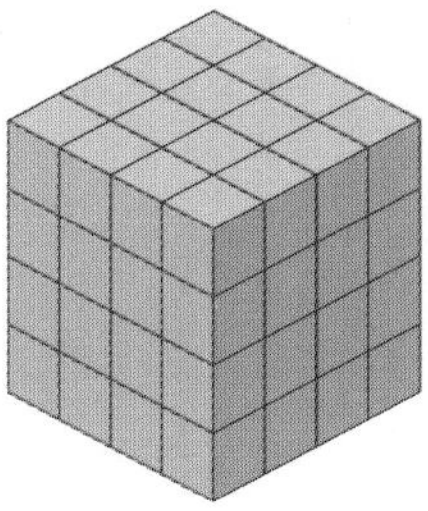

( )

전략 각 층별로 색칠되는 쌓기나무의 수를 알아봅니다.

23

다음은 쌓기나무를 쌓은 모양을 위, 앞, 오른쪽 옆에서 본 모양입니다. 이때 필요한 쌓기나무의 최대 개수는 몇 개입니까?

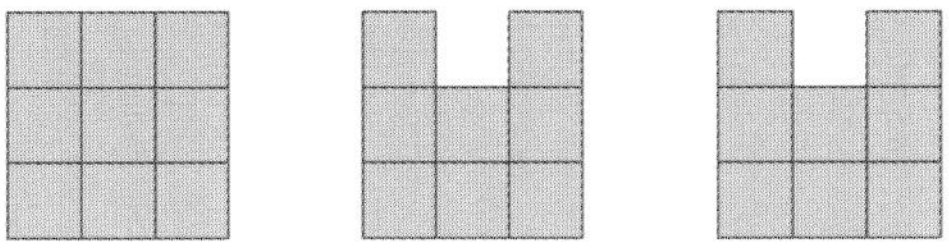

위 앞 옆(오른쪽)

( )

전략 위, 앞, 옆에서 본 모양을 보고 쌓기나무를 어떻게 쌓았는지 알아봅니다.

24

가로 2 cm, 세로 2 cm, 높이 2 cm의 쌓기나무 512개를 모두 사용하여 큰 정육면체를 만들려고 합니다. 큰 정육면체의 모든 모서리의 길이의 합은 몇 cm입니까?

( )

전략 세 번을 곱하여 512가 되는 수를 먼저 알아봅니다.

25

다음은 쌓기나무를 위에서 본 모양에 쌓인 쌓기나무 수를 나타낸 그림입니다. 쌓기나무의 겉면에 색을 칠했다고 할 때 한 면도 색칠되지 않은 쌓기나무는 모두 몇 개입니까? (단, 겉면에는 아랫면도 포함됩니다.)

2	4	6	8
	2	4	6
		2	4
			2

( )

전략 쌓기나무의 쌓은 모양을 먼저 알아봅니다. 한 면도 색칠되지 않은 쌓기나무는 보이지 않는 쌓기나무와 같습니다.

26

위, 앞, 옆에서 본 모양이 다음과 같이 되도록 쌓기나무를 쌓으려고 합니다. 필요한 쌓기나무가 가장 많을 때와 가장 적을 때의 차는 몇 개입니까?

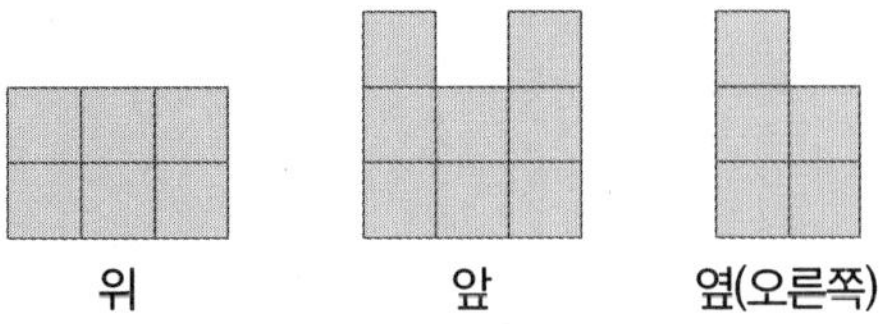

( )

전략 ① 위에서 본 모양에 반드시 필요한 쌓기나무의 수를 먼저 적어봅니다.
② 나머지 부분에 가장 많이 필요할 때와 가장 적게 필요할 때의 쌓기나무 수를 알아봅니다.

27

쌓기나무 6개가 그림과 같이 놓여 있습니다. 가에서 나까지 쌓기나무의 모서리를 따라 갈 수 있는 가장 짧은 길은 모두 몇 가지입니까?

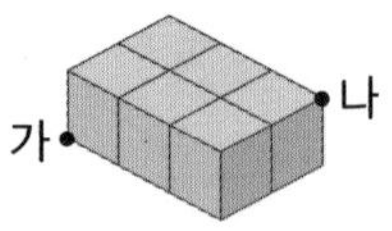

( )

전략 각 꼭짓점마다 그 꼭짓점에 이르는 길의 가짓수를 적어 봅니다.

주사위와 도형 문제

28

| 창의 · 융합 |

그림과 같은 각설탕 포장지에 △ 모양으로 환기를 위해 구멍을 뚫어 포장했습니다. 포장지를 접었을 때 점 ㄴ과 만나는 점을 모두 찾아 쓰시오.

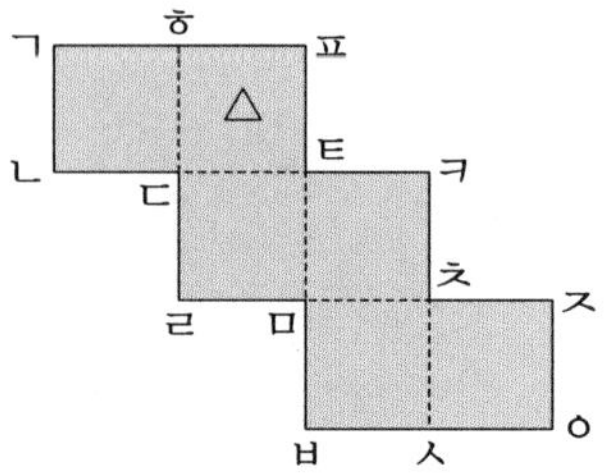

( )

전략 전개도를 접었을 때의 모양을 알아봅니다.

29

주사위의 마주 보는 면의 눈의 수의 합이 7이라고 할 때 다음과 같이 주사위로 만들어진 도형의 겉면의 눈의 합이 가장 작을 때의 값을 구하시오. (단, 아랫면도 겉면에 포함됩니다.)

( )

전략 겉면의 보이지 않는 주사위의 눈을 가장 작게 하면 겉면의 눈의 수의 합이 가장 작을 때의 값을 알 수 있습니다.

30

마주 보는 면의 눈의 수의 합이 7인 주사위 8개를 쌓은 다음과 같은 모양을 왼쪽 옆에서 보았을 때 주사위 눈의 수의 합이 가장 큰 경우의 눈의 수를 각각 써넣으시오.

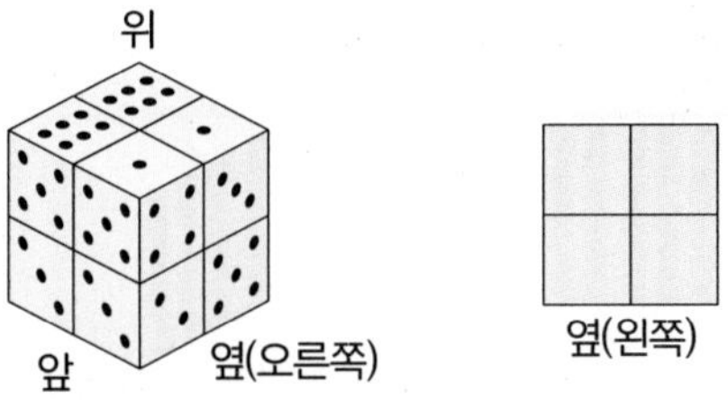

전략 2개의 면의 눈이 나타난 주사위부터 알아봅니다.

31

다음은 정육면체를 쌓아서 만든 직육면체 모양입니다. 직육면체에서 어두운 부분을 반대편까지 모두 빼내려 합니다. 빼낸 정육면체는 모두 몇 개입니까?

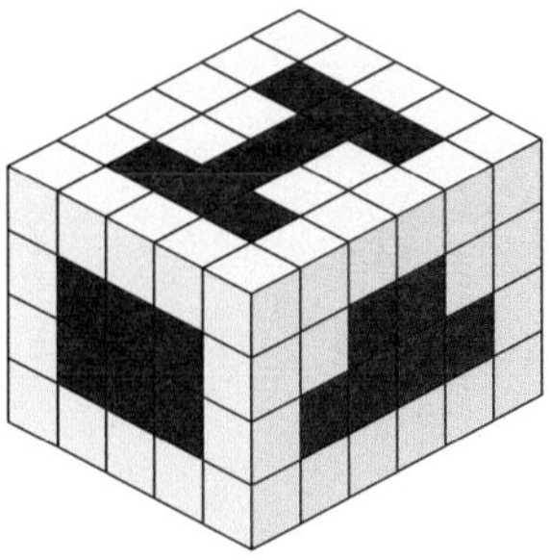

(　　　　　　　　　　)

전략 각 층에서 빼낸 정육면체 수를 생각해 봅니다.

32

주사위를 5번 던져 나온 면의 마주 보는 면의 눈의 수를 한 번씩만 사용하여 (세 자리 수)×(두 자리 수)의 곱셈식을 만들려고 합니다. 주사위를 3번 던져 1, 1, 2가 나왔다면 만든 곱셈 결과가 가장 작을 때는 얼마입니까? (단, 주사위의 마주 보는 면의 눈의 수의 합은 7입니다.)

(　　　　　　　　　　)

전략 세 자리 수의 백의 자리 숫자와 두 자리 수의 십의 자리 숫자를 작게 만들어야 합니다.

33

다음과 같이 마주 보는 두 면의 눈의 수의 합이 7인 주사위 4개를 붙였을 때 겉면인 16개의 면의 눈의 수의 합이 가장 큰 경우는 얼마입니까?

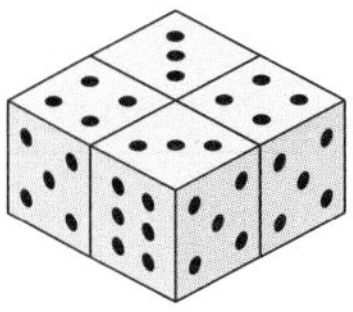

(　　　　　　　　　　)

전략 겉면의 눈의 수가 크려면 맞닿는 면의 눈의 수가 작아야 합니다.

STEP 3 코딩 유형 문제

＊도형 영역에서의 코딩

스키테일 암호는 기원전 450년에 고대 그리스인들이 발견한 암호 방법으로 장군 등을 다른 지역에 파견 보내거나 전쟁터에 나가 있는 군대에 비밀 메시지를 전달할 때 이 암호를 사용했습니다. 스키테일 암호는 그냥 보면 어떤 말인지 모르지만 나무봉에 나선형으로 감으면 내용이 드러나는 암호입니다. 나선형으로 감으면 정확한 문장이 나와야 하기 때문에 글자 사이에 일정한 간격이 있는 것이 스키테일 암호의 특징입니다.

1 • 보기 • 는 스키테일 암호를 푸는 방법을 나타낸 것입니다. 스키테일 암호를 풀어 보시오.

▶ 스키테일 암호문이 몇 칸을 띄었는지 규칙을 먼저 알아봅니다.

• 보기 •

스	일	키	♣	테

위의 스키테일 암호를 풀기 위해서는 글자끼리 몇 칸의 간격이 있는지 파악해야 합니다. 스일키♣테는 아무 뜻이 없으니 한 칸씩 글자를 띄어서 보면 '스키테' 까지 나오고 다시 맨앞으로 가서 한 칸씩 띄어서 보면 '일♣'가 나옵니다. 따라서 암호를 해독하면 '스키테일♣'입니다.

최	T	T	학	강	O	수

(　　　　　　　　　　　　)

2 승요는 연필에 종이를 감는 것을 이용해 스키테일 암호를 만들려고 합니다. 연필은 얇아서 글자의 간격을 한 칸씩 띄어서 스키테일 암호문을 만들 수 있습니다. 암호문을 풀어 보시오.

▶ 글자를 한 칸씩 띄어서 읽어 봅니다.

삼	서	각	리	뿔	의	의	수	모

(　　　　　　　　　　　　)

3 고대 스파르타와 아테네의 전쟁에서 라이산더 장군은 동맹국인 페르시아가 자신의 목숨을 노린다는 첩보를 듣고 페르시아에 밀정을 보냈습니다. 그리고 그*밀정이 다음과 같은 스키테일 암호를 가져왔습니다. 라이산더 장군은 이 종이를 보고 자신의 위험을 알고 페르시아로 쳐들어가서 승리를 거두었습니다. 라이산더 장군이 가진 나무 막대는 글자를 6칸씩 띄어서 읽을수 있는 나무 막대였습니다. 아래 밀정이 가져온 스키테일 암호를 풀어 보시오.

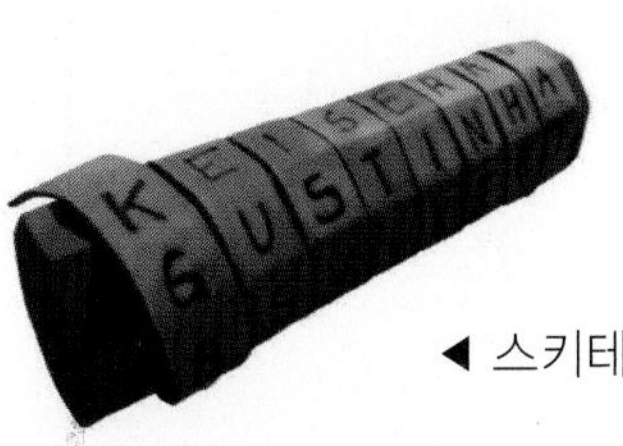

◀ 스키테일 암호와 나무 막대

페 하 도 다 를 의 는 르 다 위 장 죽 친 장 시 . 험 군 였 구 군 아

▶ 스키테일 암호문을 6칸씩 띄어 읽어 봅니다.

*밀정 : 남몰래 사정을 살피는 사람

4 다음은 선생님이 스키테일 암호를 이용해서 수학 문제를 낸 것입니다. 선생님이 낸 수학 문제의 답을 쓰시오.

칠	의	리	는	각	모	의	?	뿔	서	수

( )

▶ 몇 칸씩 띄어서 읽어야 하는지 먼저 알아봅니다.

Ⅲ 도형 영역

STEP 4 도전! 최상위 문제

1 오각기둥의 모서리를 몇 개 잘라 만든 전개도입니다. 자른 모서리는 몇 개입니까?

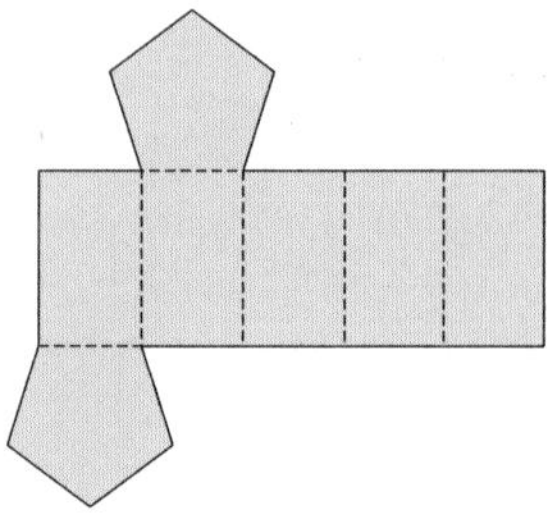

(   )

2 마주 보는 눈의 수의 합이 7인 주사위 5개를 다음과 같이 이어 붙였습니다. 이때 겉에 보이는 눈의 수의 합이 가장 클 때는 얼마입니까? (단, 밑면도 보이는 것으로 합니다.)

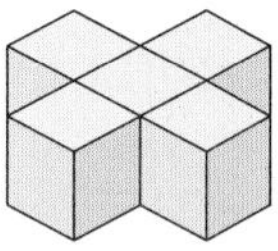

(   )

창의・사고

3 다음과 같은 사각기둥의 한 꼭짓점에서 삼각뿔 모양으로 잘랐습니다. 이때 자르고 남은 입체도형의 모서리의 수와 꼭짓점의 수의 합은 몇 개입니까?

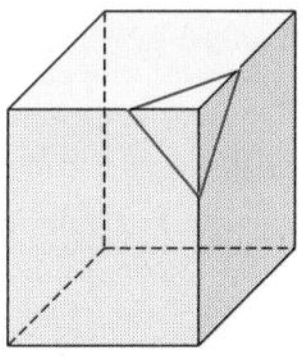

( )

창의・융합

4 두부를 직육면체 모양으로 만든 후*간수에 넣고 천천히 굳혔다 꺼내어서 가로, 세로, 높이를 각각 3등분 하였습니다. 이때 간수가 한 면도 묻지 않은 조각과 한 면에만 묻은 조각은 다시 간수에 넣어서 끓이려고 합니다. 간수가 묻지 않은 두부를 ㉮ 조각, 한 면에만 간수가 묻은 두부를 ㉯ 조각이라고 할 때 ㉮+㉯는 몇 조각입니까?

*간수 : 습기가 찬 소금에서 저절로 녹아 흐르는 짜고 쓴 물로 두부를 만들 때 씁니다.

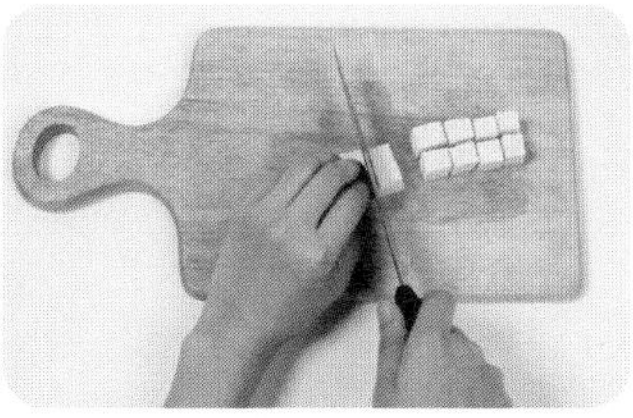

( )

창의·사고

5 모서리의 길이가 모두 같은 삼각뿔의 각 모서리의 중점을 그림과 같이 연결하는 선을 그렸습니다. 전개도 위에 선을 그려 보시오.

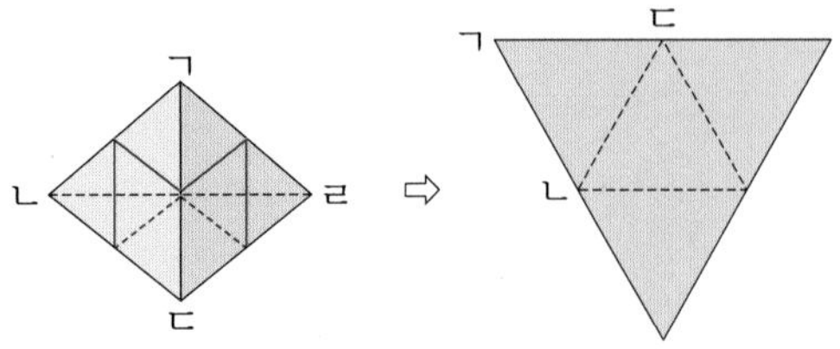

문제 해결

6 정사각형 안에 밑면이 정사각형인 사각뿔의 전개도를 그렸습니다. 사각뿔의 밑면의 대각선의 길이가 10 cm일 때 사각뿔의 전개도의 넓이는 몇 cm^2입니까?

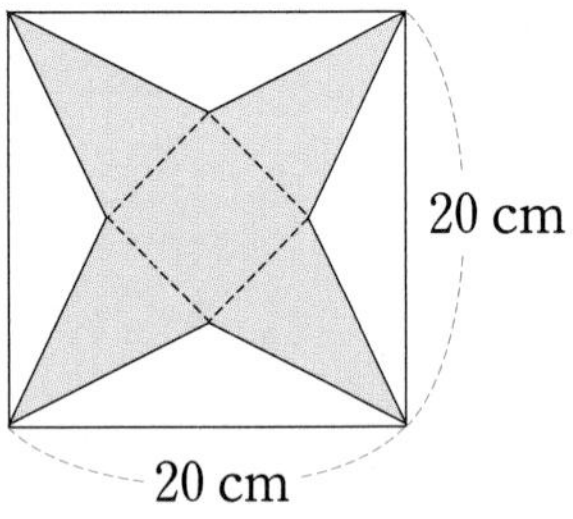

( )

7 다음 입체도형은 크기와 모양이 같은 육각뿔 두 개의 밑면을 서로 이어 붙인 것입니다. 육각뿔 1개의 면, 모서리, 꼭짓점의 수의 합을 ㉮, 입체도형의 면, 모서리, 꼭짓점의 수의 합을 ㉯라고 할 때 ㉯－㉮는 몇 개입니까?

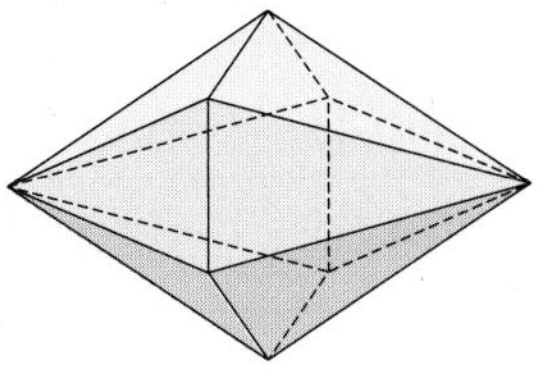

(　　　　　　　　　　)

창의·융합

8 입체도형에서 한 꼭짓점에 모인 면을 펼쳤을 때의 각의 크기의 합을 360°에서 뺀 것을 입체도형의 부족각이라 하고, 입체도형에서 모든 부족각의 크기의 합은 항상 720°가 됩니다. 다음은 정육면체의 각 꼭짓점 부분을 깎아 각 면이 정다각형이 되도록 만든 다음 그 입체도형의 한 부족각의 크기를 구하는 과정을 나타낸 것입니다. 이와 같은 방법으로 합동인 정삼각형 20개로 둘러싸인 정이십면체를 깎아 새로운 입체도형을 만들려고 합니다. 만들어지는 입체도형의 한 부족각의 크기를 구하시오.

1. 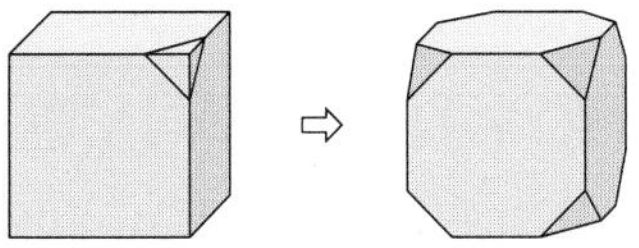 새로운 입체도형의 꼭짓점의 개수는 정육면체의 꼭짓점 1개가 3개로 늘어나므로
(정육면체의 꼭짓점의 개수)×3=24(개)입니다.

2. 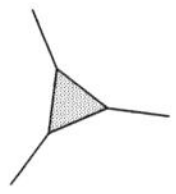 입체도형의 부족각의 크기의 합은 720°이므로
한 부족각의 크기는 720°÷24=30°입니다.

(　　　　　　　　　　)

정답은 29쪽에

특강 영재원 · **창의융합** 문제

폴리오미노란 기본 도형(정삼각형, 정사각형 등)을 연결하여 만들어지는 모양을 말합니다. 폴리오미노의 이름은 그리스어로 숫자를 나타내는 접두어를 사용하여 만듭니다.

mono(1)	di(2)	tri(3)	tetra(4)	penta(5)
hexa(6)	hepta(7)	octa(8)	nona(9)	deca(10) 등

5개의 정사각형으로 이루어진 것은 5를 나타내는 펜타(penta)를 사용하여 펜토미노라 하고 여러분이 잘 알고 있는 오락 게임 중 테트리스는 테트라(tetra)를 사용한 이름이고 이것은 정사각형 4개가 연결되어 있는 도형입니다.

❖ 크기가 같은 6개의 정사각형을 연결해 붙인 것을 헥소미노라고 합니다. 물음에 답하시오. (**9~10**)

9 다음과 같은 모양에 정사각형 1개를 더 이어 붙여서 만들 수 있는 헥소미노는 모두 몇 개입니까? (단, 뒤집거나 돌려서 포개어지면 같은 것으로 봅니다.)

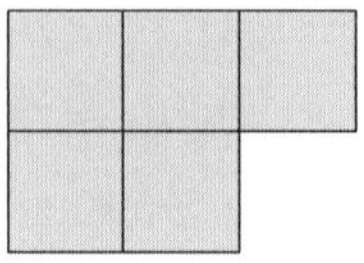

( )

10 다음과 같은 모양에 정사각형 2개를 더 이어 붙여서 만들 수 있는 헥소미노는 모두 몇 개입니까? (단, 뒤집거나 돌려서 포개어지면 같은 것으로 봅니다.)

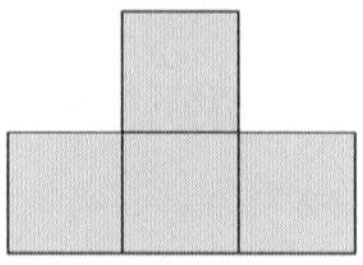

( )

IV

측정 영역

| 주제 구성 |

12 도형의 둘레와 넓이에 관한 문제

13 입체도형의 부피 해결하기

14 여러 가지 각도 문제

STEP 1 경시 기출 유형 문제

[주제 학습 12] 도형의 둘레와 넓이에 관한 문제

크기가 같은 정사각형을 이어서 만든 도형입니다. 이 도형의 넓이가 40 cm^2일 때 도형의 둘레는 몇 cm입니까?

(　　　　　　　　)

문제 해결 전략

① 정사각형의 수 알아보기
크기가 같은 정사각형 10개로 만든 모양입니다.

② 한 변의 길이 구하기
정사각형 1개의 넓이는 $40 \div 10 = 4$ (cm^2)이므로 한 변의 길이는 2 cm입니다.

③ 도형의 둘레 구하기
따라서 이 도형의 둘레는 $2 \times 22 = 44$ (cm)입니다.

선생님, 질문 있어요!

Q. 크기가 같은 정사각형을 이어 붙인 도형의 둘레가 주어졌을 때 넓이는 어떻게 구하나요?

A. 정사각형의 한 변의 길이가 모두 같으므로 둘레가 한 변의 길이의 몇 배인지 알아보아 한 변의 길이를 먼저 구합니다. 한 변의 길이를 알면 넓이를 구할 수 있습니다.

따라 풀기 1

사각형 ㄱㄴㄷㄹ은 가로가 세로의 3배인 직사각형이고, 사각형 ㄱㅂㄷㅁ은 마름모입니다. 마름모 ㄱㅂㄷㅁ의 둘레가 40 cm이고, 삼각형 ㄱㄴㅂ의 둘레가 24 cm일 때, 직사각형 ㄱㄴㄷㄹ의 넓이는 몇 cm^2입니까?

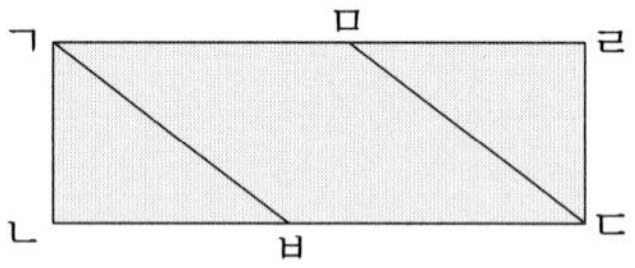

(　　　　　　　　)

따라 풀기 2

오른쪽 직사각형의 둘레가 64 cm일 때 색칠한 부분의 넓이는 몇 cm^2입니까? (원주율: 3)

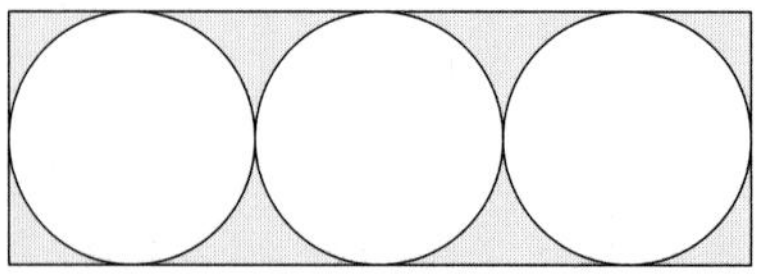

(　　　　　　　　)

[확인 문제]

1-1 크기가 같은 작은 정사각형을 이어서 큰 정사각형을 만들었습니다. 큰 정사각형의 넓이가 225 cm^2일 때 작은 정사각형 한 개의 둘레는 몇 cm입니까?

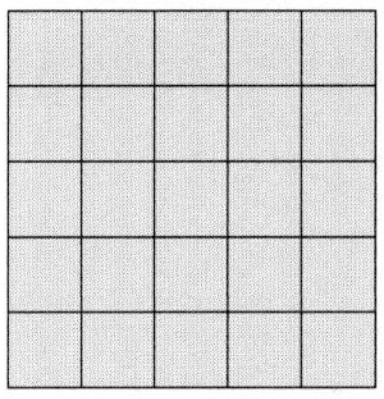

(　　　　　　　　　　　　)

2-1 정삼각형 ㄱㄴㄷ의 넓이가 32 cm^2입니다. 점 ㄹ, 점 ㅁ, 점 ㅂ은 각 변의 중점일 때 사다리꼴 ㅅㅁㄷㅂ의 넓이는 몇 cm^2입니까?

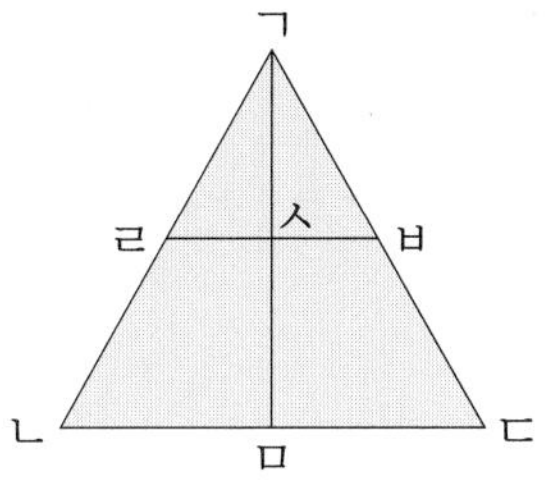

(　　　　　　　　　　　　)

3-1 두 직사각형 가와 나의 가로의 비는 2 : 3이고 세로의 비는 4 : 5입니다. 두 직사각형 가와 나의 넓이의 비를 구하시오.

(　　　　　　　　　　　　)

[한 번 더 확인]

1-2 크기가 같은 작은 정사각형 16개를 이어서 큰 정사각형을 만들었습니다. 작은 정사각형의 한 변이 1 cm일 때, 큰 정사각형에서 찾을 수 있는 크고 작은 정사각형을 찾아 $\frac{㉠+㉡+㉢+㉣}{㉣-3}$의 값을 구하시오.

> ㉠: 한 변이 1 cm인 정사각형의 넓이의 합
> ㉡: 한 변이 2 cm인 정사각형의 넓이의 합
> ㉢: 한 변이 3 cm인 정사각형의 넓이의 합
> ㉣: 한 변이 4 cm인 정사각형의 넓이의 합

(　　　　　　　　　　　　)

2-2 다음은 정사각형 1개와 직각이등변삼각형 2개를 붙여서 만든 도형입니다. 이 도형의 넓이가 72 cm^2일 때 직각이등변삼각형 2개의 넓이의 합은 몇 cm^2입니까?

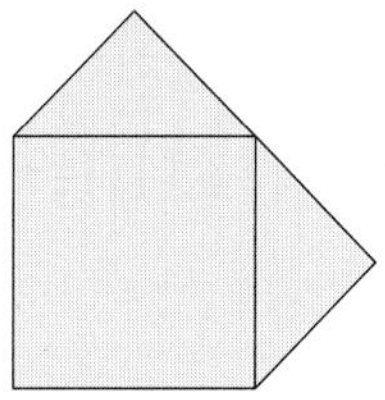

(　　　　　　　　　　　　)

3-2 넓이가 9 mm^2인 정사각형 모양의 세포가 있습니다. 이 세포는 1초마다 가로 2 mm, 세로 1 mm씩 성장을 합니다. 이 세포의 둘레가 54 mm가 되었을 때 세포가 성장하는 데 걸린 시간은 몇 초입니까?

(　　　　　　　　　　　　)

[주제 학습 13] 입체도형의 부피 해결하기

오른쪽은 한 모서리가 2 cm인 정육면체 9개를 쌓은 것입니다. 겉넓이가 이 입체도형의 겉넓이보다 14 cm^2만큼 더 넓은 정육면체의 부피는 몇 cm^3입니까?

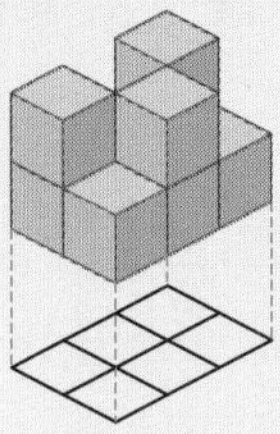

(　　　　　　　　　　)

문제 해결 전략

① 정육면체 한 면의 넓이 구하기
(정육면체의 한 면의 넓이)$=2\times2=4$ (cm^2)

② 입체도형의 겉넓이 구하기
(입체도형의 겉넓이)$=4\times34=136$ (cm^2)

③ 정육면체의 한 모서리의 길이 구하기
한 모서리의 길이를 □ cm라고 하면 □×□×6=136+14,
□×□×6=150, □×□=25, □=5입니다.

④ 정육면체의 부피 구하기
(정육면체의 부피)$=5\times5\times5=125$ (cm^3)

선생님, 질문 있어요!

Q. 직육면체의 부피를 구하는 방법은 무엇인가요?

A. (직육면체의 부피)
=(밑면의 넓이)×(높이)
=(가로)×(세로)×(높이)

정육면체는 모든 모서리의 길이가 같으므로 부피는 (한 모서리)×(한 모서리)×(한 모서리)이에요.

따라 풀기 1

오른쪽 입체도형은 크고 작은 원기둥 2개를 붙인 것입니다. 이 입체도형의 부피는 몇 cm^3입니까? (원주율: 3.1)

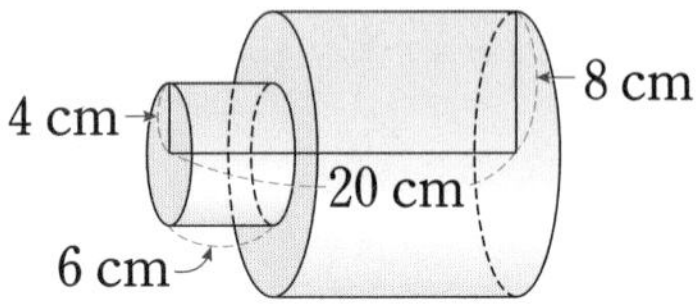

(　　　　　　　　　　)

따라 풀기 2

다음은 어느 직육면체의 전개도의 일부분입니다. 이 직육면체의 부피는 몇 cm^3입니까?

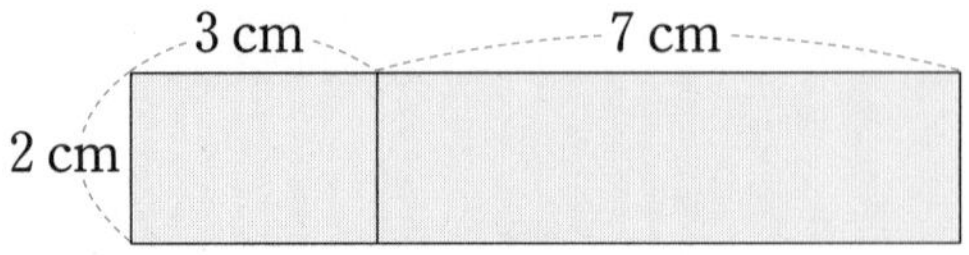

(　　　　　　　　　　)

[확인 문제]

1-1 다음 직육면체의 가로, 세로, 높이를 각각 2배로 늘렸을 때의 부피는 처음 직육면체의 부피의 몇 배입니까?

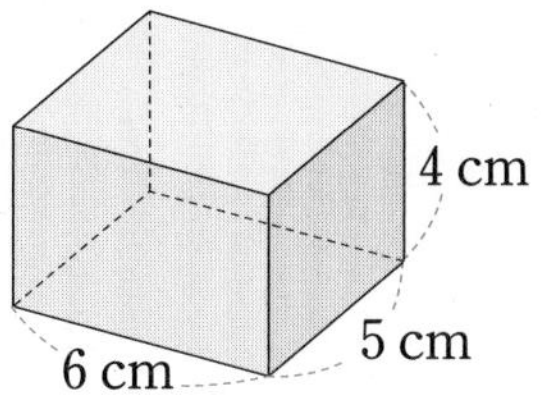

( )

2-1 다음 원기둥 모양 그릇에 물을 가득 채워 넣었습니다. 쇠구슬 3개를 넣었다 뺐을 때 물이 넘치고 남은 물의 높이는 3 cm입니다. 쇠구슬 1개의 부피는 몇 cm^3입니까? (원주율: 3)

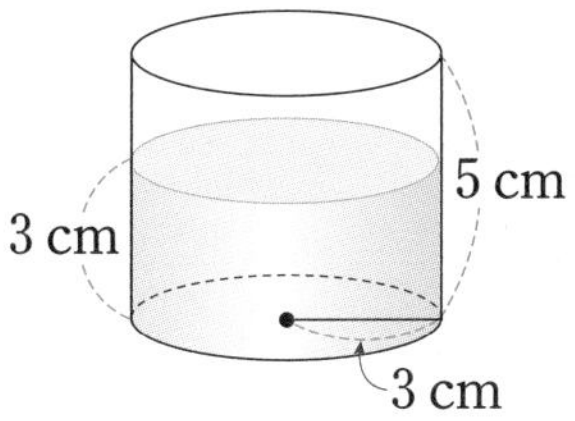

( )

3-1 밑면의 반지름이 3 cm인 원기둥의 겉넓이가 144 cm^2일 때 이 원기둥의 부피를 구하시오. (원주율: 3)

( )

[한 번 더 확인]

1-2 다음은 직육면체를 위, 앞, 옆에서 본 모양입니다. 이 직육면체의 부피는 몇 cm^3입니까?

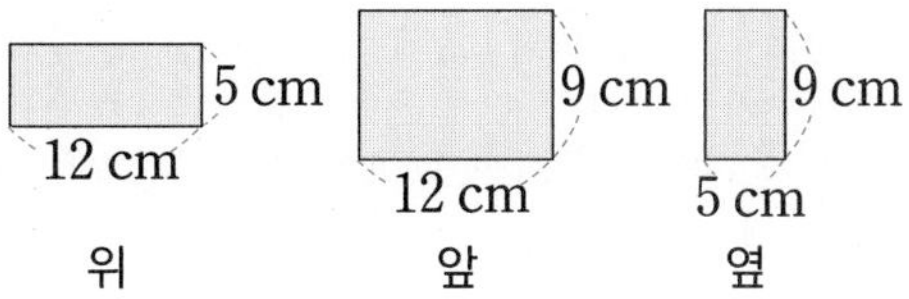

( )

2-2 다음과 같은 어항에 물이 가득 담겨 있습니다. 이 어항에 반지름이 2 cm이고 높이가 8 cm인 원기둥을 남는 부분 없이 전부 넣었다가 빼면 물의 높이가 몇 cm가 됩니까? (단, 어항의 두께는 생각하지 않고 원주율은 3입니다.)

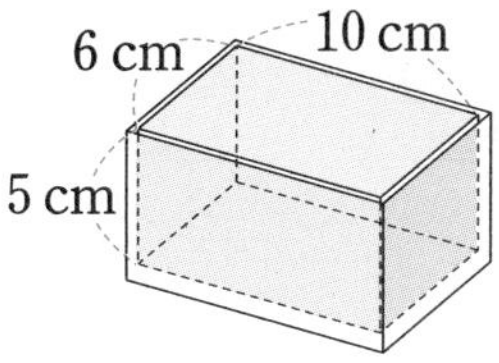

( )

3-2 민주는 미술 시간에 사용할 큰 정육면체 모양의 찰흙을 크기가 같은 8개의 작은 정육면체로 잘랐습니다. 이 8개의 작은 정육면체의 겉넓이의 합이 192 cm^2일 때 큰 정육면체의 부피는 몇 cm^3입니까?

( )

[주제 학습 14] 여러 가지 각도 문제

선분 ㄴㅂ과 선분 ㅁㅂ은 선분 ㄱㅂ에 대해 대칭이고 선분 ㄷㅂ과 선분 ㅁㅂ은 선분 ㄹㅂ에 대해 대칭입니다. (각 ㄱㅂㄹ)$=160°$일 때 각 ㄴㅂㄷ의 작은 쪽의 각의 크기는 몇 도입니까?

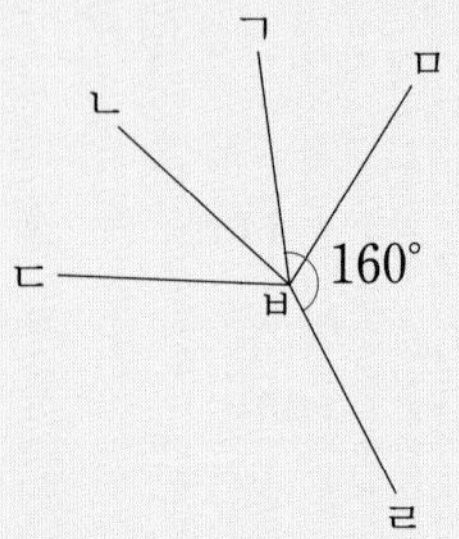

(　　　　　　　　　　)

선생님, 질문 있어요!

Q. 대칭에는 무엇이 있나요?

A. 선대칭과 점대칭이 있습니다. 선대칭은 어떤 도형을 한 직선을 중심으로 대칭시켰을 때 겹쳐지는 모양을 말합니다. 점대칭은 어떤 도형을 한 점을 중심으로 한 바퀴 돌렸을 때 겹쳐지는 모양을 말합니다.

문제 해결 전략

① 각 ㄱㅂㄴ과 각 ㄱㅂㅁ의 관계 알아보기
선분 ㄴㅂ과 선분 ㅁㅂ은 선분 ㄱㅂ에 대해 대칭이므로 (각 ㄱㅂㄴ)=(각 ㄱㅂㅁ)입니다.

② 각 ㄷㅂㄹ와 각 ㄹㅂㅁ의 관계 알아보기
선분 ㄷㅂ과 선분 ㅁㅂ은 선분 ㄹㅂ에 대해 대칭이므로 (각 ㄷㅂㄹ)=(각 ㄹㅂㅁ)입니다.

③ 각 ㄴㅂㄷ의 크기 구하기
(각 ㄱㅂㄹ)=(각 ㄱㅂㅁ)+(각 ㅁㅂㄹ)$=160°$이므로
(각 ㄱㅂㄴ)+(각 ㄱㅂㅁ)+(각 ㅁㅂㄹ)+(각 ㄷㅂㄹ)$=160°\times2=320°$입니다.
따라서 각 ㄴㅂㄷ의 크기는 $360°-160°\times2=360°-320°=40°$입니다.

따라 풀기 1

오른쪽 도형에서 각 ㉠의 크기는 몇 도입니까?

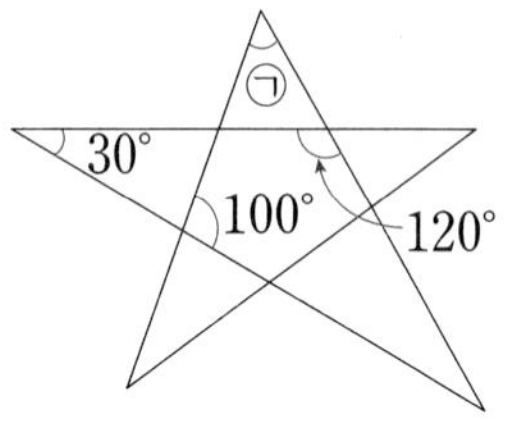

(　　　　　　　　　　)

따라 풀기 2

시침과 분침이 이루는 각 중 작은 쪽의 각의 크기를 잴 때 오전 7시가 나타내는 각에서 오전 9시가 나타내는 각을 빼면 몇 도입니까?

(　　　　　　　　　　)

[확인 문제]

1-1 시침과 분침이 이루는 작은 쪽의 각의 크기는 100°이고 분침은 숫자 4를 가리키고 있습니다. 오후 7시를 넘었다고 할 때 시계가 가리키는 시각을 구하시오.

( )

2-1 삼각형 ㄱㄴㄷ과 삼각형 ㄱㄷㄹ은 모두 이등변삼각형입니다. 각 ㄱㄴㄷ의 크기는 몇 도입니까?

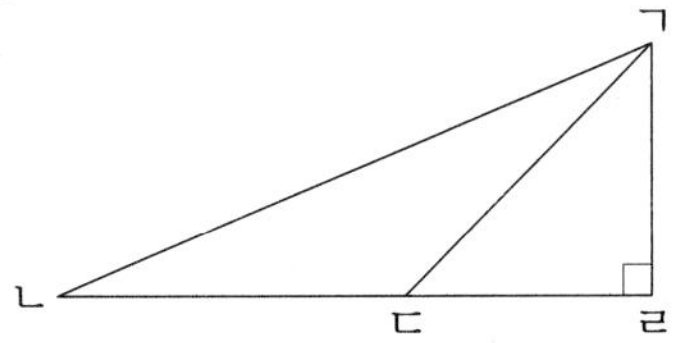

( )

3-1 점 ㄱ, ㄴ, ㄷ, ㄹ, ㅁ, ㅂ, ㅅ, ㅇ은 원의 둘레를 8등분한 점입니다. 각 ㉠의 크기를 구하시오.

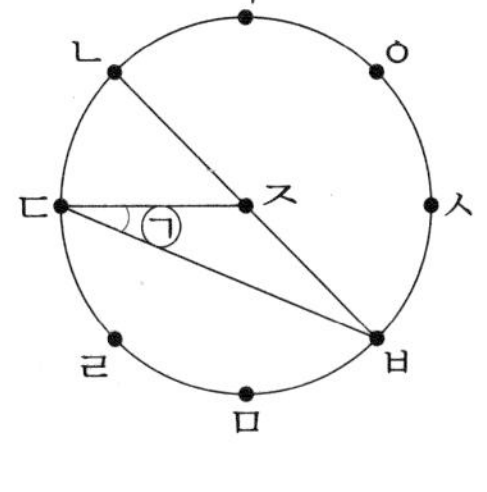

( )

[한 번 더 확인]

1-2 8시와 9시 사이에 시침과 분침이 일치하는 시각은 8시 몇 분입니까?

( )

2-2 다음은 크기가 같은 정사각형을 이어 붙여 놓은 것입니다. 각 ㄱㄷㄴ의 크기는 얼마입니까?

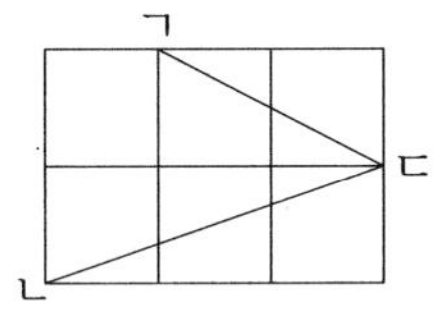

( )

3-2 그림에서 각 ㉠의 크기를 구하시오.

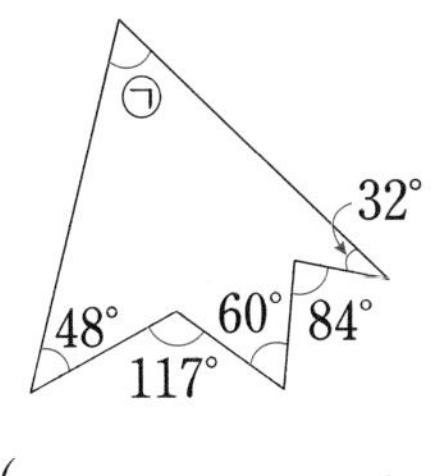

( )

STEP 2 실전 경시 문제

붙여 만든 도형의 둘레 구하기

1

어느 정사각형의 가로를 2 cm 늘렸더니 둘레가 20 cm가 되었습니다. 정사각형의 한 변은 몇 cm입니까?

(　　　　　　　　　　)

전략 정사각형의 한 변을 □cm라 하면 늘어난 가로는 (□+2) cm입니다.

2 | 성대 경시 기출 유형 |

반지름이 2 cm인 원이 두 가지 정사각형 안에 들어 있습니다. 큰 정사각형의 둘레와 작은 정사각형의 둘레의 차는 몇 cm인지 구하시오.

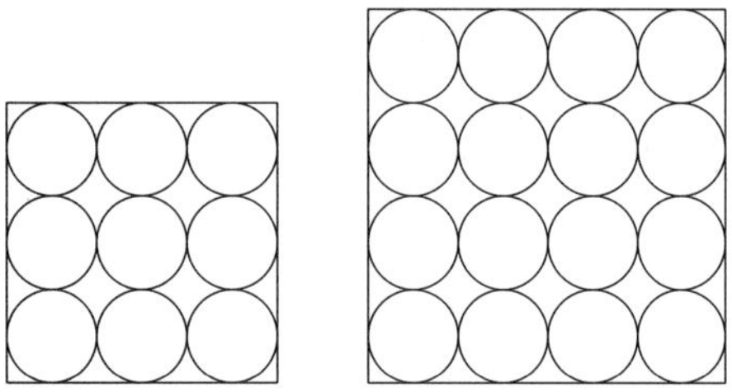

(　　　　　　　　　　)

전략 원이 작은 정사각형에는 9개, 큰 정사각형에는 16개 들어 있으므로 각각 한 변의 길이를 먼저 구합니다.

3 | 성대 경시 기출 유형 |

한 변의 길이가 4 cm, 6 cm, 7 cm인 정사각형 모양의 타일 3장을 겹쳐 놓았습니다. 겹쳐진 곳은 넓이가 1 cm^2, 4 cm^2인 정사각형 모양일 때 도형 전체의 둘레는 몇 cm입니까?

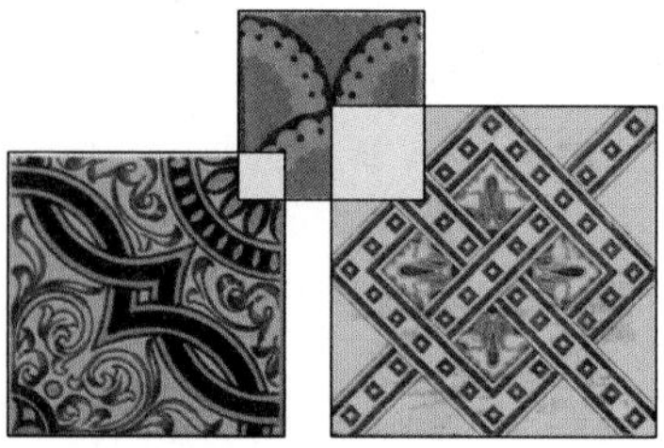

(　　　　　　　　　　)

전략 겹쳐 놓은 정사각형의 한 변의 길이가 각각 1 cm, 2 cm임을 이용합니다.

4

어떤 시계의 분침의 길이는 4.5 cm이고 시침의 길이는 2.5 cm입니다. 1시간 동안 분침의 끝부분이 이동한 거리와 12시간 동안 시침의 끝부분이 이동한 거리의 합은 몇 cm입니까?

(원주율: 3)

(　　　　　　　　　　)

전략 분침이 1시간 동안 이동한 거리와 시침이 12시간 동안 이동한 거리는 원의 둘레가 됩니다.

5

반지름이 8 cm인 원 4개를 겹쳐 놓았습니다. 색칠한 부분의 둘레는 몇 cm입니까? (원주율: 3)

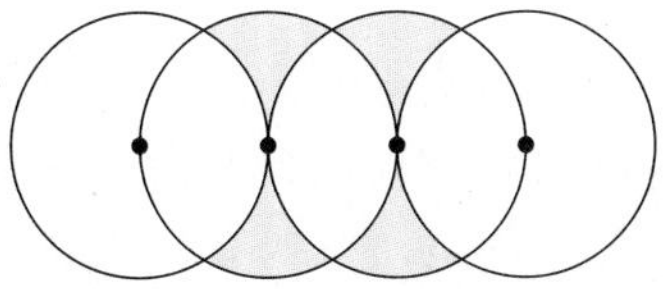

(　　　　　　　　　　)

전략 원끼리 맞닿은 점과 원의 중심을 연결하여 삼각형을 그려 봅니다.

6

원 모양의 반죽에 원 모양의 틀로 찍어 쿠키를 만들었습니다. 원 모양 틀의 둘레는 몇 cm입니까? (원주율: 3.1)

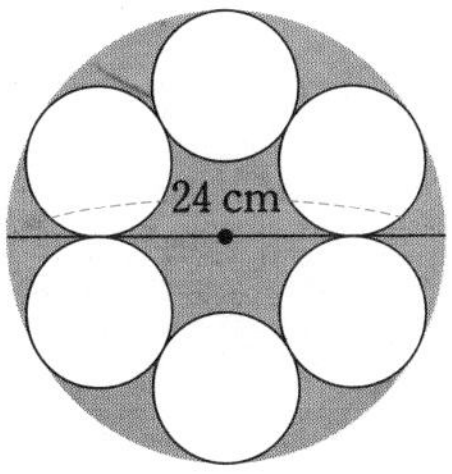

(　　　　　　　　　　)

전략 작은 원의 중심을 이어 보면 정육각형이 됩니다.

겹친 도형의 넓이 구하기

7　| 창의 · 융합 |

화가 피에트 몬드리안은 빨간색, 청색, 노란색을 격자무늬로 배열하여 작품을 만들었습니다. 그림은 몬드리안 정사각형을 직사각형 4개로 나눈 것입니다. 직사각형 4개의 둘레의 합은 56 cm일 때 직사각형 4개의 넓이의 합은 몇 cm^2입니까?

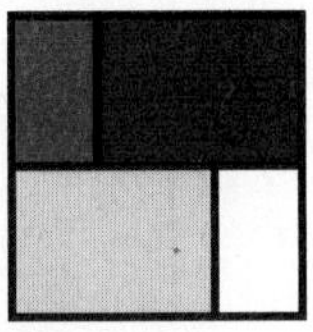

(　　　　　　　　　　)

전략 직사각형 4개의 둘레는 정사각형의 둘레의 2배입니다. 직사각형 4개의 넓이의 합은 큰 정사각형 1개의 넓이와 같습니다.

8

열전도란 열에너지가 물질의 이동없이 고온에서 저온으로 전달되는 현상입니다. 한 변이 2 m인 정사각형 모양의 단열필름을 다음과 같이 겹쳐 놓았습니다. 단열필름의 꼭짓점끼리 만나는 점이 빗금친 단열필름의 두 대각선이 만나는 점일 때 빗금친 부분의 넓이는 몇 m^2입니까?

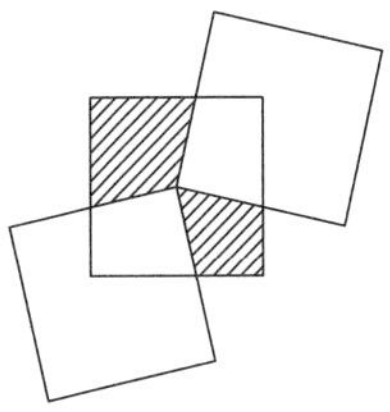

(　　　　　　　　　　)

전략 만나는 점이 대각선이 만나는 점인 것을 이용하여 선을 그어 알아봅니다.

9

| 창의 · 융합 |

정사각형 모양의 원룸 평면도입니다. 방과 창고는 정사각형 모양이고 방과 창고의 넓이의 합이 $29\ m^2$일 때 방의 넓이는 몇 m^2입니까?

(　　　　　　　　　　)

전략 방의 한 변의 길이를 □m라고 하면 창고의 한 변의 길이는 (7−□) m입니다.

10

색칠한 부분의 넓이를 구하시오. (원주율: 3.14)

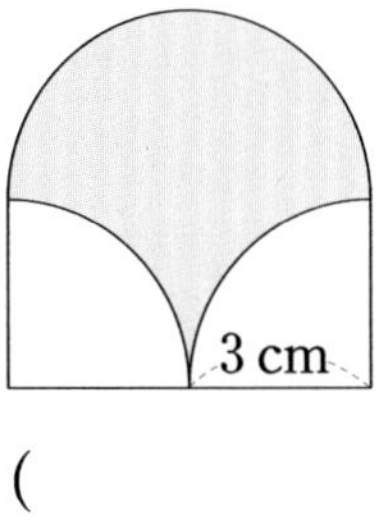

(　　　　　　　　　　)

전략 도형의 색칠한 부분 중 반원의 넓이는 아래의 원의 $\frac{1}{4}$ 부분 두 개의 넓이와 같습니다.

11

직사각형 ㉮의 가로와 세로를 늘린 것과 직각삼각형 ㉯의 넓이를 더한 것은 정사각형 ㉰의 넓이와 같습니다. 직사각형 ㉮의 세로를 가로보다 1 cm 더 늘린다고 할 때 늘린 직사각형 ㉮의 둘레는 몇 cm가 됩니까?

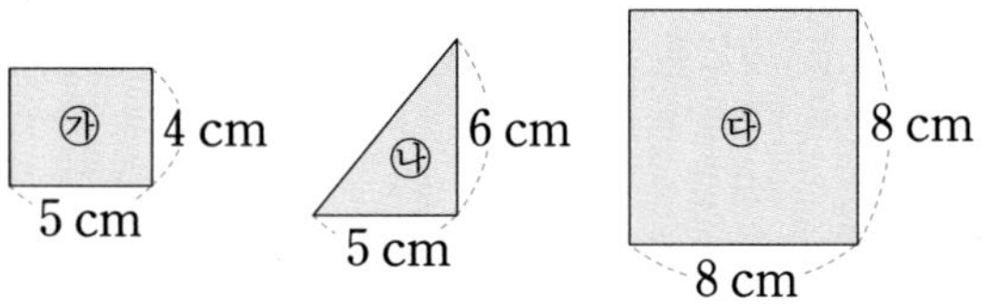

(　　　　　　　　　　)

전략 늘리기 전의 직사각형의 세로는 가로보다 1 cm 더 짧으므로 직사각형의 세로를 가로보다 1 cm 더 늘리면 직사각형 ㉮는 정사각형이 됩니다.

12

색칠한 부분의 넓이를 구하시오. (원주율: 3.14)

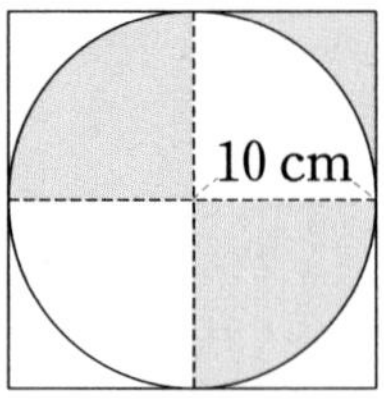

(　　　　　　　　　　)

전략 도형의 색칠한 부분 중 원의 $\frac{1}{4}$ 부분을 옮겨 봅니다.

13

| 창의 · 융합 |

가로가 20 cm, 세로가 15 cm인 직육면체 모양의 떡을 다음과 같이 4등분하면 겉넓이가 자르기 전의 겉넓이의 $1\frac{3}{4}$배가 됩니다. 직육면체 모양의 떡의 높이는 몇 cm입니까?

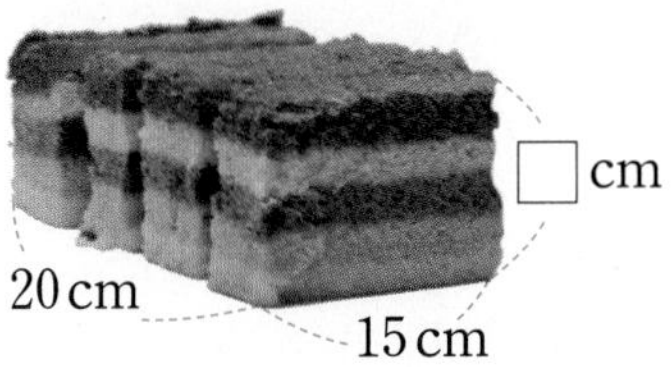

( )

전략 겉넓이가 $1\frac{3}{4}$배가 되었으므로 안쪽의 잘린 면의 넓이의 합이 자르기 전의 겉넓이의 $\frac{3}{4}$과 같습니다.

14

직사각형에서 색칠한 부분 ㉮와 ㉯의 넓이는 같습니다. 선분 ㄱㄹ은 몇 cm입니까? (원주율: 3)

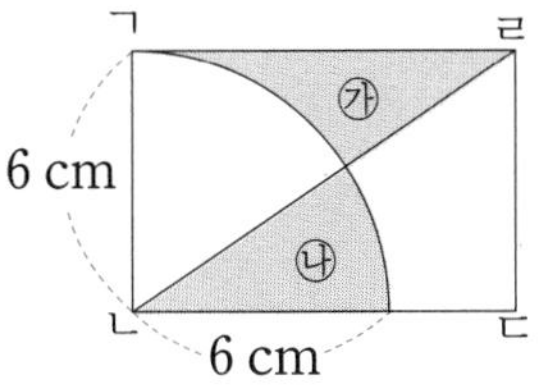

( )

전략 (삼각형 ㄱㄴㄹ의 넓이)=(삼각형 ㄴㄷㄹ의 넓이)이고 ㉮와 ㉯의 넓이가 같으므로 왼쪽과 오른쪽의 색칠하지 않은 부분의 넓이도 같습니다.

15

| 고대 경시 기출 유형 |

삼각형 ㄴㄷㅁ은 직각삼각형이고 선분 ㄴㅁ과 선분 ㄷㅁ을 지름으로 하는 두 원이 만나고 있습니다. 색칠한 부분의 넓이를 구하시오.

(원주율: 3)

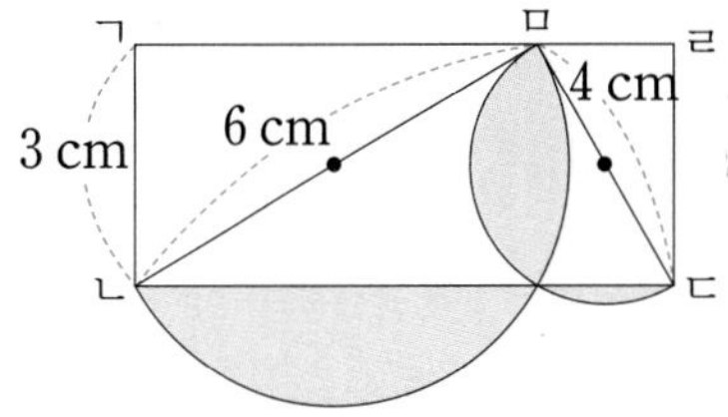

( )

전략 두 반원의 넓이를 더하면 겹쳐진 부분의 넓이를 2번 더하므로 색칠한 부분의 넓이는 두 반원의 넓이의 합에서 직각삼각형 ㄴㅁㄷ의 넓이를 빼면 됩니다.

16

| 성대 경시 기출 유형 |

삼각형 ㄴㄷㅂ은 정삼각형입니다. 선분 ㄴㄹ은 삼각형 ㄴㄷㅂ의 중심을 지나고 선분 ㄹㅂ은 선분 ㄹㅁ의 2배입니다. 정삼각형 ㄴㄷㅂ의 넓이를 1이라고 할 때 직각삼각형 ㄱㄷㅁ의 넓이를 구하시오.

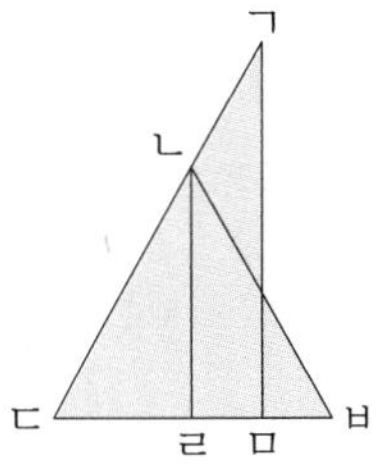

( )

전략
- (선분 ㄷㅁ의 길이)=(선분 ㄷㄹ의 길이)$\times 1\frac{1}{2}$
- (삼각형 ㄴㄷㄹ의 넓이) : (삼각형 ㄱㄷㅁ의 넓이) $=1 : 1\frac{1}{2}\times 1\frac{1}{2}$

부피에 관한 문제 해결하기

17

다음과 같은 두루마리 휴지의 전체 반지름은 5 cm이고 휴지심의 반지름은 2 cm입니다. 또한 휴지의 높이는 14 cm일 때 휴지심을 제외한 휴지의 부피를 구하시오. (원주율: 3)

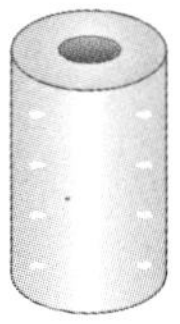

(　　　　　　　　　　)

전략 휴지심을 제외한 휴지의 부피는 휴지 전체의 부피에서 휴지심의 부피를 빼면 됩니다.

18

가로가 15 cm, 세로가 10 cm, 높이가 14 cm인 직육면체의 가로를 0.6배, 세로를 1.2배, 높이를 $\frac{6}{7}$배로 만들었을 때 처음 직육면체보다 부피가 몇 cm^3 더 줄어듭니까?

(　　　　　　　　　　)

전략 새로 만든 직육면체의 가로, 세로, 높이를 먼저 구합니다.

19 | 창의 · 융합 |

온도에 따른 물질의 확산 속도를 알아보는 실험을 위해 지름이 8 cm, 높이가 12 cm인 원기둥 모양의 비커와 가로가 30 cm, 세로가 15 cm, 높이가 20 cm인 직육면체 모양의 수조를 준비했습니다. 수조에 물을 12 cm만큼 채운 후 비커에 따뜻한 물을 가득 채워 수조에 부었을 때 수조의 물의 높이는 몇 cm가 됩니까? (원주율: 3)

(　　　　　　　　　　)

전략 ① 비커에 들어 있는 물의 들이를 구합니다.
② 늘어난 물의 높이를 구합니다.
③ 수조에 들어 있는 물의 높이에 늘어난 물의 높이를 더합니다.

20

한 모서리의 길이가 2 cm인 정육면체를 그림과 같은 규칙으로 6층까지 쌓았을 때 입체도형의 부피는 몇 cm^3입니까?

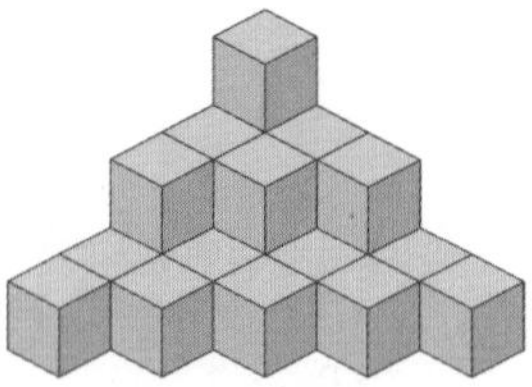

(　　　　　　　　　　)

전략 정육면체를 쌓은 규칙을 찾아 전체 수를 세어 봅니다.

21

직육면체 모양의 물통에 돌을 넣고 3 L들이 양동이로 8번 가득 부었더니 돌은 물에 완전히 잠기었고, 물통에 들어 있는 물의 높이는 34 cm가 되었습니다. 돌의 부피는 몇 cm^3입니까?

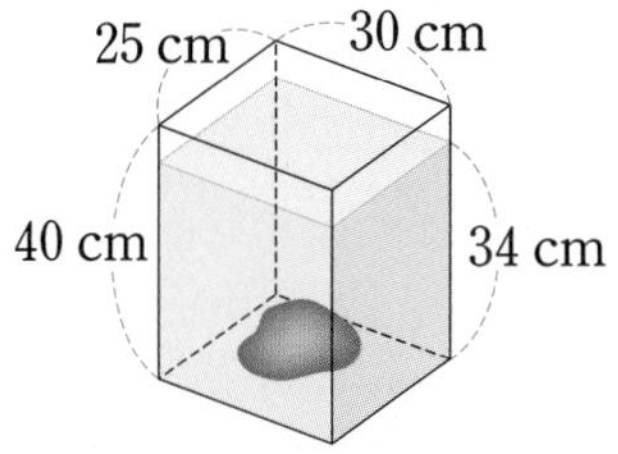

(　　　　　　　　　　)

전략 • $1\,L=1000\,cm^3$
• 먼저 양동이로 부은 물의 부피를 구합니다.
늘어난 물의 부피는 돌의 부피와 같습니다.

22

다음 평면도형을 직선 가를 회전축으로 하여 한 번 회전하여 얻는 입체도형의 부피는 몇 cm^3입니까? (원주율: 3)

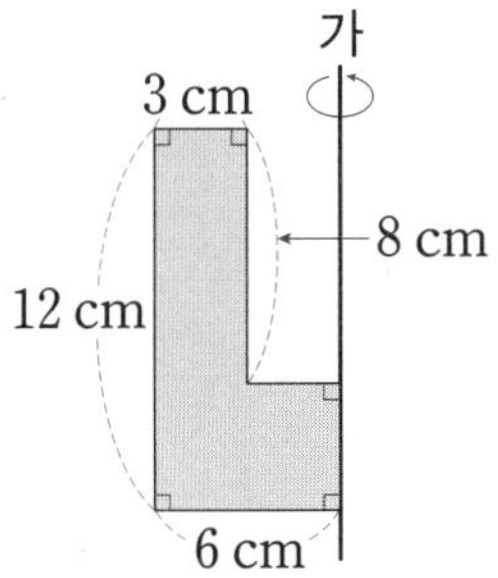

(　　　　　　　　　　)

전략 회전하여 만들어진 입체도형을 먼저 그려 알아봅니다. 큰 원기둥의 부피에서 작은 원기둥의 부피를 빼야 하는 것에 주의합니다.

각도 문제 해결하기

23

삼각형 ㄱㄴㄷ은 정삼각형이고 점 ㄹ, 점 ㅁ, 점 ㅂ은 각 변의 중점입니다. 이때 각 ㄹㅅㅁ의 크기는 몇 도입니까?

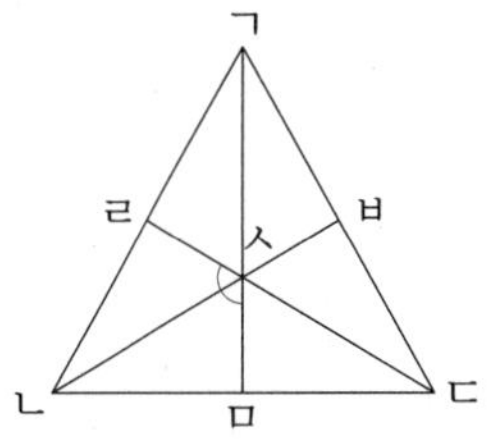

(　　　　　　　　　　)

전략 정삼각형의 한 각은 60°입니다. 정삼각형에서 꼭짓점과 마주 보는 변의 중점을 연결하면 수직으로 만납니다.

24

사각형 ㄱㄴㄷㄹ은 정사각형입니다. 각 ㉮의 크기를 구하시오.

(단, •은 같은 각을 나타냅니다.)

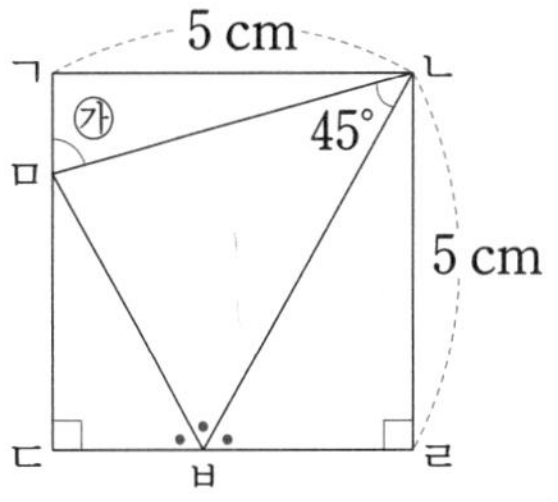

(　　　　　　　　　　)

전략 각 •의 크기는 같으므로
(각 ㄴㅂㄹ)$=180°\div3=60°$입니다.

25

| KMC 기출 유형 |

정육각형 ㄱㄴㄷㄹㅁㅂ은 원 안에 꼭 맞게 그려져 있습니다. 각 ㅇㄷㅁ의 크기는 몇 도입니까?

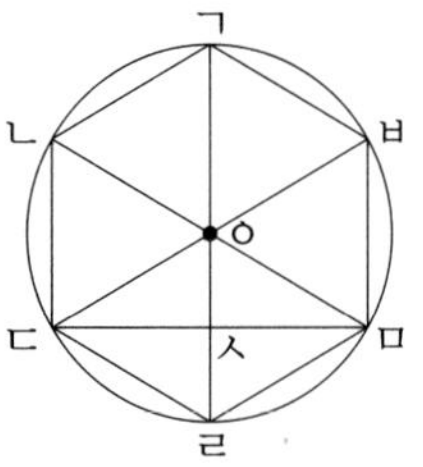

( )

전략 원에서 반지름은 길이가 모두 같고, 정삼각형의 한 각의 크기가 60°임을 이용합니다.

26

삼각형 ㄱㄴㄷ은 정삼각형이고 각 ㄴㄱㄹ의 크기와 각 ㄷㄱㄹ의 크기는 같습니다. 삼각형 ㄱㄹㅁ이 이등변삼각형일 때 각 ㄷㄹㅁ의 크기는 몇 도입니까?

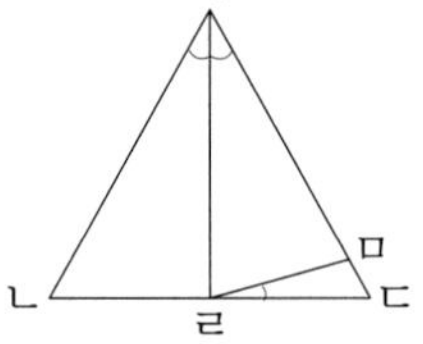

( )

전략 (각 ㄴㄱㄹ)=(각 ㄷㄱㄹ)
=60°÷2=30°

27

그림에서 (각 ㄴㄱㄹ)=(각 ㄷㄱㄹ)=25°이고 (각 ㄱㄹㄴ)=(각 ㄴㄹㅁ)=55°일 때, 각 ㄱㅁㄹ과 각 ㄱㄷㄴ의 크기의 합은 몇 도입니까?

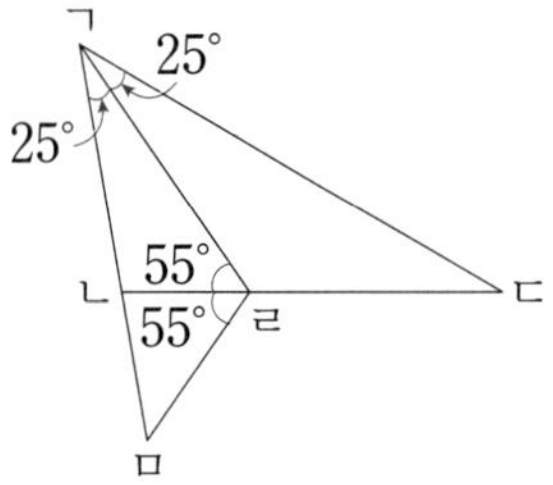

( )

전략 삼각형의 세 각의 크기의 합이 180°임을 이용하여 각을 구해 봅니다.

28

평행사변형을 다음과 같이 접었을 때, ㉠+㉡은 몇 도입니까?

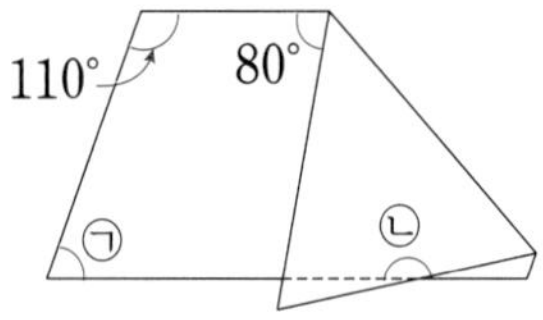

( )

전략 평행사변형에서 이웃하는 두 각의 크기의 합은 180°입니다. 접어서 생긴 각은 폈을 때도 각이 같습니다.

시계에서 각도를 찾아 해결하기

29

시계의 시침이 한 바퀴 도는 동안에 시침과 분침이 이루는 각 중에서 작은 쪽이 90°인 경우는 몇 가지입니까?

( )

전략 매 시각마다 90°, 270° 경우를 알아봅니다.
시계의 숫자 사이의 간격은 360°÷12=30°입니다.

30

1시와 2시 사이에서 시침과 분침이 서로 반대 방향으로 일직선을 이룰 때의 시각은 ㉠시 ㉡분입니다. ㉠+㉡을 구하시오.

( )

전략 시침과 분침이 서로 반대 방향으로 일직선이 되려면 시침과 분침이 이루는 각이 180°가 되어야 합니다.

31 | 창의 · 융합 |

그림과 같이 특수 시계가 있습니다. 이 시계의 분침은 한 시간에 한 바퀴씩 돌고 시침은 한 시간에 한 눈금씩 움직입니다. 이 시계로 5시에서 6시 사이의 시각 중 시침과 분침이 겹쳐졌을 때의 시각을 구하시오.

( )

전략 분침이 1바퀴 도는데 60분이 걸리므로 1분에는 360°÷60=6°만큼 움직입니다.

32

5시가 지나서 시계의 시침과 분침이 이루는 작은 쪽의 각의 크기가 두 번째로 70°가 되는 것은 몇 시 몇 분입니까?

( )

전략 5시에 시침과 분침이 이루는 각은 150°입니다. 시침은 1분에 0.5°씩 분침은 1분에 6°씩 움직입니다.

STEP 3 코딩 유형 문제

*측정 영역에서의 코딩

진법이란 수를 표기하는 기수법 중의 하나입니다. 진법에는 십진법, 이진법 등이 있습니다. 우리가 현재 사용하는 진법은 인도에서 쓰던 진법의 영향을 받아 십진법을 사용하고 있습니다. 컴퓨터에서는 수를 나타내는 방법이 간단한 이진법을 사용합니다. 따라서 우리가 컴퓨터를 더 자세히 이해하기 위해서는 우리가 사용하는 십진법을 이진법으로 바꾸고, 컴퓨터가 사용하는 이진법을 십진법을 바꾸는 방법을 알아야 합니다.

1 보기 에서 십진수를 이진수로 나타내는 것과 같은 방법으로 십진수 15를 이진수로 나타내시오.

> 보기
>
> 십진수 11을 몫이 2 미만이 될 때까지 2로 나눕니다.
>
> 2로 나눈 나머지를 화살표 방향에 따라 차례로 씁니다.
>
> 2) 11
>
> 2) 5 …1
>
> 2) 2 …1
>
> 1 …0
>
> ⇨ $11=1011_{(2)}$

( )

▶ • 십진수: 십진법으로 나타낸 수
• 이진수: 이진법으로 나타낸 수

2 십진수 23을 이진수로 나타낸 것으로 알맞은 것은 어느 것입니까? ( )

① $10101_{(2)}$ ② $11000_{(2)}$ ③ $10111_{(2)}$
④ $11110_{(2)}$ ⑤ $10001_{(2)}$

▶ 23을 나머지가 2 미만이 될 때까지 2로 계속 나누어 봅니다.

3 다음은 컴퓨터의 수 표시 체계인 이진수를 십진수로 나타내는 방법입니다. 이진수 $10111_{(2)}$를 십진수로 나타내시오.

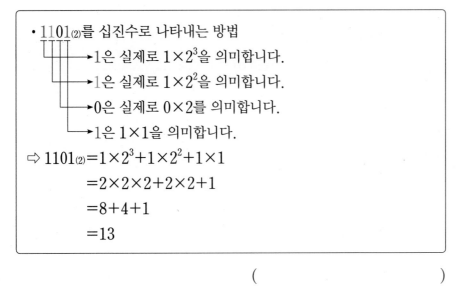

> • $1101_{(2)}$를 십진수로 나타내는 방법
> → 1은 실제로 1×2^3을 의미합니다.
> → 1은 실제로 1×2^2을 의미합니다.
> → 0은 실제로 0×2를 의미합니다.
> → 1은 1×1을 의미합니다.
> ⇨ $1101_{(2)}=1\times2^3+1\times2^2+1\times1$
> $=2\times2\times2+2\times2+1$
> $=8+4+1$
> $=13$

(　　　　　　　　　　)

▶ $2^{□}$은 2를 □번 곱한다는 의미입니다.
예 $2^2=2\times2$
$2^3=2\times2\times2$

4 두 개의 이진수 ㉮와 ㉯를 각각 십진수로 나타내어 차를 구하시오.

㉮ $11111_{(2)}$	㉯ $10101_{(2)}$

(　　　　　　　　　　)

▶ 이진수의 차도 십진수의 차와 같은 방법으로 계산합니다.

STEP 4 도전! 최상위 문제

창의・융합

1 크레이프지로 한 변이 10 cm인 정사각형을 만든 후 정사각형의 각 꼭짓점을 원의 중심으로 하여 원의 일부분을 만들어 이어 붙였습니다. 만든 모양의 전체의 둘레는 몇 cm입니까?

(원주율: 3)

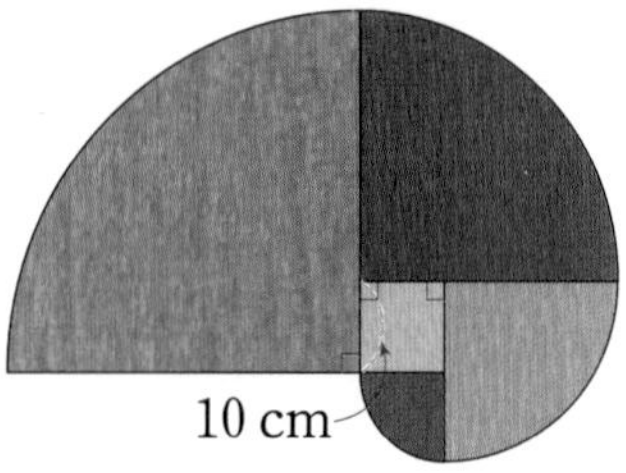

(　　　　　　　　　　)

창의・사고

2 다음은 세 변이 2 cm, 4 cm, 4 cm인 삼각형 4개를 겹쳐지지 않도록 붙여서 만든 도형입니다. 이 도형의 둘레는 몇 cm입니까?

(　　　　　　　　　　)

창의·사고

3 직각삼각형 ㄱㄴㄷ의 밑변 ㄴㄷ을 4등분한 점에서 각각 밑변에 수직인 선분을 그린 것입니다. 색칠한 부분의 넓이가 30 cm^2일 때 삼각형 ㄱㄴㄷ의 넓이는 몇 cm^2입니까?

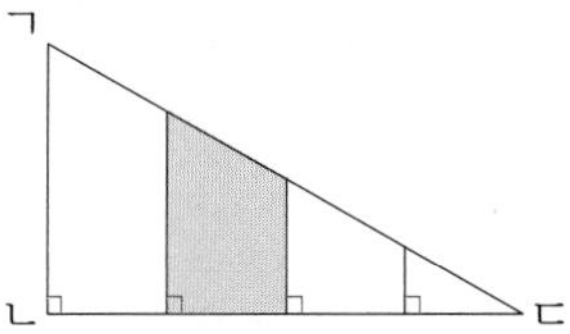

(　　　　　　　　　　)

4 사각형 ㄱㄴㄷㄹ은 평행사변형입니다. 선분 ㅇㅁ의 길이는 원의 반지름의 $\frac{5}{8}$이고 점 ㅁ은 선분 ㄴㄷ의 중점입니다. 색칠한 부분의 넓이가 15 cm^2일 때 평행사변형 ㄱㄴㄷㄹ의 넓이는 몇 cm^2입니까?

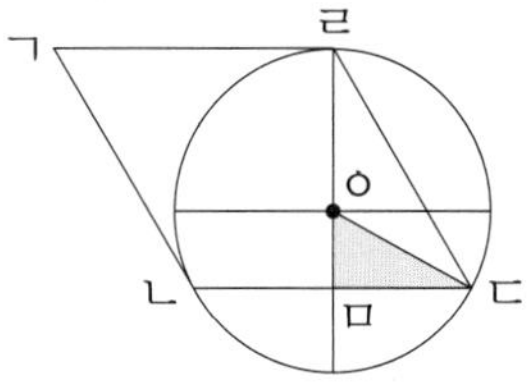

(　　　　　　　　　　)

IV 측정 영역

창의·융합

5 양초 연소시 물높이 상승 실험을 하고 있습니다. 그릇에 물을 담은 후 불이 켜진 양초를 그릇으로 덮으면 물이 그릇 안으로 들어 옵니다. 지름이 3 cm, 높이가 8 cm인 원기둥 모양의 초에 불을 붙인 후 지름이 6 cm인 원기둥 모양 그릇으로 덮었더니 물이 모두 원기둥 모양 그릇 안으로 들어와 높이가 15 cm가 되고 양초가 잠겼습니다. 처음에 그릇에 담은 물의 부피를 구하시오. (원주율: 3)

⇨

( )

6 점 ㅇ은 원의 중심이고 사각형 ㄱㄴㄷㄹ은 원 안에 꼭 맞습니다. (각 ㄱㅇㄹ)=70°, (각 ㄷㅇㄹ)=90°, (각 ㄴㅇㄷ)=100° 일 때 각 ㄴㄱㄹ의 크기는 몇 도입니까?

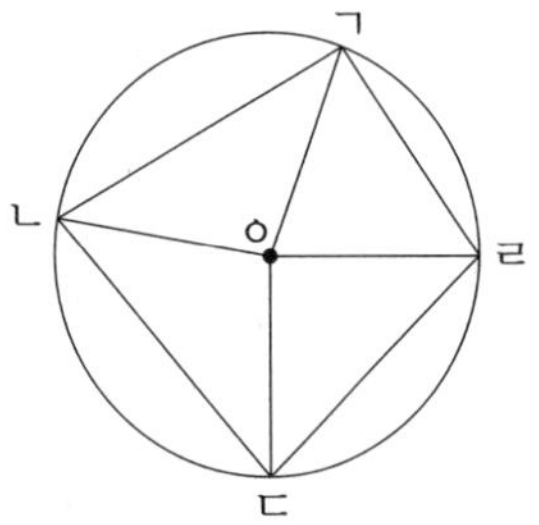

( )

7 정사각형의 두 변에 변의 길이가 같은 정오각형과 정육각형을 변끼리 붙였습니다. 각 ㄱㄴㄷ의 크기는 몇 도입니까?

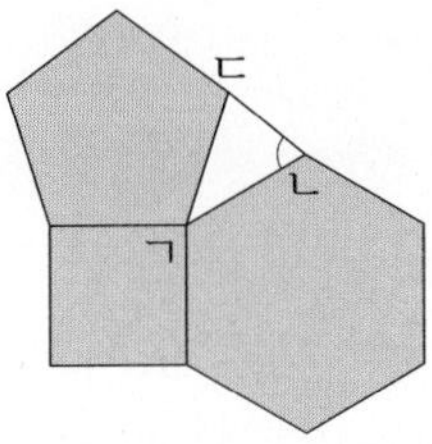

(　　　　　　　　　　)

창의・사고

8 시계가 3시 30분을 가리킬 때의 각을 Ⓐ°라고 하고 15분 후의 각을 Ⓑ°라고 할 때 (Ⓑ−Ⓐ)×10의 값을 구하시오.
(단, Ⓐ와 Ⓑ는 시침과 분침이 이루는 작은 쪽의 각도입니다.)

(　　　　　　　　　　)

특강 영재원 · 창의융합 문제

여러분은 **도시계획가**라는 직업을 아시나요?

다소 생소할 수도 있는 직업이지만 우리가 사는 도시는 많은 부분 도시계획가의 연구와 설계로 이루어졌습니다. 도시계획가의 주된 역할은 기존 도시와 특정 단지의 재개발 또는 신도시 건설과 관련하여 도시 및 단지를 계획하고 설계하는 것입니다. 도시를 설계할 때는 기본적으로 도로, 구청, 시청과 같은 관공서, 백화점과 마트 같은 사람들에게 꼭 필요한 건물 등을 고려해야 합니다.

❖ 다음은 서울 외곽에 새로 만들 도시 Ⓐ에 대한 정보입니다.

신도시 Ⓐ는 크게 4개의 구로 이루어질 계획입니다. 이에 따라 4개의 구청이 먼저 들어섰습니다. 또한 신도시 Ⓐ에는 지하철이 지나갈 계획이 있습니다. 이전의 서울의 노선과 연결하고 지반이 튼튼한 곳에 공사를 하다보니 지하철 역 중 4개는 미리 장소가 선정되었습니다.

9 도시계획가는 4개의 구에 구청 1개, 지하철 역 1개가 반드시 들어가도록 만들려고 합니다. 신도시 Ⓐ 전체 땅을 다음과 같이 크기가 같은 정사각형으로 나누었을 때 신도시 Ⓐ를 4개의 구로 나누어 보시오. (단, 각 구의 땅은 끊어지면 안 되고, 넓이는 같아야 합니다.)

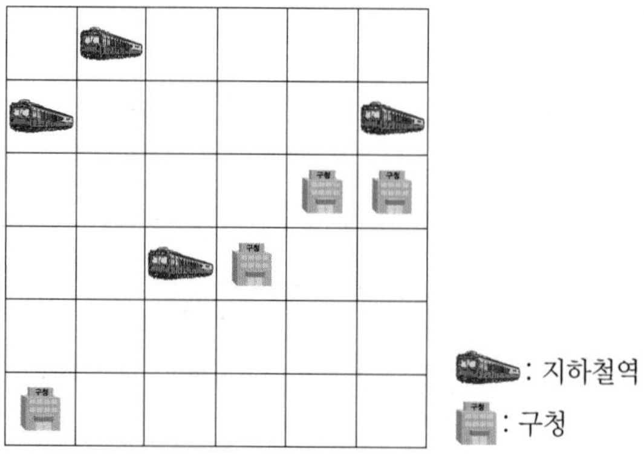

V

확률과 통계 영역

| 주제 구성 |

STEP 1 경시 기출 유형 문제

[주제 학습 15] 그래프로 나타낸 문제 해결하기

지수네 반 학생 16명의 수학 점수를 조사하여 나타낸 줄기와 잎 그림입니다. 80점대 학생 수가 90점대 학생 수보다 1명 더 적습니다. 또한 80점대 평균은 70점대 평균보다 10점이 높고 90점대 평균보다 7점이 낮습니다. 찢어진 잎의 값을 모두 더하면 얼마입니까?

지수네 반 학생들의 수학 점수

줄기	잎
7	9 8 7 4
8	3 5 6 7 9
9	3 2 1 6 5

( )

문제 해결 전략

① 찢어진 잎의 수 알아보기

16명 중 보이는 잎이 14개이므로 찢어진 잎은 2개입니다. ⇨ 70점대 1명, 90점대 1명

② 각 점수대 평균 구하기

(80점대 평균)=(83+85+86+87+89)÷5=86(점)

(70점대 평균)=86−10=76(점), (90점대 평균)=86+7=93(점)

③ 줄기가 7, 9일 때 찢어진 잎의 수 알아보기

줄기가 7일 때 찢어진 잎의 수를 □라 하면

(79+78+77+74+70+□)÷5=76, 378+□=380, □=2입니다.

줄기가 9일 때 찢어진 잎의 수를 △라 하면

(93+92+91+96+95+90+△)÷6=93, 557+△=558, △=1입니다.

④ 찢어진 잎의 값의 합 구하기

□+△=2+1=3

선생님, 질문 있어요!

Q. 줄기와 잎 그림의 특징은 무엇인가요?

A. 각 줄기에 해당하는 자료의 값을 알 수 있고, 표보다 자료를 한눈에 알아보기 쉽다는 것입니다.

줄기와 잎을 이용하여 자료를 나타낸 그림을 줄기와 잎 그림이라고 합니다. 세로 선의 왼쪽에 있는 수를 줄기라고 하고 세로 선의 오른쪽에 있는 수를 잎이라고 해요.

따라 풀기 1

정호네 반 남학생의 수학 점수를 조사하여 나타낸 줄기와 잎 그림입니다. 정호네 반 남학생의 수학 점수의 평균이 84.7점일 때 ㉮에 알맞은 수를 구하시오.

정호네 반 남학생의 수학 점수

줄기	잎
7	6 3 9 8
8	4 2 5
9	5 7 ㉮

( )

확인 문제

1-1 준영이네 반 학생들의 중간고사 점수를 나타낸 줄기와 잎 그림입니다. 남학생과 여학생의 평균 점수의 차를 구하시오.

학생별 중간고사 점수

잎(남학생)	줄기	잎(여학생)
3 5 6 9	7	4 7 8 3
0 6 7 1	8	1 9 6 4
5 3	9	6 1 5

( )

2-1 초롱이네 학교 학생 500명이 좋아하는 과목을 조사하여 나타낸 원그래프입니다. 국어를 좋아하는 학생이 사회를 좋아하는 학생보다 25명이 더 적을 때 사회를 좋아하는 학생은 몇 명입니까?

좋아하는 과목

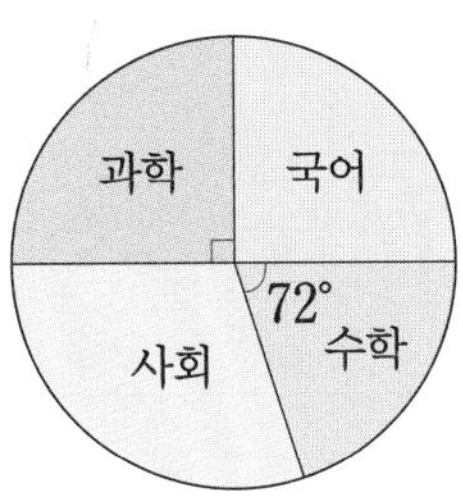

( )

한 번 더 확인

1-2 희철이네 학교 6학년 학생 300명이 학교에서 점심 시간에 하는 놀이를 조사하여 나타낸 띠그래프입니다. 띠그래프가 10 cm일 때 젠가를 하는 학생은 몇 명입니까?

점심 시간에 하는 놀이

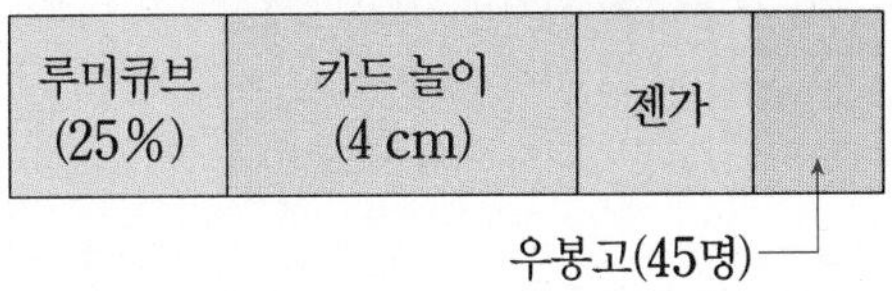

( )

2-2 누리 초등학교 전교 회장 선거의 득표 수를 조사하여 나타낸 그래프입니다. 기호 1번을 뽑은 학생 중 남학생은 35%이고 투표한 학생이 600명일 때, 기호 1번을 뽑은 여학생은 모두 몇 명입니까?

전교 회장 득표 수

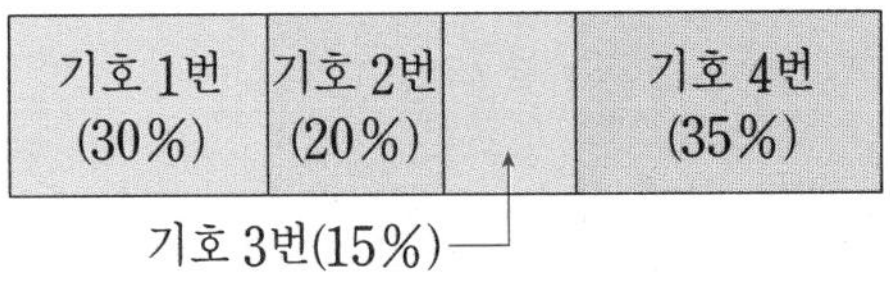

기호 1번을 뽑은 학생 수

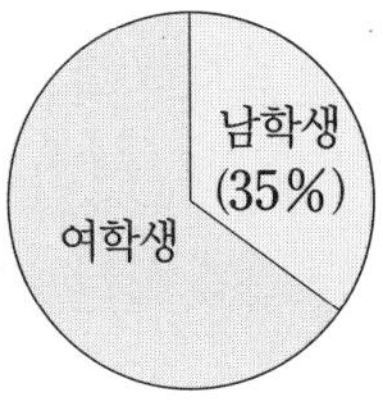

( )

[주제 학습 16] 경우의 수 구하기

서로 다른 주사위 2개를 던졌을 때 합이 8이 되는 경우는 몇 가지입니까? (단, 한 개의 주사위는 2가 지워져 있고, 다른 한 개의 주사위는 4가 지워져 있습니다.)

( )

문제 해결 전략

① 두 주사위 눈의 수의 합이 8이 되는 경우
(2, 6), (3, 5), (4, 4), (5, 3), (6, 2)

② 나올 수 없는 경우 알아보기
한 개의 주사위는 2가, 다른 한 개의 주사위는 4가 지워져 있으므로 (2, 6)과 (4, 4)는 나올 수 없습니다.

③ 합이 8이 되는 경우의 수 알아보기
(3, 5), (5, 3), (6, 2)로 3가지입니다.

선생님, 질문 있어요!

Q. 경우의 수란 무엇인가요?

A. 경우의 수란 사건이 일어날 수 있는 경우의 가짓수를 의미합니다.
예를 들어 동전 2개를 던질 때 나올 수 있는 경우는 (앞, 뒤), (뒤, 뒤), (앞, 앞), (뒤, 앞)으로 4가지입니다.

따라 풀기 1

서로 다른 2개의 주사위를 던져 그 곱을 구할 때, 곱이 짝수가 나오는 경우는 모두 몇 가지입니까?

( )

따라 풀기 2

오른쪽과 같은 원판에 색깔이 다른 화살 2개를 쏘아 모두 맞혔습니다. 맞힌 두 수의 합이 5 이상일 경우의 수를 구하시오. (단, 경계선을 맞히는 경우는 생각하지 않습니다.)

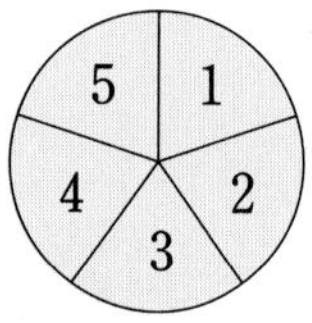

( )

[확인 문제]

1-1 무궁화, 백합, 장미꽃, 목련, 연꽃 중 하나를 선택하여 다섯 마을을 상징하는 꽃으로 하려고 합니다. 각 마을이 상징하는 꽃을 모두 다르게 정할 때 경우의 수는 얼마입니까?

( )

2-1 상자 속에 서로 다른 색의 공이 7개 들어 있습니다. 이 중에서 5개의 공을 꺼낼 때, 정해 놓은 색의 공 2개가 항상 꺼내질 경우는 몇 가지입니까?

( )

3-1 민정이네 집에서 학교까지 갈 수 있는 길을 나타낸 지도입니다. 민정이네 집에서 학교까지 갈 수 있는 가장 가까운 길의 방법은 몇 가지입니까?

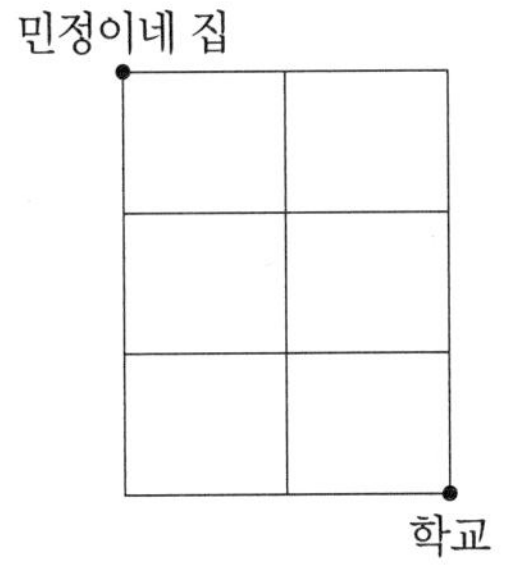

( )

[한 번 더 확인]

1-2 다음 그림을 5가지 색을 사용하여 칠하려고 합니다. 이웃하는 부분에는 같은 색을 칠하지 않을 때, 색을 칠하는 경우의 수는 얼마입니까?

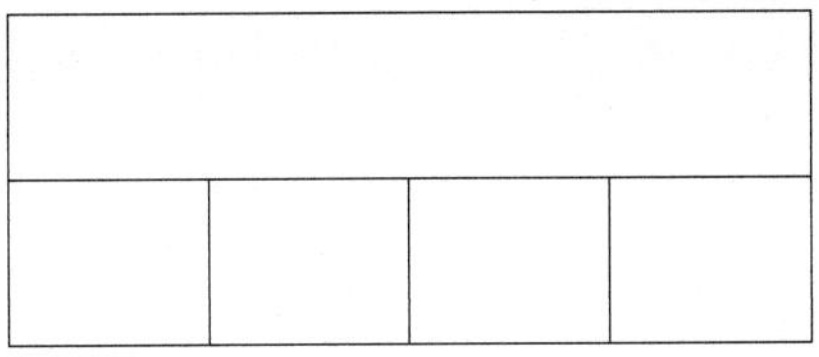

( )

2-2 빨간 공 1개, 노란 공 1개, 파란 공 2개를 한 줄로 늘어놓으려고 합니다. 파란 색의 공 2개를 연속해서 놓은 경우는 모두 몇 가지입니까?

( )

3-2 ㉮에서 ㉯를 들러 ㉰에 갈 수 있는 가장 가까운 길의 방법은 몇 가지입니까?

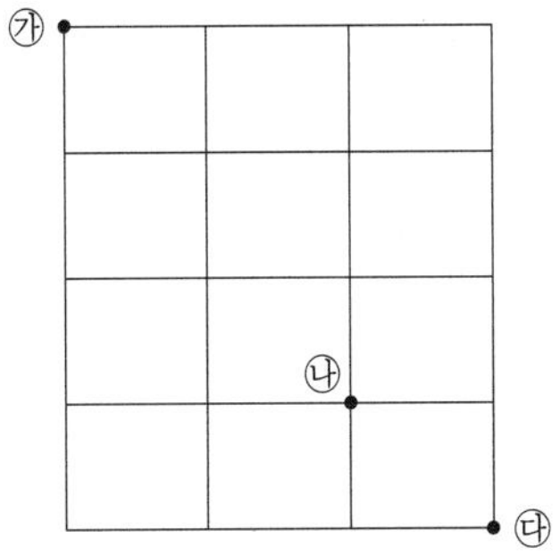

( )

[주제 학습 17] 알쏭달쏭한 확률 문제 해결하기

수학 사고력 대회에 참가한 학생은 300명이고 남학생이 여학생보다 60명 더 많습니다. 남학생의 $\frac{1}{12}$과 여학생의 $\frac{1}{20}$이 대회에서 입상을 하였습니다. 입상한 학생 중 한 명을 뽑을 때 뽑은 학생이 남학생일 확률을 기약분수로 나타내시오.

( )

문제 해결 전략

① 남학생과 여학생의 수를 구하기
남학생을 □명이라 하면 □+□−60=300, □=180이고,
여학생은 300−180=120(명)입니다.

② 입상한 학생 수 구하기
남학생: $180\times\frac{1}{12}=15$(명), 여학생: $120\times\frac{1}{20}=6$(명)

③ 입상한 학생 중 한 명을 뽑을 때, 뽑은 학생이 남학생일 확률 구하기
입상을 한 학생 15+6=21(명) 중 한 명을 뽑을 때 뽑은 학생이 남학생일 확률은
$\frac{15}{21}=\frac{5}{7}$입니다.

선생님, 질문 있어요!

Q. 확률은 어떻게 구하나요?

A. 모든 경우의 수 중에서 그 사건이 발생하는 경우의 수를 찾으면 됩니다.
(확률)= $\frac{\text{(그 사건이 일어난 경우의 수)}}{\text{(모든 경우의 수)}}$

(사건이 일어나지 않을 가능성)
=1−(사건이 일어날 가능성)

따라 풀기 1

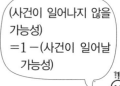

숫자 카드 5장 중에서 2장을 차례로 뽑아 첫 번째로 뽑은 카드는 분모로, 두 번째로 뽑은 카드는 분자로 하여 분수를 만들려고 합니다. 만들어진 분수가 진분수가 될 확률을 기약분수로 나타내시오.

| 1 | 2 | 3 | 4 | 5 |

( )

따라 풀기 2

소라, 우현, 진수가 가위바위보를 하여 한 사람이 두 사람을 이기거나 두 사람이 한 사람을 이겼을 때, 이긴 사람이 과자를 모두 먹기로 하였습니다. 두 번째 판에서 과자를 먹는 사람이 있을 확률을 기약분수로 나타내시오.

( )

[확인 문제]

1-1 9개의 점 중에서 4개의 점을 꼭짓점으로 하여 선을 이어 직사각형을 만들려고 합니다. 만든 직사각형 중 하나를 선택할 때 정사각형일 확률을 구하시오.

(　　　　　　　　)

2-1 1부터 9까지의 카드 중 한 장씩 꺼내어 나온 수를 빙고 칸에 색칠하고 있습니다. 가로, 세로, 대각선 중 한 줄로 3칸을 먼저 칠한 사람이 이깁니다. 한번 더 카드를 뽑을 때 소현이가 이길 확률을 구하시오. (단, 동시에 완성되면 비기는 것입니다.)

1	4	9
3	5	8
7	2	6

소현

4	2	8
6	1	5
7	3	9

주성

(　　　　　　　　)

3-1 0에서 9까지의 숫자 카드 중 2장을 뽑아 두 자리 수를 만들 때 만든 수가 5의 배수이면서 십의 자리 숫자가 일의 자리 숫자보다 클 확률을 구하시오.

(　　　　　　　　)

[한 번 더 확인]

1-2 6개의 점 중에서 3개의 점을 꼭짓점으로 하여 선을 이어 삼각형을 만들려고 합니다. 만든 삼각형 중 하나를 선택할 때 둔각삼각형일 확률을 구하시오.

(　　　　　　　　)

2-2 급식에 오늘 김치가 나오고 내일 다시 김치가 나올 확률은 $\frac{1}{4}$이고, 오늘 김치가 안 나오고 내일 김치가 나올 확률은 $\frac{3}{5}$라고 합니다. 화요일 급식에 김치가 안 나왔을 때 목요일 급식에 김치가 안 나올 확률을 구하시오.

(　　　　　　　　)

3-2 주사위 한 개와 동전이 두 개 있습니다. 두 개의 동전의 앞면에는 1이 쓰여 있고 뒷면에는 2라고 쓰여 있습니다. 주사위와 동전 2개를 동시에 던졌을 때 나오는 수의 합이 7이 나올 확률은 얼마입니까?

(　　　　　　　　)

STEP 2 실전 경시 문제

그래프 문제 해결하기

1

지윤이네 모둠 10명 중 9명의 수학 점수를 나타낸 줄기와 잎 그림입니다. 10명의 평균이 83점일 때 나머지 한 명의 점수는 몇 점입니까?

수학 점수

줄기	잎
7	1 8 9
8	0 2 6
9	2 3 8

(　　　　　　　　)

전략 9명의 점수에 나머지 한 명의 점수를 □점이라 하여 평균을 구해 봅니다.

2

설현이네 학교 6학년 학생들이 사는 마을을 조사하여 나타낸 띠그래프입니다. 나 마을에 60명, 라 마을에 15명일 때 전체 학생 수는 몇 명입니까?

마을별 학생 수

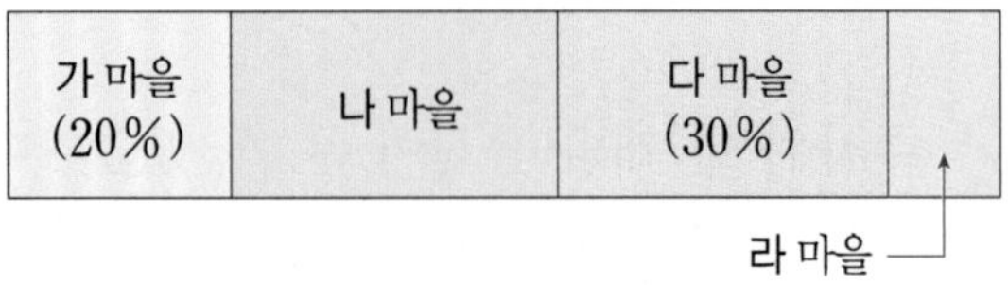

(　　　　　　　　)

전략 (나 마을의 비율)+(라 마을의 비율)을 먼저 구해 봅니다.

3

어느 도시의 3개 동의 넓이를 조사하여 원그래프로 나타냈습니다. 1동의 넓이는 2동 넓이의 $1\frac{1}{5}$배이고 3동의 넓이는 1동의 넓이의 $1\frac{1}{6}$배입니다. 2동의 중심각의 크기는 몇 도입니까?

(　　　　　　　　)

전략 원그래프에서 중심각의 크기는 360°×(비율)로 구할 수 있습니다.

4 | 창의 · 융합 |

규현이는 가고 싶어 하는 체험 학습 장소를 조사하여 학교 신문의 기사를 썼습니다. 기사를 읽고 인천을 가고 싶어 하는 여학생이 168명일 때 속초를 가고 싶어 하는 남학생 수를 구하시오.

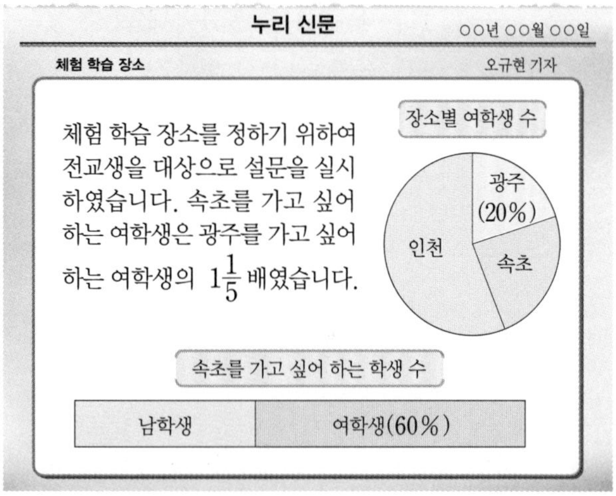

(　　　　　　　　)

전략 ① 속초를 가고 싶어 하는 여학생 비율을 구합니다.
② 인천을 가고 싶어 하는 여학생 비율을 구합니다.
③ 전체 여학생 수를 구하여 속초를 가고 싶어 하는 남학생 수를 구합니다.

숫자 카드나 주사위에서 경우의 수 구하기

5

1부터 10까지의 숫자 카드가 있습니다. 이 카드에서 2장을 차례로 골라 수를 곱했을 때 15의 배수가 되는 경우는 몇 가지입니까?

( )

전략 1부터 10까지의 카드를 사용해서 만들 수 있는 가장 큰 15의 배수는 10×9=90입니다. 따라서 15의 배수 중 15, 30, 45, 60, 75, 90을 만드는 경우의 수를 구해야 합니다.

6

다음과 같이 두 개의 주머니에 숫자 카드가 들어 있습니다. 숫자 카드를 1개씩 꺼내어 가 주머니에서 나온 숫자는 십의 자리로, 나 주머니에서 나온 숫자는 일의 자리로 만들 때 50보다 큰 두 자리 수는 모두 몇 개입니까?

( )

전략 50보다 크려면 십의 자리 숫자가 가 주머니의 5, 7, 9 중 하나를 꺼내야 합니다.

7

승요와 성재가 두 개의 주사위를 가지고 규칙에 따라 게임을 할 때 승요가 (2, 3)이 나왔습니다. 성재가 주사위를 던져 승요를 이길 수 있는 경우는 몇 가지입니까? (단, (3, 4)와 (4, 3)은 같은 경우로 봅니다.)

규칙
- 두 개의 주사위를 던져 같은 수가 나오면 1이 됩니다.
- 두 개의 주사위를 던져 다른 수가 나오면 큰 수가 분모, 작은 수가 분자가 되는 진분수를 만듭니다.
- 더 큰 수를 만든 사람이 이깁니다.

( )

전략 승요가 만든 수를 먼저 알아봅니다.

8

1, 2, 3, 4를 한 번씩 모두 사용하여 만든 네 자리 수 중에서 다음 조건을 만족하는 경우의 수를 구하시오.

조건
① 2 바로 다음에는 3이 올 수 없습니다.
② 3 바로 다음에는 4가 올 수 없습니다.
③ 4 바로 다음에는 2가 올 수 없습니다.

( )

전략 전체의 경우에서 조건을 만족하지 않는 경우를 뺍니다.

V 확률과 통계 영역

땅을 색칠하기

9

다음과 같은 모양의 땅에 빨강, 주황, 노랑, 초록, 파랑, 흰색의 6가지 색 중에 서로 다른 5개를 선택하여 칠하는 경우는 모두 몇 가지입니까?

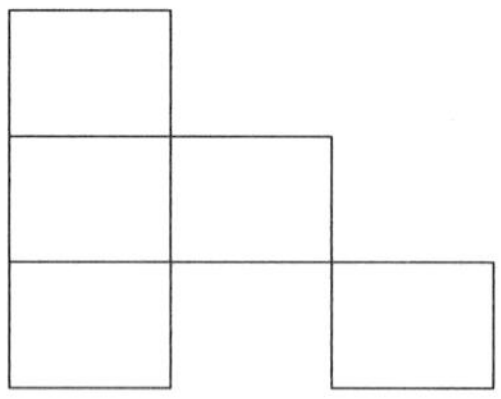

( )

전략 서로 다른 5가지 색을 칠하므로 2번 칠하는 색은 없습니다.

10

색칠한 사각형끼리는 변과 꼭짓점이 맞닿으면 안 된다고 할 때 다음 사각형 중 사각형 3개를 칠하는 경우는 모두 몇 가지입니까?

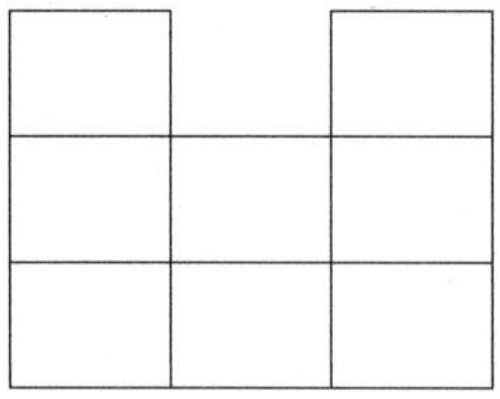

( )

전략 색칠하는 사각형이 맞닿지 않도록 알아봅니다.

11

다음의 각 칸을 빨강, 주황, 노랑, 초록의 4가지 색으로 칠하려고 합니다. 이웃하는 부분에는 서로 다른 색을 칠하는 경우는 모두 몇 가지입니까?

( )

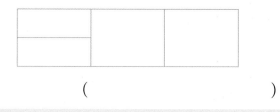

전략 나머지 3칸과 모두 이웃한 가운데 칸의 색을 정한 후 올 수 있는 색을 차례로 알아봅니다.

12

다음을 4가지 색을 사용해서 색을 칠하려고 합니다. 이웃하는 부분에는 서로 다른 색을 칠할 때, 색을 칠하는 경우는 모두 몇 가지입니까?

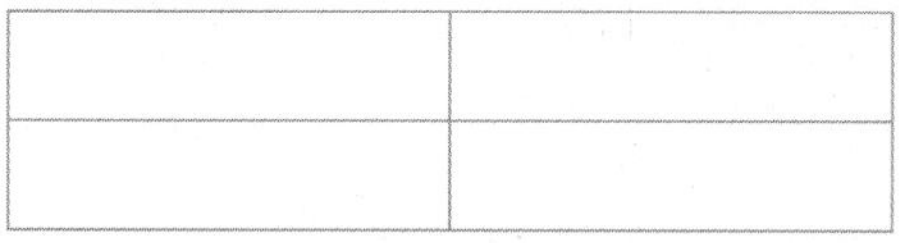

( )

전략 4가지 색을 모두 사용하는 경우와 3가지 색을 사용하는 경우, 2가지 색을 사용하는 경우로 나눠서 알아봅니다.

가장 가까운 길로 가기

13

거미가 나비까지 올라가려고 합니다. 갈 수 있는 가장 가까운 길은 몇 가지입니까?

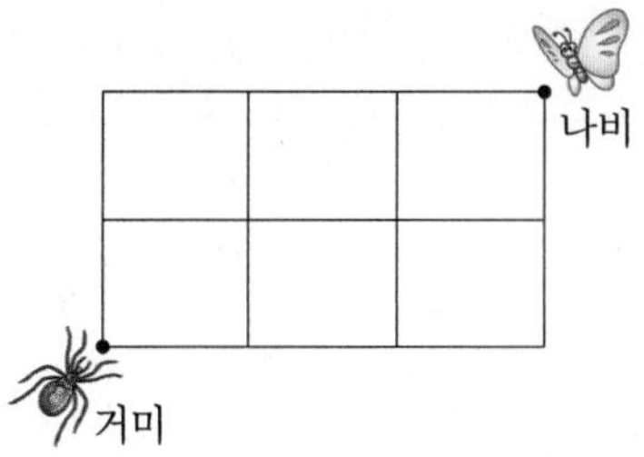

( )

전략 각 길을 지날 수 있는 경우를 길 위에 써 봅니다.

14

개미가 정육면체 한 모서리를 가는 데 1초가 걸린다고 합니다. ㉮에서 출발해서 ㉯까지 3초 안에 갈 수 있는 방법은 몇 가지입니까?

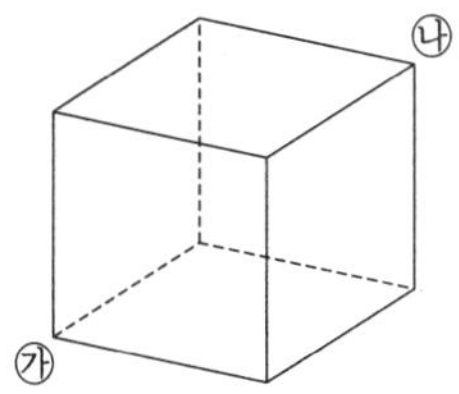

( )

전략 3초 안에 가려면 모서리를 몇 개 지나야 하는지 알아봅니다.

15

승민이네 마을의 길을 간단히 나타낸 것입니다. 승민이네 집에서 학교를 갔다가 태권도 학원을 가려고 합니다. 집에서 학교를 갔다가 태권도 학원에 가는 가장 가까운 길은 모두 몇 가지입니까?

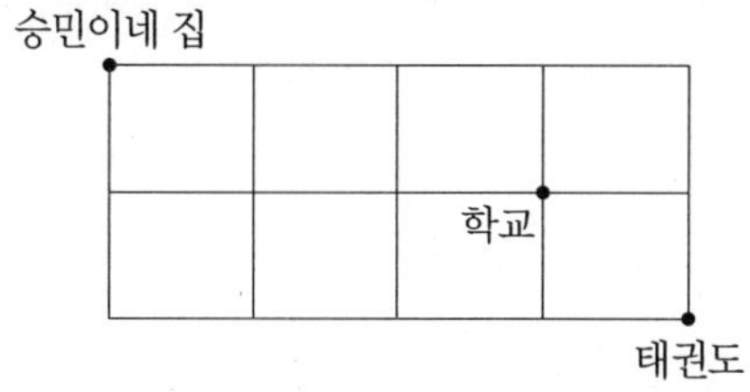

( )

전략 집에서 학교까지 가는 방법, 학교에서 태권도 학원까지 가는 방법을 각각 나누어 생각해 봅니다.

16

| 창의・융합 |

로드킬(road kill)이란 야생동물들이 이동하다가 도로의 차에 치이거나 깔려 죽는 것을 말합니다. 이에 대한 대책으로 생태 이동 통로가 많이 조성되고 있습니다. 다음은 서울에서 부산으로 가는 길을 간단히 나타낸 것입니다.  는 현재 생태 이동 통로 공사 중으로 갈 수 없을 때 서울에서 부산으로 갈 수 있는 가장 가까운 길은 모두 몇 가지입니까?

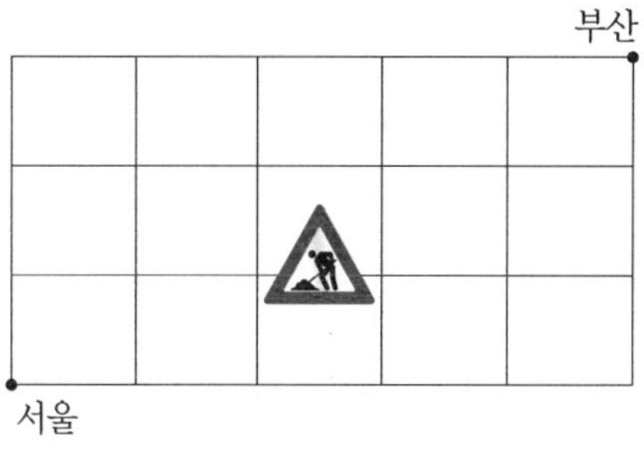

( )

전략 공사 중인 길은 지나갈 수 없으므로 수를 셀 때 주의합니다.

알쏭달쏭 확률 구하기

17

수호는 다음 숫자 카드 중에서 두 장을 뽑아 첫 번째 수는 분자로, 두 번째 수는 분모로 놓아 분수를 만들려고 합니다. 이 분수가 1이 될 확률을 기약분수로 구하시오.

2 3 3 4 4 4 5 5 5 5

( )

전략 ① 모든 경우의 수는 10장에서 2장을 뽑는 경우입니다.
② 1이 되려면 분자와 분모가 같은 수가 뽑히는 경우의 수를 구합니다.

18

가로와 세로가 3 cm인 정사각형을 삼등분하여 4개의 점을 만들었습니다. 윗변의 4개의 점 중에 2개, 아랫변의 4개의 점 중에 2개를 골라 사각형을 만들 때, 넓이가 정사각형의 $\frac{2}{3}$가 되는 직사각형이 될 확률을 기약분수로 구하시오.

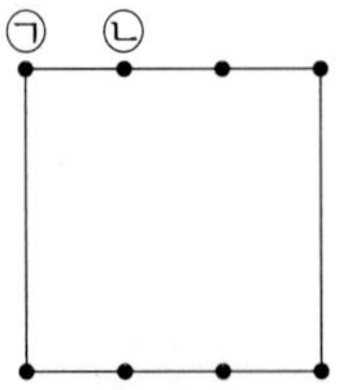

( )

전략 윗변에서 점을 선택할 때 (㉠, ㉡)과 (㉡, ㉠)이 같으므로 $4\times3\div2=6$(가지)입니다.

19

승요와 성재가 번갈아 가며 주사위를 던집니다. 주사위의 눈이 1, 2가 나오면 승요가 이기고, 3, 4, 5, 6이 나오면 성재가 이깁니다. 1, 2회에 승요가 지고 3회에 이길 확률을 기약분수로 구하시오.

( )

전략 승요가 주사위를 1번 던져 이길 확률은 $\frac{2}{6}=\frac{1}{3}$, 질 확률은 $\frac{4}{6}=\frac{2}{3}$입니다.

20

희천이는 학교에 갈 때 ㉮ 길과 ㉯ 길 중에 한 길로 갑니다. ㉮ 길로 간 다음 날 ㉯ 길로 갈 확률은 $\frac{3}{5}$이고, ㉯ 길로 간 다음 날 ㉮ 길로 갈 확률은 $\frac{2}{3}$입니다. 학교를 수요일에 ㉮ 길로 갔다면 금요일에 ㉮ 길로 갈 확률을 기약분수로 구하시오.

( )

전략 ㉮ → ㉮ → ㉮로 갈 확률과 ㉮ → ㉯ → ㉮로 갈 확률을 구하여 더합니다.

21

주사위를 두 번 던져서 첫 번째로 나온 수는 분모로, 두 번째로 나온 수를 분자로 하여 분수를 만들었습니다. 만든 수가 진분수가 될 확률을 기약분수로 구하시오.

( )

전략 주사위를 두 번 던져서 나오는 전체 경우의 수는 $6\times6=36$입니다.

22

| 창의 · 융합 |

열전도 실험을 하기 위해 길이가 1 cm, 2 cm, 3 cm, 4 cm, 5 cm인 쇠막대를 한 개씩 준비했습니다. 실험이 끝난 후 이중 3개를 선택하여 삼각형을 만들려고 합니다. 삼각형이 만들어질 확률을 기약분수로 구하시오.

( )

전략 5개 중 3개의 쇠막대를 고를 경우는 $5\times4\times3=60$(가지)입니다. 하지만 삼각형을 만들 때는 순서가 관계없으니 $3\times2\times1$이 중복되므로 $\frac{5\times4\times3}{3\times2\times1}=10$(가지)입니다.

23

다음과 같이 숫자 카드 5장이 있습니다. 이 중 2장을 뽑아 두 자리 수를 만들려 합니다. 만든 두 자리 수가 3의 배수이면서 십의 자리 숫자가 일의 자리 숫자보다 작을 확률을 기약분수로 구하시오.

2 3 1 0 4

( )

전략 숫자 카드 5장 중 2장을 뽑아 두 자리 수를 만드는 경우의 수는 $4\times4=16$입니다.

24

경호가 국어 시험 점수가 100점일 확률은 $\frac{2}{7}$, 수학 시험 점수가 100점일 확률은 $\frac{4}{5}$, 사회 시험 점수가 100점일 확률은 $\frac{1}{3}$입니다. 경호가 국어, 수학, 사회 시험을 볼 때 2과목 이상 100점일 확률을 기약분수로 구하시오.

( )

전략 3과목 중 2과목 이상을 100점 받을 경우를 알아본 후 확률을 구합니다.

STEP 3 코딩 유형 문제

＊확률과 통계 영역에서의 코딩

프리메이슨이란 18세기 초 영국에서 시작된 비밀단체인데 모차르트, 몽테스키와 같은 유명한 인물들도 프리메이슨의 회원으로 활동했다고 합니다. 이들은 여러 가지 암호를 사용해 서로 연락을 취했는데 대표적인 것으로 차트를 사용한 프리메이슨 암호가 있습니다. 프리메이슨 암호는 9개의 나누어진 공간을 이용합니다. 이 나누어진 9개의 공간에는 각각 알파벳이 3개씩 들어가 있으며 이 알파벳의 위치를 이용하여 각 알파벳의 좌표로 볼 수 있는 두 자리 수를 만들어 암호를 만듭니다.

1 • 보기 •와 같이 암호 23632222를 해석해 보시오.

• 보기 •

숫자 725372는 두 자리씩 끊어서 읽으면 72/53/72입니다.
십의 자리 숫자는 칸의 위치를 나타내고 일의 자리 숫자는 칸 안에서 자리를 나타냅니다.
따라서 72는 7번째 칸의 두 번째 글자인 T, 53은 5번째 칸의 세 번째 글자인 O이므로 암호를 해석하면 TOT입니다.

A B C	D E F	G H I
J K L	M N O	P Q R
S T U	V W X	Y Z

(　　　　　　　　　　　　)

▶ 암호 23632222를 먼저 두 자리씩 끊어서 읽습니다.
⇨ 23/63/22/22

2 민결이는 차트를 이용하여 프리메이슨 암호를 만들려고 합니다. winter(겨울)을 차트와 숫자를 이용해 암호문으로 만들어 보시오.

(　　　　　　　　　　　　)

▶ 각 글자가 어느 칸의 몇 번째 글자인지 알아봅니다.

3 다음의 글자들을 차트를 이용해 프리메이스 암호로 만들려고 합니다. 암호의 숫자들 중에 가장 큰 수는 무엇입니까? .... (　　　)

① Hi　　② Wow　　③ Good
④ Book　　⑤ No

▶ 글자 수가 많을수록 자릿수가 많습니다. 자릿수가 많을수록 수는 큽니다.

4 기영이는 차트를 이용해 프리메이스 암호로 4자의 영문을 어떠한 수로 만들었습니다. 그 수를 55555555에서 빼고, 남은 수를 다시 프리메이스 암호로 영문을 만드니 HEBB가 나왔습니다. 기영이가 처음에 가지고 있던 영문 4글자는 무엇입니까?

(　　　　　　　　　　)

▶ 처음에 가지고 있던 수를 구하기 위해 거꾸로 계산해 봅니다.

1 세 수 가, 나, 다의 평균이 32이고, 가와 나의 평균은 30, 나와 다의 평균은 34일 때, 가와 다의 평균은 얼마입니까?

( )

생활 속 문제

2 다음은 준영이네 반 학생 22명의 수학 점수를 조사하여 나타낸 줄기와 잎 그림입니다. 남학생의 평균이 여학생보다 2점 더 높을 때 ㉮+㉯의 값을 구하시오.

준영이네 반 수학 점수

남학생	줄기	여학생
8 6 5 2	9	0 2 ㉮
6 5 4 3 0	8	0 6 8
9 2 0	7	0 1 7 ㉯

( )

3 한 개의 주사위를 2번 던질 때, 첫 번째로 나온 수가 두 번째로 나온 수의 약수가 될 확률을 기약분수로 구하시오.

( )

정보처리

4 다음 그림과 같이 정육면체의 꼭짓점 A에서 꼭짓점 G로 모서리를 따라갈 때, 가장 가까운 길로 가는 방법의 수를 구하려면 정육면체를 펼쳐 색칠한 면을 지나는 평면에서 가장 가까운 길로 가는 방법의 수를 구하면 됩니다.

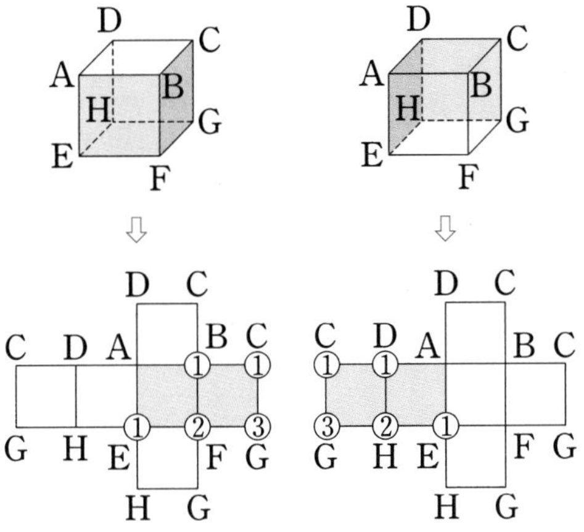

⇨ A에서 G까지 가장 가까운 길로 가는 방법의 수: 3+3=6(가지)

다음 육각기둥은 모서리의 길이가 모두 같습니다. 꼭짓점 A에서 가장 멀리 있는 꼭짓점으로 간 후 다시 점 A로 돌아올 때, 가장 가까운 길로 갔다 오는 방법은 몇 가지입니까?

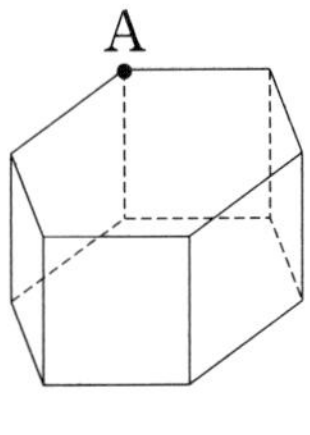

( )

창의・사고

5 승요는 100원짜리 동전 4개를 가지고 있습니다. 동전 4개를 던질 때 앞면이 2개 나올 확률과 뒷면이 1개 나올 확률의 차이는 얼마인지 기약분수로 나타내시오. (단, 앞면은 그림을, 뒷면은 숫자를 나타냅니다.)

(　　　　　　　　　　)

창의・사고

6 보기 와 같이 14를 0보다 큰 짝수의 합으로 나타내려고 합니다. 짝수의 합으로 나타내는 방법은 모두 몇 가지 있습니까?

보기

4=2+2

6=2+2+2, 6=2+4, 6=4+2

(　　　　　　　　　　)

창의·융합

7 지도는 실제의 땅 모양을 사용하고자 하는 목적에 따라 일정한 비율로 줄여서 평면에 나타낸 것입니다. 오른쪽은 우리나라의 행정구역 지도입니다. 인접한 지역과의 구분을 위해 여러 가지 색을 칠하여 나타내기도 합니다. 다음 그림을 지도와 같이 이웃한 영역과 색이 겹치지 않게 색칠하려고 할 때, 필요한 색은 적어도 몇 가지입니까?

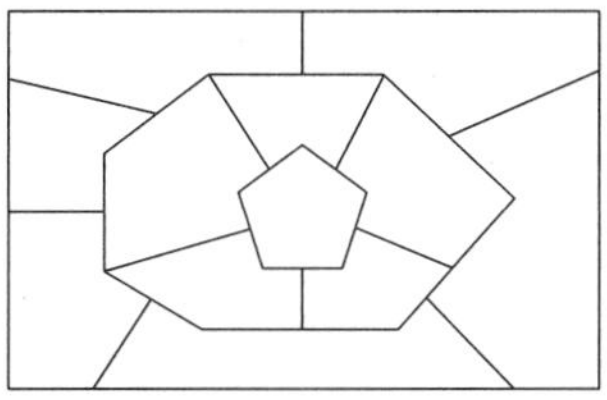

(　　　　　　　　　　　　)

정보처리

8 어느 회사의 작년과 올해 국내와 국외 판매량을 조사하여 나타낸 그래프입니다. 작년과 올해의 판매량 비가 4 : 5이고 작년과 올해의 판매량을 하나의 원그래프에 나타낼 때, 국내 판매량의 중심각은 몇 도입니까?

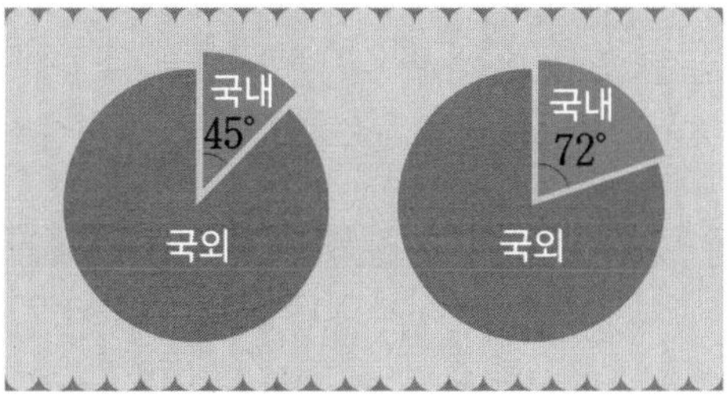

(　　　　　　　　　　　　)

V 확률과 통계 영역

특강 영재원 · 창의융합 문제

프로이센의 쾨니히스베르크(königsberg)라는 곳에는 7개의 다리로 육지와 두 섬을 연결하는 산책로가 있었습니다. 시민들은 이 7개의 다리를 한 번씩만 건너서 돌아올 수 있을지 궁금하였습니다. 과연 다리를 모두 한 번씩만 건너서 돌아올 수 있을까요?

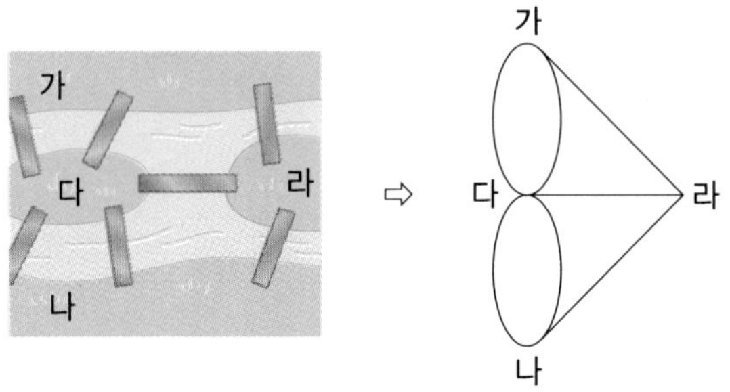

각 점에서의 선의 수를 세어 보면 가, 나, 다, 라, 모두 홀수개입니다.
한 번에 모든 변을 그리는 한붓그리기가 가능하려면 꼭짓점이 모두 짝수점이거나 2개의 꼭짓점만 홀수점이어야 합니다. 따라서 한 번에 모두 건널 수 없습니다.

❖ 다음을 보고 물음에 답하시오. (9~10)

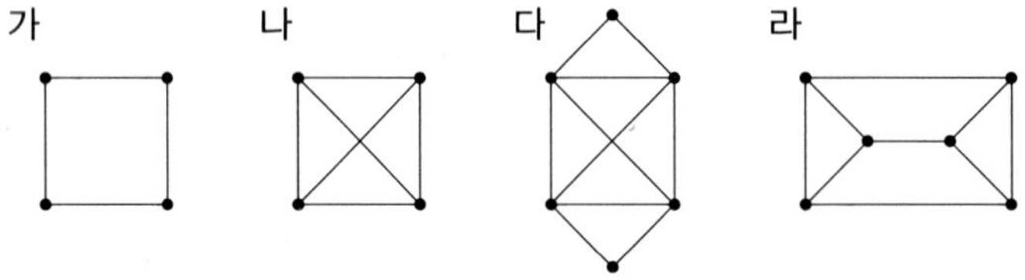

9 홀수점은 변의 수가 홀수 개이고 짝수점은 변의 수가 짝수 개일 때 각각의 홀수점과 짝수점의 수를 세어 보시오.

	가	나	다	라
홀수점	0개			
짝수점	4개			

10 가, 나, 다, 라 중 한붓그리기를 할 수 있는 것을 모두 찾아 기호를 쓰시오.

( )

VI

규칙성 영역

| 주제 구성 |

STEP 1 경시 기출 유형 문제

[주제 학습 18] 수에서 규칙 찾기

가로, 세로, 9칸짜리 사각형 안에 1부터 9까지의 숫자를 한 번씩만 써넣으려고 합니다. ㉠+㉡+㉢의 값을 구하시오.

2	7	4	1	9	6	8	3	㉡
5	8	9	4	2	㉢	1	6	7
	1	㉠	7	5	8	9	2	4
1	2	5	6		9	4	7	8
6		8	2	1	7	3	5	9
7	9	3	5		4	2		
8	3	1	9	6	5		4	2
9	5	7	3	4	2		8	1
4			8		1		9	3

(　　　　　　　　　　)

문제 해결 전략

① ㉡의 값 구하기
첫 번째 가로 줄에 없는 숫자는 5이므로 ㉡에 들어갈 숫자는 5입니다.

② ㉢의 값 구하기
두 번째 가로 줄에 없는 숫자는 3이므로 ㉢에 들어갈 숫자는 3입니다.

③ ㉠의 값 구하기
세 번째 가로 줄에 없는 숫자는 3과 6인데 세 번째 세로줄에 3이 있으므로 ㉠에 들어갈 숫자는 6입니다.

④ ㉠+㉡+㉢의 값 구하기
따라서 ㉠+㉡+㉢=6+5+3=14입니다.

선생님, 질문 있어요!

Q. 가로, 세로, 9칸짜리 사각형 문제를 어떻게 해결하면 될까요?

A. 가로, 세로, 9칸짜리 사각형 안에 1부터 9까지 빠진 수를 찾아서 채워 넣고 빈칸이 2개 이상인 경우에는 가로와 세로, 가로와 9칸 등 두 가지 이상의 조건을 고려해서 빠진 것을 채워 넣습니다.

이 문제는 18세기의 수학자 오일러가 고안한 '마방진 게임'에서 유래되어 일본에서 '스도쿠'라는 이름으로 크게 유행하게 되었다고 해요.

따라 풀기 1

다음과 같이 규칙에 따라 짝수를 삼각형 모양으로 나열하려고 합니다. ㉠줄의 왼쪽에서 ㉡번째 수를 (㉠, ㉡)으로 나타낼 때 (12, 3)이 나타내는 수를 구하시오. (예를 들어 (3, 2)는 10입니다.)

2
4　6
8　10　12
14　16　18　20
⋮

(　　　　　　　　　　)

[확인 문제]

1-1 규칙을 찾아 ㉮에 들어갈 수를 구하시오.

1	2	3	4	5	6	7	……	32
1	1	1	2	2	2	3		㉮

( )

2-1 1부터 4까지의 수를 가로, 세로에 한 번씩만 써넣었을 때 (㉮+㉯)÷㉰의 값은 얼마입니까?

1	2		4
	1	㉯	㉰
3	㉮	1	2
		4	

( )

3-1 가로, 세로, 4칸짜리 사각형 안의 수들은 합이 같습니다. ㉯와 ㉱에 알맞은 수를 각각 구하시오.

16	㉮	2	13
㉯	㉰	11	8
㉱	6	㉲	㉳
㉴	15	14	1

㉯ ( ), ㉱ ( )

[한 번 더 확인]

1-2 다음과 같이 수가 나열되어 있을 때 규칙을 찾아 □ 안에 알맞은 수를 써넣으시오.

10
1 9 1
1 2 8 2 1
1 2 3 7 3 2 1
1 □ 3 4 6 4 3 2 1

2-2 가로, 세로, 6칸짜리 사각형 안에는 1부터 6까지의 수가 한 번씩 들어갑니다. 빈칸에 알맞은 수를 써넣으시오.

5		1	2		6
	2		5	3	1
2		5	3		4
3		6	1		5
	6			5	
		3	6		

3-2 숫자판을 모양이 같은 4조각으로 자르려고 합니다. 4조각 안의 수의 합은 모두 같다고 할 때 조각 안의 4개의 수의 곱이 가장 큰 것은 얼마입니까?

1	3	1	3
1	4	4	0
2	5	2	2
1	2	2	3

( )

[주제 학습 19] 그림에서 규칙 찾기

흰 바둑돌과 검은 바둑돌을 오른쪽 그림과 같이 놓을 때, 49번째 줄에 있는 흰 바둑돌은 모두 몇 개입니까?

(   )

선생님, 질문 있어요!

Q. 짝수 번째 줄의 흰 바둑돌의 수는 어떻게 구하면 되나요?

A. 짝수 번째 줄의 흰 바둑돌의 수는 0, 2, 4, 6…… 개이므로 2×(□번째 줄)−2(개)입니다.

문제 해결 전략

① 흰 바둑돌의 수 나열하기
첫 번째 줄부터 흰 바둑돌의 수를 나열해 보면 1, 0, 2, 2, 2, 4, 2……입니다.

② 흰 바둑돌의 수의 규칙 찾기
흰 바둑돌을 홀수 번째와 짝수 번째 줄로 나누어 생각해 봅니다.
홀수 번째: 1, 2, 2, 2……
짝수 번째: 0, 2, 4……

③ 49번째 줄에 있는 흰 바둑돌의 수 구하기
따라서 홀수 번째 줄은 첫 번째 줄을 제외하고 계속 2개이므로 49번째 줄도 흰 바둑돌은 2개가 됩니다.

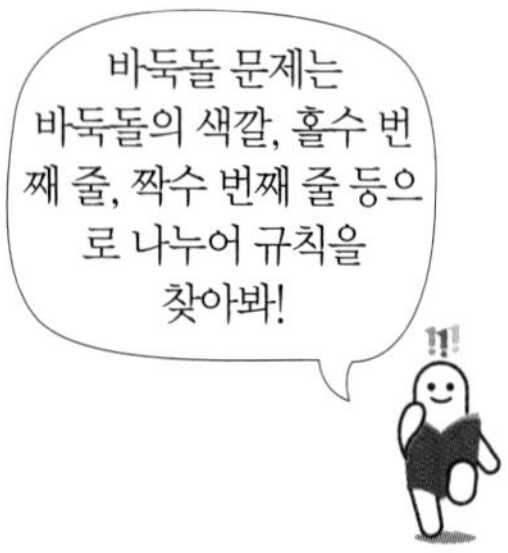

바둑돌 문제는 바둑돌의 색깔, 홀수 번째 줄, 짝수 번째 줄 등으로 나누어 규칙을 찾아봐!

따라 풀기 1 일정한 규칙에 따라 바둑돌을 계속 놓았습니다. 50번째 바둑돌의 색을 구하시오.

(   )

따라 풀기 2 다음은 정사각형에 대각선을 그은 모양을 규칙에 따라 이어 붙인 것입니다. 10번째 모양에서 찾을 수 있는 크고 작은 마름모는 모두 몇 개입니까?

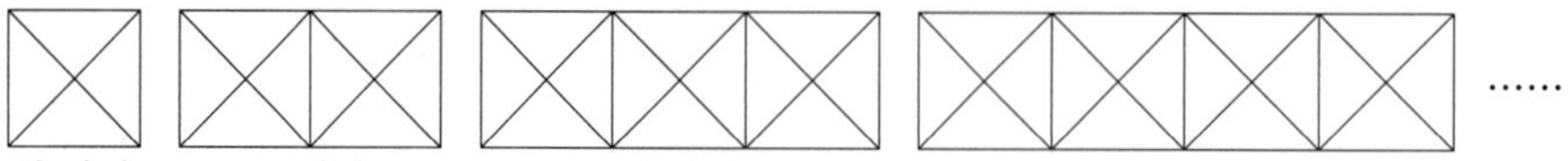

첫 번째   두 번째   세 번째   네 번째

(   )

[확인 문제]

1-1 다음과 같이 바둑돌을 오각형 모양으로 늘어놓았습니다. 오각형의 한 변에 바둑돌이 9개씩 놓일 때까지 늘어놓았다면 사용된 바둑돌은 모두 몇 개입니까?

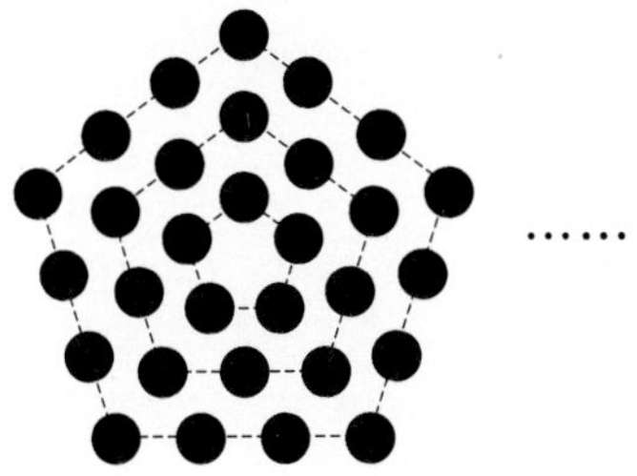

( )

2-1 승요와 하영이는 바둑돌을 서로 번갈아 가며 상대가 낸 바둑돌에 2개를 더한 개수만큼을 아래 줄에 놓았습니다. 승요가 처음에 바둑돌을 1개 놓았고 하영이가 마지막에 31개를 놓았다면 두 사람이 놓은 바둑돌은 모두 몇 개입니까?

( )

3-1 그림과 같이 정사각형 모양을 계속 만들 때 정사각형을 이루는 점의 수 1, 4, 9…… 등을 사각수라고 합니다. 17번째 사각수는 얼마입니까?

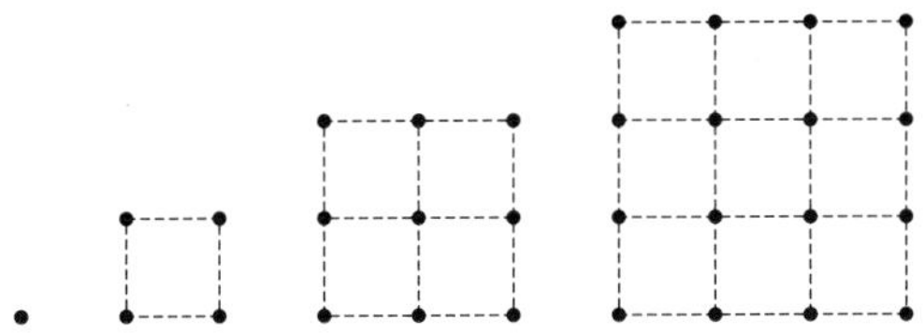

( )

[한 번 더 확인]

1-2 다음과 같은 규칙에 따라 바둑돌을 늘어놓고 있습니다. 20번째 바둑돌의 개수를 구하시오.

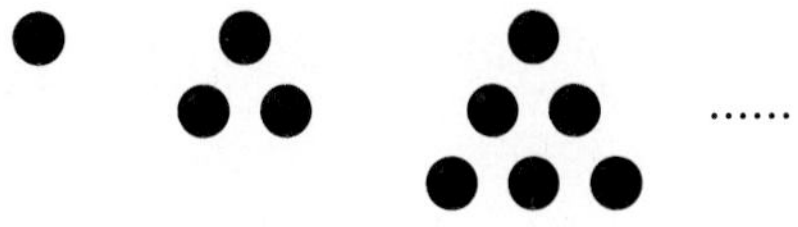

( )

2-2 다음과 같은 규칙에 따라 색을 칠하였습니다. 여섯 번째 그림에는 어느 칸에 색을 칠해야 합니까?

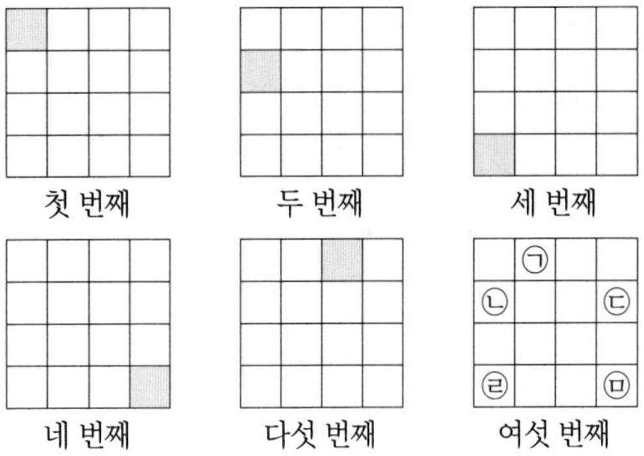

( )

3-2 그림과 같이 정삼각형 모양을 만들 때 정삼각형을 이루는 점의 수 1, 3, 6, 10……을 삼각수라고 합니다. 10번째 삼각수는 얼마입니까?

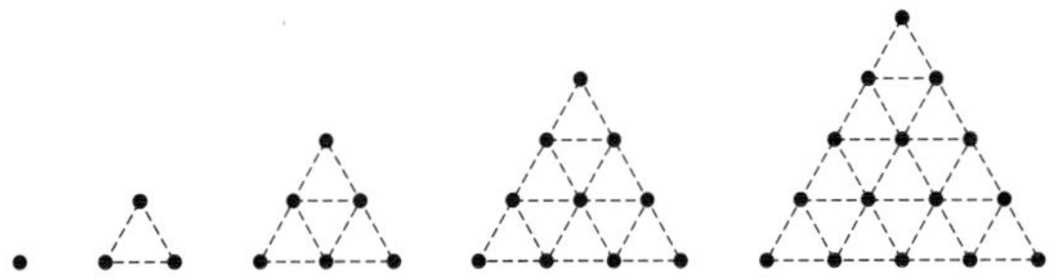

( )

[주제 학습 20] 여러 가지 규칙 문제 해결

어느 해의 5월에는 일요일이 5번 있습니다. 5번의 일요일 중 3번이 짝수 일이라면 5월의 마지막 금요일은 며칠입니까?

( )

문제 해결 전략

① 일요일이 될 수 있는 날짜 알아보기

5월은 31일까지 있는 달입니다. 일요일이 5번이므로 일요일이 될 수 있는 날짜는 (1일, 8일, 15일, 22일, 29일) 또는 (2일, 9일, 16일, 23일, 30일) 또는 (3일, 10일, 17일, 24일, 31일)입니다.

② 마지막 금요일의 날짜 구하기

3번이 짝수일인 날짜는 2일, 9일, 16일, 23일, 30일인 경우밖에 없습니다.

따라서 5월의 마지막 금요일은 일요일인 30일에서 2일 전인 28일입니다.

선생님, 질문 있어요!

Q. 달력 문제에서 달력을 직접 그려서 풀면 안 되나요?

A. 달력을 실제로 그려서 문제를 해결 할 수도 있지만, 한 달이 며칠인지 알고 조건에 따라 요일을 구하는 것이 더 빠를 수도 있습니다.

참고

7일마다 같은 요일이 반복됩니다.

따라 풀기 1

2016년은 2월이 29일까지 있는 해입니다. 2016년 2월에 월요일이 5번이었다면 그 해 3월 1일은 무슨 요일이었는지 구하시오.

( )

따라 풀기 2

32명이 2명씩 토너먼트 방식으로 씨름을 하려고 합니다. 마지막 1명이 나올 때까지 경기를 하고 마지막 한 명은 작년 우승자와 경기를 해서 최종 우승자를 가린다고 할 때, 씨름을 모두 몇 번하게 됩니까?

( )

[확인 문제]

1-1 이번 주 목요일과 금요일의 날짜를 더하면 다음 주 월요일의 날짜가 됩니다. 이달의 둘째 주 월요일과 셋째 주 화요일의 날짜를 더하면 며칠입니까?

( )

2-1 현재 선생님의 나이는 민영이의 나이의 3배입니다. 12년 후 선생님의 나이는 민영이의 나이의 2배가 됩니다. 현재 선생님의 나이는 몇 세입니까?

( )

3-1 승호, 성재, 상민, 재영이는 서로 한 번씩 체스 경기를 하였습니다. 체스 경기의 결과가 다음과 같을 때 재영이는 몇 승 몇 패입니까?

승호: 1승 2패
성재: 3승 0패
상민: 3패

( )

[한 번 더 확인]

1-2 재민이는 매달 부모님께 3일, 9일, 11일, 14일, 22일, 26일에 용돈을 받습니다. 5월에 용돈을 받은 요일 중 금요일이 없다면 이 달 화요일에 용돈을 받은 날짜는 며칠입니까?

( )

2-2 성재는 12세이고, 형은 성재보다 2세 더 많습니다. 아버지와 어머니의 나이의 합은 성재 나이의 8배보다 많고 형 나이의 7배보다 적습니다. 아버지가 어머니보다 3세 더 많다고 할 때, 아버지의 나이는 몇 세입니까?

( )

3-2 재민이네 모둠원 10명이 서로 빠짐없이 동전으로 앞뒤를 맞히는 게임을 하였습니다. 그중 7명이 6승 3패로 공동 1등을 하였고, 나머지 3명은 공동 2등을 하였습니다. 공동 2등을 한 학생들은 몇 승 몇 패입니까?

(단, 무승부는 없습니다.)

( )

STEP 2 실전 경시 문제

수에서 규칙 찾기

1

사각형 안의 숫자와 알파벳은 일정한 규칙에 따라 적혀 있습니다. ㉮에 들어갈 알파벳은 무엇입니까?

1	6	7
B	E	㉮
3	4	9

(　　　　　　　　　　)

전략 알파벳 순서에 따른 규칙을 알아봅시다.

2

가로, 세로, 4칸짜리 사각형 안에 1부터 4까지의 수를 한 번씩만 들어가게 하려고 합니다. ㉠, ㉡, ㉢ 중 가장 작은 수를 찾아 기호를 쓰시오.

	㉠	3	㉡
1			
㉢			4
	2		

(　　　　　　　　　　)

전략 ㉠을 포함한 가로, 세로, 4칸짜리 사각형 안의 수를 보고 ㉠을 구한 후 ㉡과 ㉢을 차례로 구합니다.

3 | 창의 · 융합 |

단원 김홍도의 '씨름도'를 보면 씨름을 하고 있는 가운데 두 사람을 중심으로 대각선 위에 있는 인물의 수의 합은 8+2+2=5+2+5=12로 같습니다. 이와 같이 가로, 세로, 대각선의 방향의 수를 더하면 같은 값이 나오는 것을 마방진이라고 합니다.

8		5
	2	
5		2

다음 마방진에서 가로, 세로, 대각선의 곱이 모두 같다고 할 때, ㉠의 값을 구하시오.

10		
	5	㉠
$1\frac{2}{3}$		$2\frac{1}{2}$

(　　　　　　　　　　)

전략 가로, 세로, 대각선의 곱이 같으므로 곱을 먼저 구한 후 ㉠을 구합니다.

4

| 고대 경시 기출 유형 |

• 조건 •을 모두 만족하도록 빈칸에 0부터 9까지의 수를 한 번씩만 써넣으려고 합니다. ㉮와 ㉯에 들어갈 수의 합을 구하시오.

• 조건 •
- ㉠ 9와 7 사이의 수의 합은 3입니다.
- ㉡ 7과 4 사이에는 수가 3개 있습니다.
- ㉢ 2와 6 사이에는 순서대로 1, 7이 있습니다.
- ㉣ 6 옆에는 3이 있습니다.
- ㉤ ㉮ 바로 앞의 수는 ㉮로 나누어떨어집니다.

0	9			7				㉮	㉯

( )

전략 • 조건 •을 만족하는 수를 빈칸에 차례로 써넣어 ㉮와 ㉯의 값을 구합니다.

5

그림과 같이 가운데 1을 쓰고 시계 방향으로 수를 차례로 나열했습니다. 이와 같은 규칙으로 계속 수를 나열할 때 1에서 위로 4칸 간 후 오른쪽으로 4칸 간 곳에 써 있는 수를 구하시오.

	21	22	23	24	25	……
	20	7	8	9	10	
	19	6	1	2	11	
	18	5	4	3	12	
	17	16	15	14	13	

( )

전략 1을 기준으로 오른쪽 위의 대각선 방향으로 나열된 수의 규칙을 찾아봅니다.

6

다음 표에서 같은 모양은 각각 같은 수를 나타냅니다. 사각형 밖의 수들은 각 줄의 합을 나타낼 때 ★에 알맞은 수를 구하시오.

◎	▲	▲	◎	12
□	□	◎	▲	★
◎	◎	▲	□	
◎	□	□	◎	
		17	15	

( )

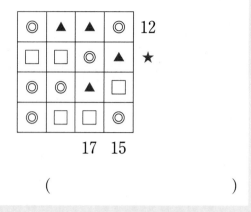

전략 구할 수 있는 모양의 수부터 차례로 구합니다.

7

색칠한 수를 작은 수부터 나열했을 때 28번째 수는 얼마입니까?

1	6	11	16	21	26	31	36	41	46	51	56	61	…
2	7	12	17	22	27	32	37	42	47	52	57	62	…
3	8	13	18	23	28	33	38	43	48	53	58	63	…
4	9	14	19	24	29	34	39	44	49	54	59	64	…
5	10	15	20	25	30	35	40	45	50	55	60	65	…

( )

전략 색칠한 수를 4개씩 묶어서 규칙을 찾아봅니다.

VI 규칙성 영역

그림에서 규칙 찾기

8

다음과 같은 규칙으로 바둑돌을 놓을 때 15번째 모양에서 검은색 바둑돌은 모두 몇 개입니까?

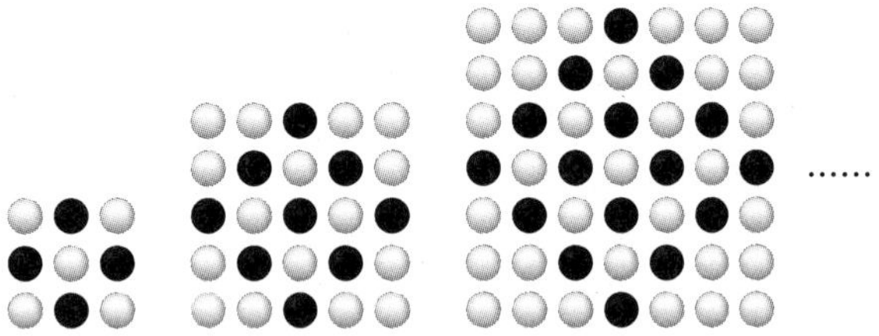

1번째 2번째 3번째

( )

전략 첫 번째부터 세 번째까지 검은색 바둑돌의 수는 1+2+1, 1+2+3+2+1, 1+2+3+4+3+2+1로 나타낼 수 있습니다.

9

| 고대 경시 기출 유형 |

바둑돌이 다음과 같은 규칙으로 각 줄에 100개씩 두 줄이 있습니다. ●● / ●● 모양이 나오는 횟수는 모두 몇 번입니까?

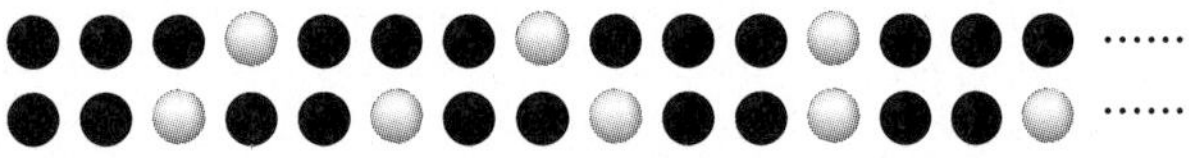

( )

전략 바둑돌을 놓을 때 첫 번째 줄과 두 번째 줄의 규칙을 각각 찾아봅니다.

10

점판에 넓이가 4인 마름모는 모두 몇 개 그릴 수 있습니까? (단, 점 사이의 간격은 1이고, 뒤집거나 돌렸을 때 같은 모양은 한 개로 생각합니다.)

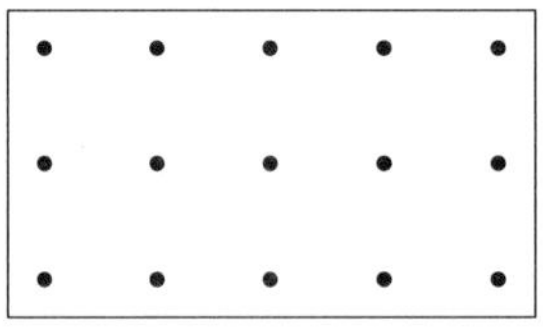

( )

전략 넓이가 4인 마름모를 그려 보고 이 중에 뒤집거나 돌렸을 때 같은 모양을 제외하고 세어 봅니다.

11

| 고대 경시 기출 유형 |

보기 는 점 사이의 간격이 1 cm인 점이 16개 있는 점판에 수직과 평행을 모두 찾을 수 있는 사각형 중 넓이가 2 cm^2인 사각형입니다. 넓이가 3 cm^2이고 수직과 평행을 모두 찾을 수 있는 사각형은 몇 개입니까? (단, 뒤집거나 돌렸을 때 같은 모양은 한 개로 생각합니다.)

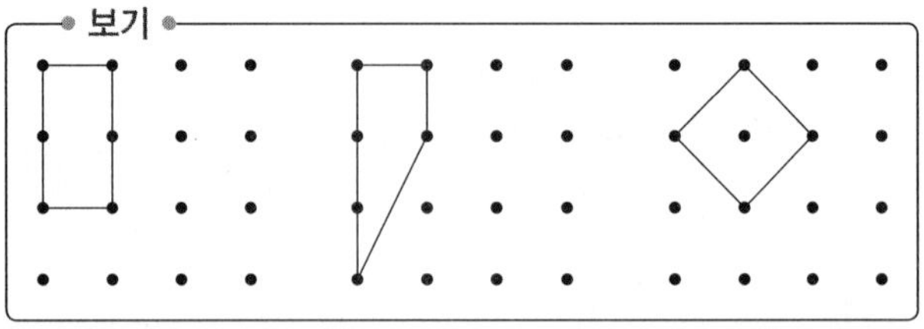

( )

전략 보기와 같이 도형을 직접 그려서 알아봅니다.

12

한 칸의 눈금이 1 cm인 모눈종이에 그림과 같이 나선형으로 선을 긋고 번호를 붙일 때 ㉛번 선의 길이는 몇 cm입니까?

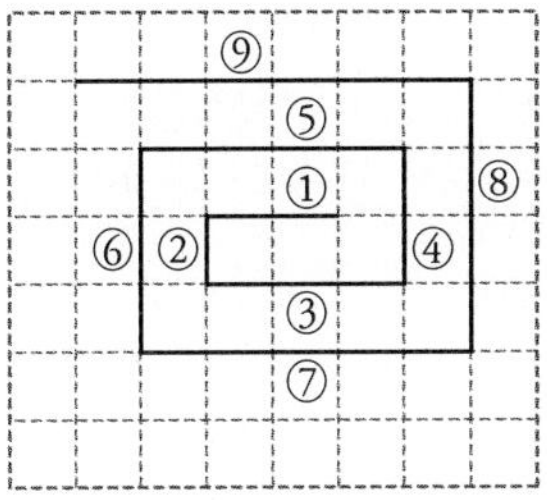

( )

전략 홀수 번호와 짝수 번호로 나누어 길이가 늘어나는 규칙을 찾아봅니다.

13

정훈이는 다음과 같은 규칙으로 가지고 있는 100원짜리 동전과 500원짜리 동전을 번갈아 가며 모두 쌓았습니다. 동전을 20개까지 쌓은 다음 10개보다 높이 쌓여 있는 동전을 동생에게 모두 주었을 때 정훈이에게 남은 동전은 얼마입니까?

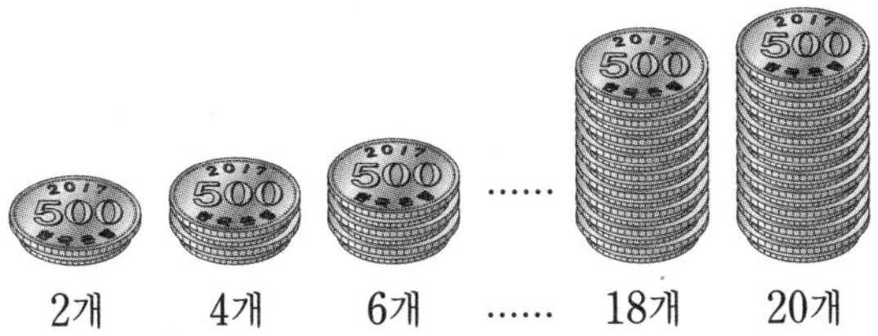

( )

전략 10개 이하의 동전은 모두 정훈이가 가지게 됩니다.

14

길이가 1 m인 막대를 차례대로 2등분, 3등분, 4등분……하고 점선으로 나타내었습니다. 서로 겹치는 곳은 굵은 선으로 나타내었을 때 10등분한 막대의 굵은 선은 모두 몇 군데입니까?

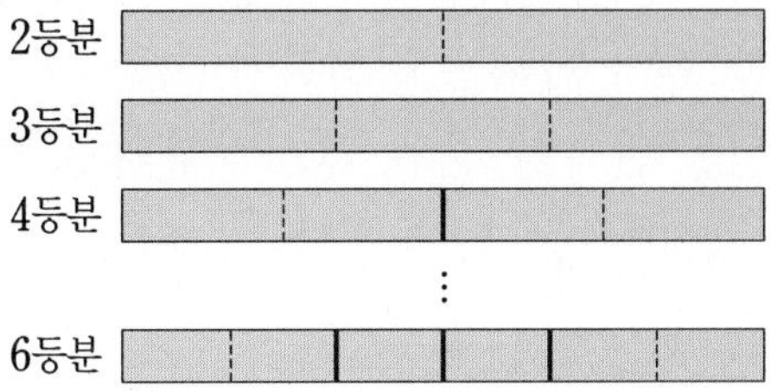

( )

전략 1 m를 10등분하는 것을 분수로 나타낸 후 약분이 되는 분수를 구합니다.

15

| 창의 · 융합 |

여러 가지 색상의 돌·유리조각 등을 사용하여 석회·시멘트 등으로 접착시켜 무늬나 그림을 표현하는 기법을 모자이크(mosaic)라고 합니다. 세로가 가로의 $\frac{1}{2}$인 직사각형 모양의 타일을 겹치지 않게 큰 정사각형에 모자이크 형식으로 붙여서 만들었더니 300장이 남았습니다. 세로로 6줄, 가로로 3줄을 늘려서 더 큰 정사각형을 만들었더니 246장이 부족했다면 가지고 있는 타일은 몇 장입니까?

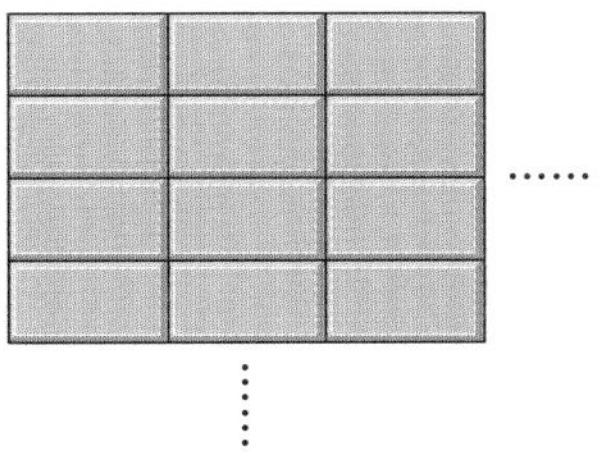

( )

전략 정사각형을 만들기 위해서 세로 줄은 가로 줄의 2배만큼의 타일이 필요합니다.

16

| 성대 경시 기출 유형 |

한 변의 길이가 1인 정사각형 ㉮에 그림과 같이 ㉮의 아래에 정사각형 ①을 그리고 그 오른쪽에 한 변이 접하는 정사각형 ②를 그립니다. 이 과정을 반복할 경우, 정사각형의 넓이가 처음으로 100보다 커지는 때는 몇 번 정사각형입니까?

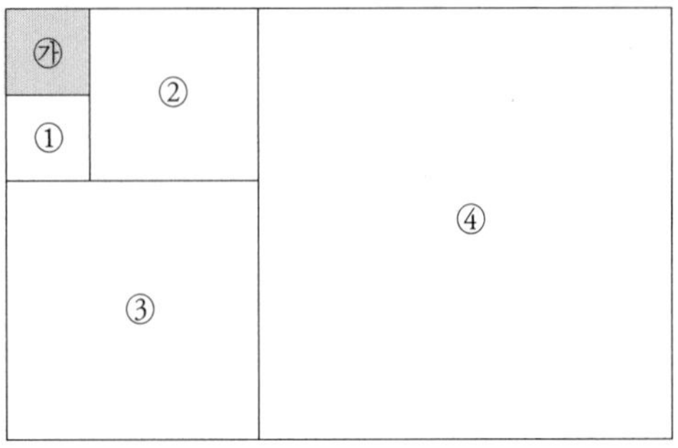

(　　　　　　　　　　)

전략 작은 정사각형부터 넓이를 차례로 표로 나타내어 규칙을 찾아봅니다.

17

한 변의 길이가 1 cm인 정사각형 조각을 겹치지 않게 이어 붙여 가장 큰 정사각형을 만들면 4장이 남고, 그 정사각형보다 한 변의 길이가 1 cm 더 긴 정사각형을 만들면 5장이 부족합니다. 한 변의 길이가 1 cm인 정사각형 조각을 몇 장 가지고 있습니까?

(　　　　　　　　　　)

전략 정사각형의 한 변의 길이가 2배가 되면 넓이는 4배, 3배가 되면 넓이는 9배가 됩니다.

18

그림과 같이 길이가 3 cm인 성냥개비를 사용하여 가로 6 cm, 세로 3 cm, 높이 3 cm인 직육면체를 만들 수 있습니다. 이와 같은 방법으로 가로 15 cm, 세로 12 cm, 높이 9 cm인 직육면체를 만들려면 성냥개비는 모두 몇 개 필요합니까?

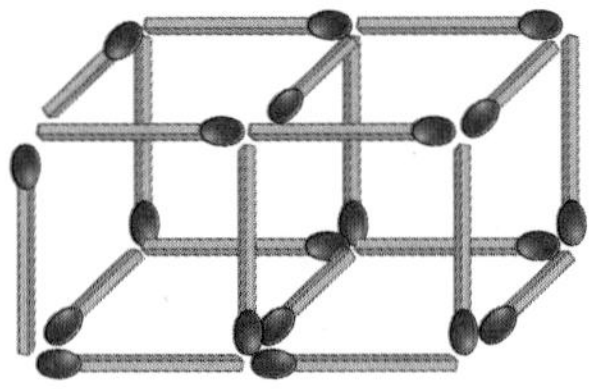

(　　　　　　　　　　)

전략 가로, 세로, 높이에 필요한 성냥개비의 수를 각각 구해 봅니다.

19

| 고대 경시 기출 유형 |

다음은 규칙에 따라 정사각형을 그린 것입니다. 첫 번째 그림의 색칠한 부분의 넓이가 2일 때 10번째 도형의 전체 넓이는 얼마입니까?

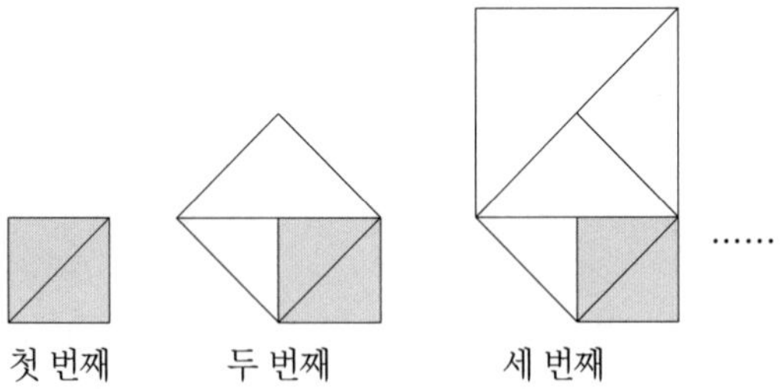

(　　　　　　　　　　)

전략 각 도형에 색칠한 부분의 $\frac{1}{2}$인 삼각형과 같은 도형이 몇 개 있는지 알아봅니다.

달력, 날짜에서 규칙 찾기

20

달력의 날짜에서 홀수의 합과 짝수의 합의 차가 가장 작은 달은 몇 월이고 그 차는 며칠입니까? (단, 그해는 평년이고 날수는 365일입니다.)

( ), ( )

전략 홀수의 합과 짝수의 합의 차가 작으려면 날수가 작아야 합니다.

21

어느 달의 금요일의 날짜를 모두 더하니 80이었습니다. 이 달의 13일은 무슨 요일입니까?

( )

전략 금요일이 몇 번있는지 예상하여 가능한 날짜를 찾아봅니다.

22

2017년 9월 15일은 금요일입니다. 2017년 달력 중 9월을 제외하고 15일이 금요일인 달을 쓰시오. (단, 2월은 28일까지 있습니다.)

( )

전략 같은 요일은 7일마다 되풀이되므로 9월을 기준으로 7로 나눈 나머지의 합이 7의 배수가 되는 경우를 찾습니다.

23

수학 문제집을 하루에 3쪽씩 3쪽 간격으로 풉니다. 예를 들어 1일째는 (1쪽, 4쪽, 7쪽), 2일째는 (10쪽, 13쪽, 16쪽)을 풉니다. 3쪽을 더할 수 없을 때에는 다시 앞으로 돌아가 (2쪽, 5쪽, 8쪽)……을 풉니다. 문제집 전체 쪽수가 90쪽일 때 24일째 푼 쪽수를 모두 구하시오.

( )

전략 하루에 3쪽씩 풀면 10일이면 30쪽, 20일이면 60쪽을 풀 수 있습니다.

24 | 창의・융합 |

회문(palindrome)이란 토마토, 기러기 등과 같이 문자를 거꾸로 나열해도 원래의 문자와 같은 것을 말합니다. 수에서도 회문과 마찬가지로 앞으로 읽거나 뒤로 읽어도 같은 수를 대칭수 혹은 거울수라고 합니다. 예를 들어 101은 앞에서 읽어도, 뒤에서 읽어도 101이므로 대칭수입니다. 1월 1일을 0101로 나타낼 때 1월 1일부터 12월 31일까지 대칭수인 날짜는 모두 며칠입니까?

R	O	T	A	S
O	P	E	R	A
T	E	N	E	T
A	R	E	P	O
S	A	T	O	R

( )

전략 대칭수가 있는 달은 그달의 수가 날짜에 있는 달입니다.

나이에서 규칙 찾기

25

아버지와 아들의 대화를 보고 아버지의 나이를 구하시오.

> 아버지: 내 나이는 네 나이를 3배한 것보다 4살이 적지.
> 아들: 제 나이는 아버지 나이의 절반보다 7살이 적어요.

( )

전략 아들의 나이를 □세, 아버지의 나이를 △세라고 하여 2가지 식을 세워 구합니다.

26

올해 형의 나이는 삼촌의 7년 후 나이의 $\frac{1}{2}$입니다. 14년 후 형의 나이는 올해 삼촌의 나이의 $\frac{6}{7}$이 됩니다. 올해 형과 삼촌의 나이를 차례로 구하시오.

( )

전략 형의 나이를 △세, 삼촌의 나이를 □세라고 하여 2가지 식을 세워 구합니다.

27 | 창의・융합 |

다음 묘비를 보고 이 사람이 사망했을 때의 나이를 구하시오.(단, *베를린 장벽은 1989년에 무너졌습니다.)

나는 베를린
장벽이 무너지는
것을 보았고
내가 태어난 해의
$\frac{1}{41}$살에
세상을 떴다.

( )

전략 1900년대에서 41의 배수를 찾아봅니다.

*베를린 장벽: 2차 세계 대전 말, 독일의 베를린은 종전 후 미국, 영국, 프랑스, 소련이 나누어 관리하였는데 이때 동베를린과 서베를린으로 나눈 것이 베를린 장벽입니다. 냉전의 상징인 이 장벽은 1989년 11월 9일에 무너졌습니다.

28

올해 아버지와 수영이의 나이의 합은 62살이고 동생은 수영이보다 4살 적습니다. 5년 전에는 수영이와 동생 나이의 합의 2배가 아버지 나이보다 10살 적었습니다. 올해 수영이는 몇 살입니까?

( )

전략 5년 전에도 동생과 수영이의 나이 차는 4살입니다.

경기에서 규칙 찾기

29

승엽이네 학교에서 골든벨 퀴즈 대회를 했습니다. 30문제 가운데 1문제를 맞히면 8점을 얻고, 틀리면 5점이 감점됩니다. 기본 점수 10점에서 30문제를 모두 풀고 나니 3점이 되었습니다. 틀린 문제는 몇 개입니까?

( )

전략 맞히면 8점을 얻고 틀리면 5점이 감점되므로 1개 틀릴 때마다 13점의 차이가 납니다.

30

두준이와 요섭이가 다음과 같은 • 규칙 •에 따라 계단을 오르내리는 게임을 하였습니다. 두준이는 처음보다 14칸 올라왔고 요섭이는 처음보다 2칸 내려왔습니다. 두준이는 몇 번 이겼습니까? (단, 두 사람은 같은 계단에서 시작하였습니다.)

• 규칙 •

가. 가위바위보를 이긴 사람은 3칸을 올라가고 진 사람은 1칸을 내려갑니다. 비기면 제자리에 있습니다.

나. 12판을 해서 승부를 냅니다.

( )

전략 가위바위보로 승부가 날 경우 올라가고 내려가는 계단의 합은 2칸입니다.

31

5팀이 리그전으로 야구 경기를 하였습니다. 승리한 팀에게는 4점, 무승부에는 두 팀에게 모두 2점씩, 패한 팀에게는 0점을 각각 주었더니 같은 점수를 받은 팀이 없었습니다. 1위 팀은 무승부가 없고, 2위 팀은 진 경우가 없습니다. 4위 팀은 몇 점을 받았습니까?

( )

전략 1위 팀이 얻은 점수부터 알아봅니다.

32

운동회에서 6개 반이 리그전으로 피구 경기를 하여 5위와 6위 반이 패자 부활전을 하기로 하였습니다. 4개 반의 성적이 5승, 4승 1패, 2승 3패, 2무 3패일 때 패자 부활전을 하게 되는 두 반의 성적을 각각 구하시오.

( )

전략 무승부가 있으므로
(전체 경기 수)=(전체 승의 수)+(무승부의 수)÷2입니다.

STEP 3 코딩 유형 문제

*규칙성 영역에서의 코딩

규칙성 영역에서의 코딩 문제는 선택정렬에 따라 데이터를 교환하는 방법을 알아봅니다. 선택정렬(selection sort)은 데이터 중에 가장 작은 데이터를 찾아 그것을 가장 앞의 데이터부터 시작해서 교환하는 과정입니다. 이런 선택정렬은 데이터를 정렬하는데 가장 기본적인 방법입니다. 선택정렬은 이웃한 데이터가 아닌 작은 데이터와 큰 데이터를 교환한다는 것에서 버블정렬과 차이점을 가집니다. 선택정렬을 계속 하다보면 가장 작은 수부터 가장 큰 수까지*오름차순으로 정렬됨을 알 수 있습니다.

*오름차순
데이터를 정렬할 때 작은 것부터 큰 것의 차례로 정렬하는 것을 말합니다.

1 다음은 선택정렬에 대한 예시를 보고 정렬되지 않은 데이터 (3, 7, 5, 2)는 선택정렬을 사용해 몇 번 만에 데이터가 정렬되는지 구하시오.

예시

정렬되지 않은 데이터 (9, 3, 5)

① 가장 작은 데이터인 3을 가장 앞의 데이터 9와 위치를 교환합니다.

3	9	5

② 첫 번째 데이터인 3을 제외한 나머지 데이터 중에서 가장 작은 데이터인 5를 두 번째 데이터인 9와 위치를 교환합니다.

3	5	9

따라서 정렬되지 않은 데이터 (9, 3, 5)가 2번 만에 선택정렬에 의해 정렬되었습니다.

( )

▶ 가장 작은 데이터를 선택해서 가장 앞에 데이터와 교환합니다.

2 다음은 정렬되지 않은 데이터 ㉮, ㉯, ㉰입니다. 선택정렬로 정렬했을 경우 정렬의 횟수가 가장 적은 것의 기호를 쓰시오.

㉮ (2, 4, 6, 1)
㉯ (5, 4, 8, 7)
㉰ (4, 6, 8, 1)

( )

▶ ㉮, ㉯, ㉰를 차례로 선택정렬을 시행해 봅니다.

3 정렬되지 않은 데이터 (6, □, 4, 3, 1)이 2번 만에 정렬되었습니다. 다음 중 □ 안에 들어갈 수 있는 수를 모두 고르시오.…(　　　　　)

① 7　　② 8　　③ 2
④ 5　　⑤ 9

▶ 주어진 보기 ①~⑤에 0이 없으므로 □와 관계없이 1과 6의 위치가 가장 먼저 정렬이 되어야 합니다.

4 다음의 ▲에는 짝수 2, 4, 6, 8……, ■에는 홀수 1, 3, 5, 7……을 차례대로 넣습니다. 이때 다음 식을 처음으로 만족하는 ▲는 무엇입니까?

▲+■>250

(　　　　　)

▶ ▲+■=3, 7, 11, 15……
▲+■가 200보다 클 때의 ▲를 구합니다.

VI 규칙성 영역

STEP 4 | 도전! 최상위 문제

문제 해결

1 다음 수의 배열에서 빨간색으로 되어 있는 수는 2, 8, 18, 32……일 때 위에서 30번째 줄의 빨간색 수는 얼마입니까?

1
2 3
6 5 4
7 **8** 9 10
15 14 13 12 11
16 17 **18** 19 20 21
28 27 26 25 24 23 22
29 30 31 **32** 33 34 35 36
⋮

(　　　　　　　　　　)

창의 · 사고

2 퍼즐 판의 색칠한 곳은 빈 공간이고 이 공간을 사용해서 나머지 퍼즐 판을 손으로 밀어서 움직일 수 있습니다. 퍼즐 판을 한 칸 움직이는 것을 1회라 할 때 가로와 세로의 수의 합이 각각 12가 되게 하려면 적어도 몇 번을 움직여야 합니까?

(단, 빈 공간의 값은 0으로 계산합니다.)

1		6
3	2	5
8	4	7

(　　　　　　　　　　)

문제 해결

3 선분 ㄱㄴ의 길이는 100 cm입니다. 선분 ㄴㄷ의 길이는 선분 ㄱㄴ의 50 %이고 선분 ㄷㄹ의 길이는 선분 ㄴㄷ의 50 %입니다. 이와 같은 규칙으로 계속 선분을 그릴 때, 모든 선분의 길이의 합은 몇 cm입니까?

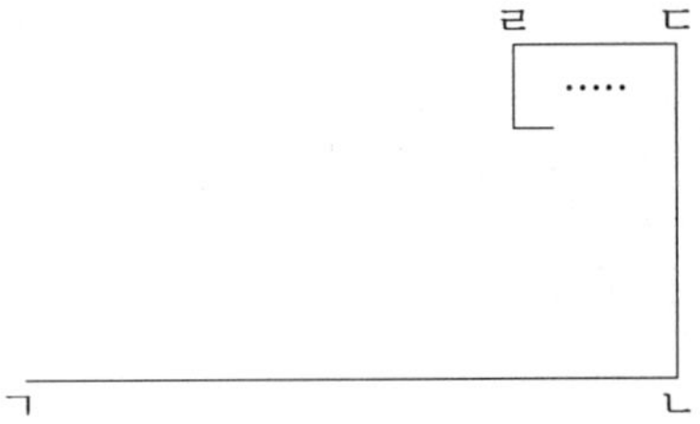

(　　　　　　　　　　)

창의·융합

4 21세기에 일어난 큰 사건 중 하나는 바로 2001년에 일어난 테러입니다. 2001년 어느 날 오전 9시부터 오후 5시 20분 사이에 납치된 항공기를 이용한 자살 테러로 인해 미국 뉴욕의 110층짜리 세계 무역 센터(WTC) 쌍둥이 빌딩이 무너지고, 워싱턴의 국방부 청사(펜타곤)가 공격을 받은 대참사가 있었습니다. 이 사건으로 인한 인명 피해만 해도 2800~3500명에 달한다고 합니다. 이 테러가 발생한 날은 2001년의 ㉮㉯㉰번째 날이고 ㉮+㉯+㉰=11이라고 합니다. 또 365일에서 ㉮㉯㉰일을 빼면 같은 수가 3개 나온다고 합니다. 테러가 일어난 날은 몇 월 며칠입니까? (단, 2001년 2월은 28일까지 있습니다.)

(　　　　　　　　　　)

5 가로, 세로가 각각 4칸짜리 표에 1부터 4까지의 수를 가로, 세로, 대각선에 겹치지 않게 넣으려고 합니다. 수를 넣을 수 있는 방법은 모두 몇 가지입니까?

( )

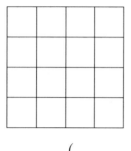

6 다음 바둑돌은 일정한 규칙에 따라 놓여 있습니다. 101번째에는 어떤 색의 바둑돌이 몇 개가 있습니까?

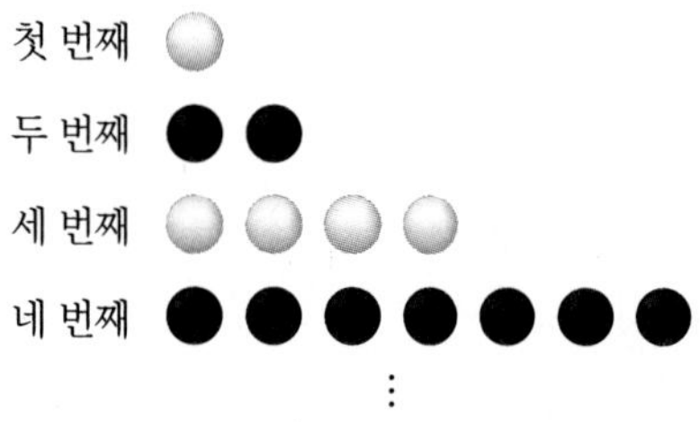

( ), ( )

창의・사고

7 다음은 규칙에 따라 수를 나열한 것입니다. ㉮+㉯의 값을 구하시오.

㉯								
		17	18	19	20	21		
		16	5	6	7	22		
		15	4	1	8	23		
		14	3	2	9	24		
		13	12	11	10	25		
					……	26		
								㉮

( )

창의・융합

8 다음은 동생에 대한 마음을 담은 동시입니다. 동생과 내 나이를 각각 구하시오.

내 동생

내 동생은 참 어린 것 같다.
동생 나이에서 한 살을 빼고 나의 나이를 한 살을 늘리면
나는 동생의 나이의 두 배이다.
그래서 나는 매일 동생에게 양보하나 보다.

내 동생은 가끔 다 큰 것 같다.
내 나이에서 한 살을 동생에게 주면
나랑 동생의 나이는 같다.
그래서 동생이 내가 힘들 때
위로해 주나 보다.

내 나이 ( )

동생 나이 ( )

특강 영재원 · **창의융합** 문제

❖ 패놉티콘(panopticon) 구조는 영국의 철학자 제러미 벤담이 중앙에 감시탑을 세우고 바깥의 둘레를 따라 죄수들의 방을 만들도록 설계하여 죄수들의 감시를 효과적으로 하기 위해 만든 구조입니다. 중앙의 감시탑은 늘 어둡게 하고, 죄수의 방은 밝게하여 죄수들은 중앙에서 감시하는 사람의 시선을 보지 못해 늘 감시받는 느낌을 가지게 되어 스스로 규율을 지키게 됩니다. 다음은 패놉티콘의 감시탑을 적용한 감옥입니다. 물음에 답하시오. **(9~10)**

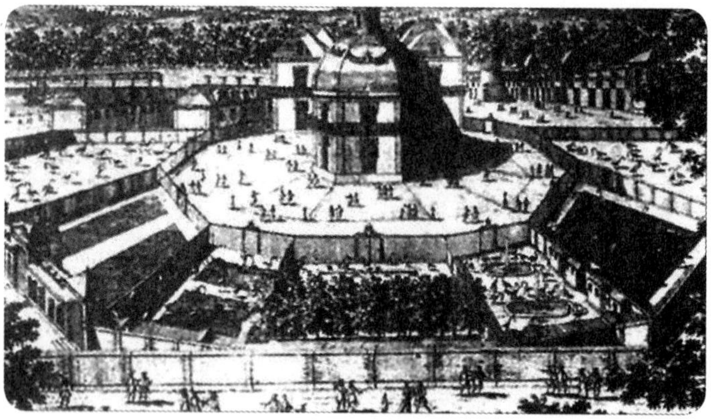

▲ 벤담이 설계한 원형 감옥

9 이 감옥에 27명의 죄수를 가로, 세로 각각 3개의 방에 넣으려고 합니다. 가로, 세로의 합이 9명이 되도록 빈칸에 알맞은 수를 써넣으시오.

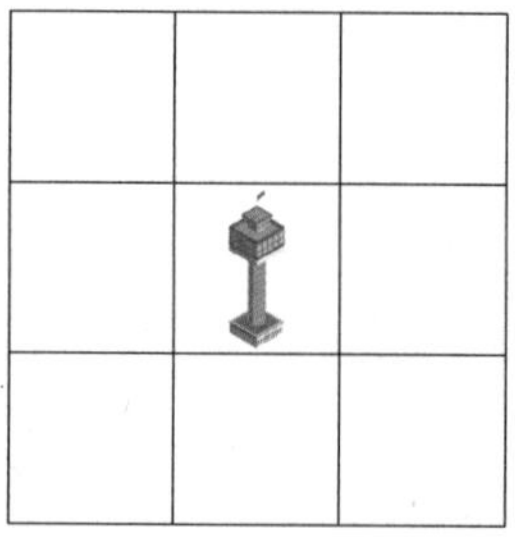

10 이 감옥에 가로, 세로의 합이 9명이 되도록 최소한의 죄수를 각 방에 넣으려고 합니다. 최소한의 죄수는 몇 명입니까? (단, 죄수를 가로, 세로 각각 3개의 방에 넣습니다.)

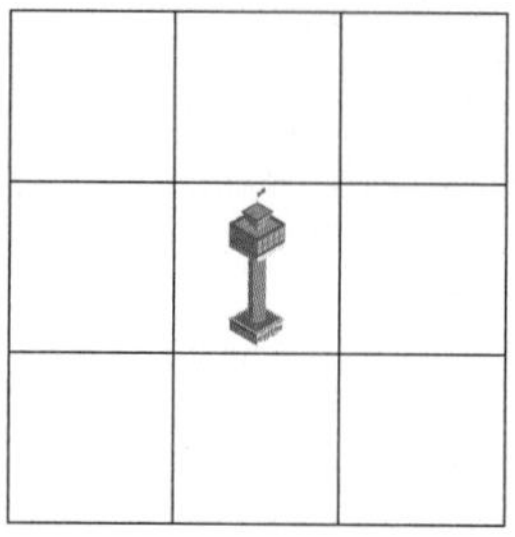

(　　　　　　　　　　)

Ⅶ

논리추론 문제해결 영역

| 주제 구성 |

21 사실 판단하기

22 순서 결정하기

23 가설 설정하기

STEP 1 경시 기출 유형 문제

[주제 학습 21] 사실 판단하기

다음 중 참인 문장을 고르시오. ······························ (　　　)

① 170 cm는 큰 키입니다.
② 우리나라의 국화는 장미입니다.
③ $2\times3=7$입니다.
④ $\frac{1}{3}$은 3분의 1이라고 읽습니다.
⑤ 모든 가수는 노래를 잘합니다.

문제 해결 전략

논리에서 사용하는 문장은 2가지가 있습니다.

- 어떤 내용이 참인지 거짓인지 명확하게 판별할 수 있는 문장
- 어떤 내용이 참인지 거짓인지 명확하게 판별할 수 없는 문장

① 170 cm는 큰 키인지 작은 키인지 사람마다 기준이 다르므로 참인지 거짓인지 판별할 수 없습니다.
② 우리나라의 국화는 무궁화이므로 거짓입니다.
③ $2\times3=6$이므로 거짓인 문장입니다.
⑤ 노래를 잘한다는 기준이 없으므로 참인지 거짓인지 판별할 수 없습니다.

선생님, 질문 있어요!

Q. 참인지 거짓인지 알 수 없는 문장이 무엇인가요?

A. 참인지 거짓인지를 명확하게 판별할 수 있는 문장이나 식을 명제라고 합니다. 참인지 거짓인지 알 수 없는 문장은 참, 거짓을 판별하는 기준이 없는 문장을 의미합니다.

참인지 거짓인지
알 수 없는 문장은
명제가 아니에요.

따라 풀기 1

다음 중 참인 문장은 ○표, 거짓인 문장은 ×표, 참인지 거짓인지 판별할 수 없는 문장은 △표 하시오.

(1) 도봉산은 높습니다. ······························ (　　　)

(2) $3\frac{4}{9}\times21=72\frac{1}{3}$입니다. ······························ (　　　)

(3) 마름모는 대각선의 길이가 항상 같습니다. ······························ (　　　)

(4) 비행기는 빠릅니다. ······························ (　　　)

[확인 문제]

1-1 다음 중 참인 문장을 고르시오. ······(　　　)

① 654×23=15043입니다.
② 각기둥에서 밑면에 수직인 면을 옆면이라고 합니다.
③ 각기둥에서 두 밑면 사이의 거리를 모서리라고 합니다.
④ $\frac{2}{7}\times\frac{3}{2}=\frac{4}{7}$입니다.
⑤ 전교 회장은 공부를 항상 잘합니다.

2-1 다음 문장이 참이면 ○표, 거짓이면 ×표, 참인지 거짓인지 판별할 수 없으면 △표 하고 이유를 쓰시오.

강아지는 동물입니다.

(　　　)

3-1 다음 중 거짓인 문장을 말한 사람의 이름을 쓰고 참인 문장으로 바꾸시오.

민재: 24의 약수를 모두 구해 보면 1, 2, 4, 6, 8, 9, 12, 24가 있어.
승요: 2를 계속해서 10번을 곱하면 1024가 돼.

(　　　)

[한 번 더 확인]

1-2 다음 중 거짓인 문장을 고르시오. ·····(　　　)

① 각뿔에서 옆으로 둘러싸인 면을 옆면이라고 합니다.
② 각뿔에서 면과 면이 만나는 선분을 모서리라고 합니다.
③ 비율에 1000을 곱한 값을 백분율이라고 합니다.
④ 백분율의 기호는 %입니다.
⑤ 원의 둘레를 원주라고 합니다.

2-2 다음 문장이 참이면 ○표, 거짓이면 ×표, 참인지 거짓인지 판별할 수 없으면 △표 하고 이유를 쓰시오.

철수는 키가 큽니다.

(　　　)

3-2 다음을 읽고 주어진 식에 대해 참을 말하는 사람의 이름을 쓰시오.

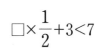

$$\square\times\frac{1}{2}+3<7$$

승찬: □ 안에 9도 들어갈 수 있어.
찬영: 아니야. □ 안에는 3 이상인 수만 들어갈 수 있지.
지우: □ 안에 2가 들어갈 수 있어.

(　　　)

[주제 학습 22] 순서 결정하기

학생 A, B, C, D, E, F, G는 독서 동아리 학생입니다. 주어진 • 조건 • 을 보고 7명이 앉은 자리의 위치를 알아보시오.

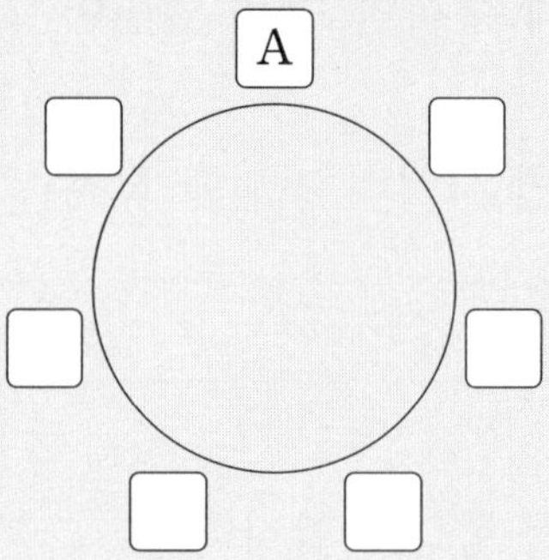
A

조건

① A와 F 사이에는 C만 앉아 있습니다.
② B는 F 바로 옆에 있습니다.
③ G는 A의 바로 오른쪽에 있습니다.
④ E는 B 바로 옆에 있습니다.

(1) C는 A의 어느 쪽에 앉아 있습니까? (   )

(2) F의 위치는 어디입니까?

(   )와 (   ) 사이

(3) 나머지 학생들의 자리를 그림의 빈 곳에 써넣으시오.

문제 해결 전략

먼저 조건 ①에서 A를 기준으로 F와 C는 함께 앉는데 조건 ③에서 G가 A의 바로 오른쪽이므로 C는 A의 왼쪽에 있습니다. 또한 조건 ②에서 B는 F 바로 옆에 있으므로 A, C, F, B의 순서로 나란히 앉습니다. 조건 ④에서 B와 E가 옆자리이므로 A를 기준으로 시계 방향으로 A, C, F, B, E, D, G의 순으로 앉아 있습니다.

선생님, 질문 있어요!

Q. 조건은 항상 순서대로 적용해야 하나요?

A. 조건은 꼭 순서에 따르지 않아도 됩니다. 문제 해결에 있어 필요한 조건을 먼저 이용합니다.

조건은 문제를
만족하게 하기 위해
추가되는 항목이에요.

따라 풀기 1

세빈이네 모둠 학생 4명은 독서 시간에 원형 탁자에 앉아 책을 읽습니다. 다음을 읽고 학생 4명의 자리를 빈 곳에 각각 써넣으시오.

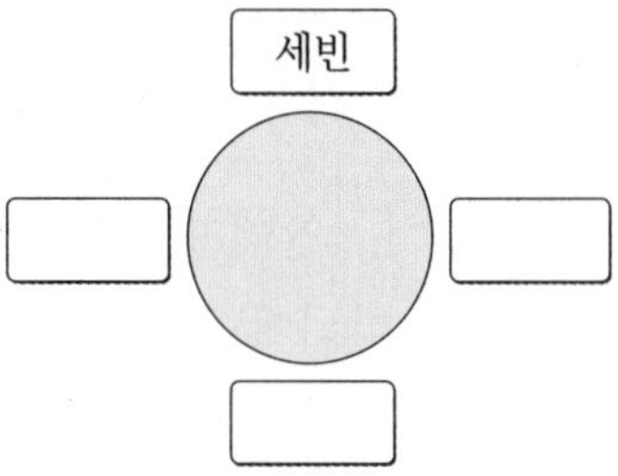
세빈

선생님: 얘들아, 거기 왜 소란스럽니?
세빈: 선생님, 현서가 오른손으로 자꾸 저를 쳐요.
현서: 일부러 친 게 아니야.
해솔: 선생님, 제가 현서 앞에서 봤는데 실수로 친 거예요.
지영: 저는 독서에 집중하느라 못 봤어요.

[확인 문제]

❖ 철수네 학교 운동회 때 6명의 학생이 달리기를 하고 있습니다. 학생들의 대화를 읽고 물음에 답하시오. (1-1~3-1)

> 학생 A: 우아~ 민지, 달리기 연습을 많이 했구나. 영수보다 더 빨리 달리네!
> 학생 B: 현숙이도 빠르네? 앞에서 세 번째야.
> 학생 C: 철수 앞에는 4명이 달리고 있구나.
> 학생 D: 혜민이는 경민이 바로 뒤에 있어!

1-1 현숙이와 철수는 각각 몇 등인지 차례로 쓰시오.

( ), ( )

2-1 경민이와 혜민이는 항상 붙어 있어야 합니다. 1등과 2등은 누구인지 차례로 이름을 쓰시오.

( ), ( )

3-1 1등부터 6등까지 순서대로 이름을 쓰시오.

1등	2등	3등	4등	5등	6등
경민					

[한 번 더 확인]

❖ 윤아네 반 학생들이 수학 추측 게임을 합니다. 선생님이 여러 개의 구슬이 들어 있는 주머니를 흔들면 각 모둠 학생들이 구슬이 부딪치는 소리를 듣고 그 안에 있는 구슬의 수를 추측하는 게임입니다. 각 모둠이 추측한 구슬의 개수가 다음과 같을 때, 물음에 답하시오. (1-2~3-2)

모둠	1모둠	2모둠	3모둠	4모둠	5모둠
구슬 수	24	35	18	29	32

1-2 구슬의 수를 가장 많게 추측한 모둠과 가장 적게 추측한 모둠을 차례로 쓰시오.

( ), ( )

2-2 5개 모둠의 답 중 2개 모둠의 답은 실제 구슬의 수와 4만큼 차이가 난다고 합니다. 구슬은 모두 몇 개입니까?

( )

3-2 실제 구슬의 수와 차이가 가장 적게 추측한 모둠과 실제 구슬의 수와 차이가 가장 많게 추측한 모둠을 순서대로 쓰시오.

( ), ( )

[주제 학습 23] 가설 설정하기

친구들이 도둑 잡기 게임을 하고 있습니다. 이 게임은 도둑, 경찰, 행인이 적힌 카드를 각자 한 장씩 뽑은 후 누가 도둑인지 맞히는 놀이입니다. 도둑은 항상 거짓을, 경찰은 항상 참을, 행인은 거짓을 말하기도 하고 참을 말하기도 합니다. 행인을 뽑은 사람이 1명이고 경찰은 민호밖에 없을 때, 도둑을 뽑은 사람은 누구인지 이름을 모두 쓰시오.

주영: 정아는 도둑이 아닙니다.
정아: 나는 행인입니다.
윤지: 도둑은 경찰보다 많습니다.
민호: 주영이는 경찰이 아닙니다.
수현: 민호는 행인입니다.

( )

선생님, 질문 있어요!

Q. 가설이란 무엇인가요?

A. 명확하게 증명되지는 않았지만 가능성이 있는 설명을 가설이라고 합니다. 가설을 설정할 때 정해진 순서는 없습니다. 다만 문제의 조건에 맞추어서 가설을 설정해야 합니다.

문제 해결 전략

① 문제에서 조건 찾기
문제에서 경찰은 민호 한 명입니다.
행인을 뽑은 사람도 한 명이므로 나머지 3명은 도둑이 됩니다.

② 가설 세우기
- 주영이가 도둑이라고 가정하면, 주영이의 말은 거짓이므로 정아는 도둑이 됩니다.
- 도둑은 경찰보다 많으므로 윤지의 말은 참이고, 윤지는 경찰이 아니므로 참 또는 거짓을 말할 수 있는 행인입니다.
- 도둑은 3명이므로 수현이는 도둑입니다.

따라서 도둑은 주영, 정아, 수현 세 명입니다.

참고
확정된 것을 먼저 표시한 후 여러 가지 가능성이 있을 때는 각 경우를 나누어 생각합니다.

따라 풀기 1

교실에 학생들이 함께 키우던 화분이 깨져 있었습니다. 세 명의 학생 중 두 명만이 참을 말하고 한 명이 거짓을 말할 때, 화분을 깨뜨린 학생은 누구입니까?

학생 A: 학생 B는 화분을 깨지 않았어!
학생 B: 화분 내가 깼어!
학생 C: 화분은 학생 A가 깼어.

( )

[확인 문제]

❖ 영섭, 성렬, 종원이는 햄버거, 피자, 떡볶이 중 하나를 먹었습니다. 다음 • 조건 •을 이용하여 세 명이 먹은 음식을 알아보시오. (1-1~3-1)

• 조건 •
- 영섭이와 떡볶이를 먹은 사람은 같은 동네에 살고 있습니다.
- 종원이와 햄버거를 먹은 사람은 다른 음료수를 마십니다.
- 영섭이는 햄버거를 먹지 않았습니다.

1-1 영섭이가 먹은 음식은 무엇입니까?

( )

2-1 종원이와 성렬이가 먹은 음식은 무엇인지 각각 쓰시오.

종원 ( )

성렬 ( )

3-1 영섭, 성렬, 종원이가 먹은 음식을 표로 나타내시오.

	햄버거	피자	떡볶이
영섭			
종원			
성렬			

[한 번 더 확인]

❖ 진영, 경민, 웅휘의 직업은 각각 디자이너, 의사, 변호사 중 어느 한 가지입니다. 다음의 • 조건 •을 이용하여 세 명의 직업을 알아보시오. (1-2~3-2)

• 조건 •
[조건 1] 진영이는 의사보다 나이가 어립니다.
[조건 2] 경민이는 디자이너보다 어립니다.
[조건 3] 변호사는 경민이보다 어립니다.

1-2 [조건 1]에서 가정할 수 있는 진영이의 직업을 모두 쓰시오.

( )

2-2 진영이의 직업을 디자이너로 가정할 때, 3명의 직업을 알 수 있습니까?

( )

3-2 진영이의 직업을 변호사로 가정할 때, 3명의 직업은 각각 무엇인지 쓰시오.

웅휘 ( )

경민 ( )

진영 ( )

Ⅶ 논리추론 문제해결 영역

STEP 2 실전 경시 문제

사실 판단하기

1

민규, 하영, 승요, 진경의 집에는 사과나무, 감나무, 배나무, 포도나무 중에서 각각 다른 나무들이 심어져 있습니다. • 조건 •을 이용하여 학생들의 집에 심어진 나무는 각각 무엇인지 쓰시오.

• 조건 •
- 민규와 하영이네 나무의 이름은 세 글자입니다.
- 하영이네 나무는 배나무가 아닙니다.
- 사과나무가 심어진 집은 승요네 집이 아닙니다.

민규 (　　　　　), 하영 (　　　　　)
승요 (　　　　　), 진경 (　　　　　)

전략 민규와 하영이의 집에 심어진 나무를 먼저 선택합니다.

2

지영, 정화, 은이, 진주는 각각 인형, 동화책, 신발, 휴대전화를 선물 받았습니다. • 조건 •을 이용하여 학생들이 받은 선물은 각각 무엇인지 쓰시오.

• 조건 •
- 지영이와 은이가 받은 선물은 두 글자입니다.
- 은이는 인형을 받지 않았습니다.
- 진주는 선물로 받은 동화책을 읽었습니다.

지영 (　　　　　), 은이 (　　　　　)
정화 (　　　　　), 진주 (　　　　　)

전략 지영이와 은이가 받은 선물을 먼저 구하고, 진주가 어떤 선물을 받았는지 알아봅니다.

3 | 성대 경시 기출 유형 |

• 조건 •을 이용하여 주어진 문장이 참인지 거짓인지 알맞은 것에 ○표 하고 이유를 쓰시오.

• 조건 •
학자의 절반 정도는 책을 읽는 것을 좋아합니다.

학자들은 모두 책을 읽는 것을 좋아합니다.

(참 , 거짓)

전략 '학자들은 모두 책을 읽는 것을 좋아한다.'라고 가정하여 조건에 알맞게 문제를 해결합니다.

4

• 조건 •을 이용하여 주어진 문장이 참이면 ○표, 거짓이면 ×표 하고 이유를 쓰시오.

• 조건 •
나는 승도네 학교의 학생이고, 승도네 학교에는 전교 회장이 없습니다.

나는 전교 회장입니다.

(　　　)

전략 '나는 전교 회장이다.'라고 가정하여 승도네 학교 학생이 될 수 있는지 판단해 봅니다.

5

그림과 같이 직사각형 모양의 화단이 있습니다. 화단의 둘레가 120 m일 때 참과 거짓 중 알맞은 것에 ○표 하시오.

직사각형의 둘레를 120 m로 고정시키면 가로와 세로의 길이가 변해도 넓이는 576 m^2입니다.

(참 , 거짓)

전략 직사각형의 둘레를 120 m로 고정하고 가로와 세로의 길이를 바꿔서 넓이를 구해 봅니다.

6

다음은 어느 초등학교의 전교 회장 선거 득표 결과입니다.

	민지	태호
득표율	90 %	10 %

이 학교 학생인 승우가 투표를 했을 때, 다음 중 바르게 설명한 것은 어느 것입니까? ···( )

① 승우는 민지에게 투표한 것이 확실합니다.
② 승우는 민지에게 투표했을 가능성이 높습니다.
③ 승우는 민지에게 투표하지 않았을 가능성이 높습니다.
④ 승우는 태호에게 투표했을 것이 확실합니다.
⑤ 승우는 태호에게 투표했을 가능성이 높습니다.

전략 '확실하다'는 100 %를 의미하고, '가능성이 높다'는 것은 백분율이 높을수록 확실할 가능성이 높아지는 것을 의미합니다.

❖ 승찬, 지혁, 휘성이는 친한 친구이지만 이 세 명은 모두 좋아하는 게임도 다르고, 좋아하는 과목도 다릅니다. 조건 를 읽고 물음에 답하시오. (7~8)

조건
- 세 명 중 한 명은 과학을 좋아합니다.
- 승찬이는 수학을 좋아합니다.
- 지혁이의 친구 두 명은 테트리스 게임과 슈팅 게임을 좋아합니다.
- 휘성이의 친구는 체육과 레이싱 게임을 좋아합니다.
- 지혁이는 휘성이가 슈팅 게임을 좋아하는 것을 알고 있습니다.

7

조건 을 이용하여 세 학생이 좋아하는 게임을 각각 쓰시오.

승찬 ( )
지혁 ( )
휘성 ( )

8

조건 을 이용하여 세 학생이 좋아하는 과목을 각각 쓰시오.

승찬 ( )
지혁 ( )
휘성 ( )

전략 게임과 과목을 구분하여 각각의 것만 생각한 후 표를 만들어 해결합니다.

순서 결정하기

9 | 성대 경시 기출 유형 |

할아버지, 아빠, 엄마, 삼촌, 도영, 동생이 함께 6인승 차를 타고 가족 여행을 가기로 했습니다. 도영이네 가족의 대화를 읽고 도영이네 가족이 앉은 자리를 알맞게 쓰시오.

도영: 아빠, 차에 어떻게 앉아서 갈까요?
아빠: 아빠가 운전하고 할아버지는 아빠 옆에 계셔야 할 것 같구나. 도영이는 삼촌 옆에 타렴.
엄마: 전 아버님 뒤에 앉을게요.
도영: 동생아, 내가 네 뒷자석에 앉을게.

아빠(운전석)	할아버지

전략 중간에 답이 정해지지 않아도 문제의 조건에 따라 순차적으로 자리를 채워가면서 문제를 해결합니다.

10

승요, 상민, 성재, 재영이는 모두 거짓을 말하고 있습니다. 1등부터 4등까지 이름을 쓰시오.

승요: 내가 1등이고 재영이가 4등이야.
성재: 재영이가 1등이야.
상민: 성재의 점수가 나보다 더 좋아.
재영: 난 2등이고 승요가 나보다 점수가 높아.

1등 ( ), 2등 ( )
3등 ( ), 4등 ( )

전략 친구들이 말한 것이 모두 거짓이므로 친구들이 말한 것을 반대로 생각해 봅니다.

11

거북이, 굼벵이, 지렁이, 개미 네 마리의 동물이 달리기 경기에 출전했습니다. 경기 전에 동물 관중들은 다음과 같이 예상했고 예상은 모두 맞았습니다. 거북이, 굼벵이, 지렁이, 개미의 순위를 1등부터 4등까지 순서대로 쓰시오.

사자: 1등은 거북이 아니면 개미일 거야.
뱀: 굼벵이가 지렁이보다 느릴 거야.
토끼: 만약 개미가 1등을 하면 거북이는 2등을 할 거야. 하지만 거북이가 1등을 하면 결과는 달라질 것 같아!
자라: 굼벵이와 지렁이는 둘 다 3등은 아닐 거야.

( )

전략 동물들의 말이 모두 참이므로 사자와 토끼의 말을 이용하여 1등인 동물을 선택합니다.

12

삼각형, 사각형, 오각형, 육각형은 각각 노란색, 빨간색, 흰색, 초록색 중 하나입니다. 조건 을 이용하여 각 도형의 색깔을 알맞게 쓰시오.

조건
- 오각형은 빨간색이나 흰색이 아닙니다.
- 삼각형은 노란색인 사각형 옆에 있습니다.
- 육각형은 빨간색이 아닙니다.

도형	삼각형	사각형	오각형	육각형
색깔				

전략 표를 만들어 각 도형의 색이 아닌 것을 제거합니다.

13

네 개의 도토리가 서로 키를 비교하고 있습니다. 실제로 키를 비교해 본 결과 한 개의 도토리가 거짓을 말하고 있었습니다. 거짓을 말하는 도토리를 찾아 도토리의 키가 큰 순서대로 쓰시오.

첫째 도토리: 내 키가 가장 작고 넷째가 가장 커.
둘째 도토리: 내가 여기서 가장 작아. 그 다음이 넷째 도토리야.
셋째 도토리: 나는 넷째 도토리보다 작아. 하지만 둘째보다는 크지.
넷째 도토리: 내가 여기서 가장 클걸?

( ) → ( ) → ( ) → ( )

전략 첫째, 둘째, 셋째, 넷째 도토리의 말이 각각 거짓이라고 가정하여 모순이 되는 것을 제외하고 모두 참이 되는 것을 찾아내어 키를 순서대로 구해 봅니다.

14

6명의 학생 A, B, C, D, E, F가 둥근 탁자에 앉아 있습니다. • 조건 •을 이용하여 학생이 앉아 있는 자리에 알맞게 기호를 써넣으시오.

• 조건 •
① 학생 A 옆 자리에는 학생 B와 E는 없습니다.
② 학생 B 오른쪽 자리에 학생 E가 앉고, 학생 B 맞은 편에는 학생 C가 앉습니다.
③ 학생 F 옆 자리에는 학생 C는 없습니다.

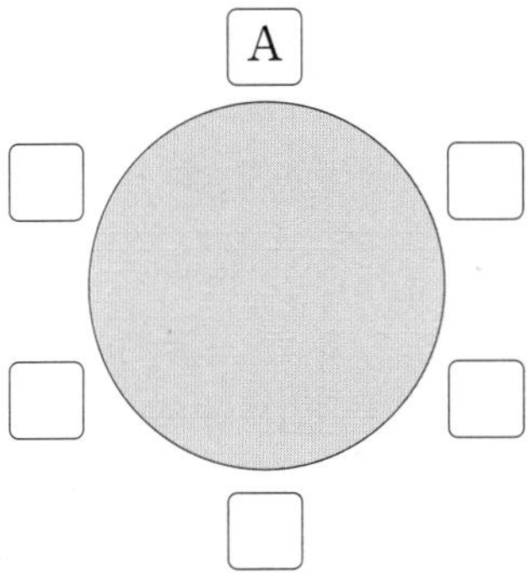

가설 설정하기

❖ 각 모둠별로 행운권을 추첨하고 행운권을 발표하기 전에 6개의 모둠 중 어떤 모둠이 행운권에 당첨될 지 예상해 보았습니다. 이 중 2개의 모둠만 바르게 말했고 4개의 모둠은 거짓을 말했습니다. 물음에 답하시오. (15~16)

- 1모둠: 2모둠과 6모둠 중 행운권에 당첨될 것입니다.
- 2모둠: 우리 모둠은 행운권에 당첨되지 않을 것입니다.
- 3모둠: 1모둠의 말은 거짓입니다.
- 4모둠: 1모둠과 2모둠은 행운권에 당첨되지 않을 것입니다.
- 5모둠: 1모둠과 3모둠 중 행운권에 당첨될 것입니다.
- 6모둠: 4모둠의 말은 거짓입니다.

15

행운권에 당첨된 모둠은 어느 모둠입니까?
(단, 행운권은 1개입니다.)

( )

16

거짓을 말한 4개의 모둠을 모두 쓰시오.

( )

전략 서로의 말을 부정하여 확실하게 거짓을 말한 2개의 모둠을 찾고, 이를 이용하여 행운권에 당첨된 모둠을 구합니다.

17

마피아 게임에서 마피아는 항상 거짓을 말하고, 경찰은 항상 참을 말합니다. 시민은 거짓을 말할 때도, 참을 말할 때도 있습니다. 세 사람은 마피아, 경찰, 시민 중 각각 어느 한 가지일 때, 다음을 읽고 세 사람은 각각 누구인지 쓰시오.

> 영희: 민수는 경찰입니다.
> 철수: 영희는 시민입니다.
> 민수: 철수는 마피아입니다.

철수 (　　　　　　　　)
영희 (　　　　　　　　)
민수 (　　　　　　　　)

전략 경찰, 마피아, 시민 중 한 명씩을 예상하고 가설을 세워 모든 조건이 맞는 경우를 구합니다.

18

| 성대 경시 기출 유형 |

도둑 잡기 게임에서 가수는 항상 거짓을, 군인은 항상 참을, 의사는 거짓을 말하기도 하고 참을 말하기도 합니다. 예성이가 군인인 것과 지우가 가수인 것을 알아 냈고 의사는 1명일 때 나머지 이현, 윤진, 채정은 어떤 역할인지 쓰시오.

> 지우(가수): 윤진이는 가수가 아니야.
> 윤진: 나는 의사야.
> 이현: 가수는 군인보다 더 많아.
> 예성(군인): 지우는 군인이 아니야.
> 채정: 예성이는 의사야.

이현 (　　　　　　　　)
윤진 (　　　　　　　　)
채정 (　　　　　　　　)

전략 윤진이의 역할을 먼저 파악한 후 채정이와 이현이의 역할을 가수 또는 의사로 가정해서 해결합니다.

19

| 성대 경시 기출 유형 |

5명의 학생이 직육면체의 세 모서리의 길이를 다음과 같이 추측했습니다. 이 중 한 명만이 세 모서리를 정확히 추측했고, 나머지 4명은 한 개 또는 두 개의 모서리의 길이만 맞게 추측했습니다. 직육면체의 세 모서리의 길이를 정확하게 추측한 사람은 누구입니까?

> 웅휘: 7 cm, 10 cm, 14 cm
> 경민: 8 cm, 12 cm, 14 cm
> 현기: 7 cm, 10 cm, 16 cm
> 태형: 8 cm, 12 cm, 16 cm
> 명훈: 7 cm, 12 cm, 14 cm

(　　　　　　　　)

전략 직육면체의 세 모서리의 길이를 각각 가정하고 표를 그려 확인해 봅니다.

20

A, B, C 3명은 간호사, 과학자, 정원사, 화가, 군인, 교사 중에서 직업을 각각 두 가지씩 가지고 있습니다. 다음을 읽고 A의 직업을 모두 구하시오.

> • B는 화가와 사이가 나쁩니다.
> • A는 정원사와 사이가 좋습니다.
> • C와 B는 간호사에게 인사를 했습니다.
> • B는 정원사와 사이가 좋습니다.

(　　　　　　　　)

전략 표를 만들어 A의 직업을 구해 봅니다. A와 사이가 나쁜 사람은 누구인지 구해 봅니다.

여러 가지 문제 해결

21

항상 일정한 수의 계단이 있고 일정한 속력으로 내려오는 에스컬레이터가 있습니다. 금찬이와 윤민이가 이 에스컬레이터를 타고 각각 일정한 속력으로 1걸음에 1계단씩 걸어서 내려옵니다. 금찬이의 걸음걸이는 윤민이의 걸음걸이보다 2배 빠릅니다. 금찬이는 36걸음만에, 윤민이는 24걸음만에 에스컬레이터를 내려왔을 때, 에스컬레이터의 계단의 수를 구하시오.

( )

전략 윤민이가 1걸음 걷는 동안 에스컬레이터가 □계단 만큼 내려간다고 생각해 봅니다.

22

범준이는 영재교육원 선발시험에 참가하기 위해 오전 9시 20분에 집을 나와 분속 50 m로 걸어서 시험 시작 10분 전에 시험장에 도착할 예정이었습니다. 그런데 집에서 400 m 되는 곳까지 왔을 때 준비물을 안 가지고 온 것이 생각나서 분속 80 m로 집에 돌아왔습니다. 준비물을 챙기는 데 5분이 걸렸고 다시 집을 나와 분속 75 m로 걸어서 시험 시작 2분 전에 시험장에 도착하였습니다. 집에서 시험장까지의 거리는 몇 m입니까?

( )

전략 분속 50 m로 시험장에 도착하는 데 걸리는 시간과 다시 집을 나와 분속 75 m로 시험장에 도착하는 데 걸리는 시간의 차이를 생각해 봅니다.

23

| 창의 · 융합 |

어떤 계산기에는 #이라는 특수한 버튼이 있고, 수를 입력한 뒤 이 버튼을 누르면 • 보기 •와 같이 일정한 규칙에 따라 수가 바뀐다고 합니다.

• 보기 •
- 1을 입력하고 #을 눌렀더니 4로 바뀌었습니다.
- 4를 입력하고 #을 눌렀더니 2로 바뀌었습니다.
- 7을 입력하고 #을 눌렀더니 10으로 바뀌었습니다.
- 8을 입력하고 #을 눌렀더니 4로 바뀌었습니다.
- 6을 입력하고 #을 2번 눌렀더니 똑같이 6이었습니다.
- 13을 입력하고 #을 2번 눌렀더니 8로 바뀌었습니다.

이 계산기에 어떤 수를 입력한 다음 #을 4번 누르면 입력된 수가 5로 바뀌는 어떤 수를 모두 찾아 그 합을 구하시오.

( )

전략 홀수를 입력하고 #을 누를 때와 짝수를 입력하고 #을 누를 때를 나누어 생각해 봅니다.

24

소수(prime number)는 1과 자기 자신만을 약수로 갖는 수, 즉 약수의 개수가 2개뿐인 수입니다. 어느 달에 월요일인 날짜 중 소수인 수가 3개 있습니다. 이 3개의 수가 각각 들어 있는 일주일 중 일주일의 날짜를 합한 값이 가장 클 때는 얼마입니까? (단, 달력의 일주일의 시작은 일요일부터입니다.)

( )

전략 1일부터 31일까지 7개의 단위로 수를 나열한 뒤 약수의 개수가 2개뿐인 수에 표시한 후 해결합니다.

STEP 3 코딩 유형 문제

* 논리추론 문제해결 영역에서의 코딩

정렬(sort)이란 데이터를 일정한 규칙에 따라 재배열하는 것을 의미합니다. 정렬을 수행하는 알고리즘은 다양한데, 삽입 정렬(insertion sort)은 아직 정렬되지 않은 데이터를 이미 정렬된 부분의 적절한 위치에 삽입하는 정렬 방식입니다. 이번 논리추론 문제해결 영역에서는 삽입 정렬에 대한 코딩 유형의 문제를 풀어봄으로써 정렬 알고리즘을 익혀 봅니다.

1 다음은 삽입 정렬에 대한 예시입니다. 보기 와 같은 방법으로 삽입 정렬을 사용하면 정렬되지 않은 데이터 2, 1, 5, 3은 몇 번만에 데이터가 정렬됩니까?

보기

• 정렬되지 않은 데이터 7, 2, 4를 삽입 정렬하기

7	2	4

① 두 번째 데이터 2를 첫 번째 데이터 7과 비교합니다.
두 번째 데이터인 2가 더 작으므로 둘의 위치를 바꿉니다.

2	7	4

② 세 번째 데이터 4를 첫 번째 데이터 2와 두 번째 데이터 7과 비교합니다. 4는 2보다 크고 7보다 작으므로 두 번째 데이터 7과 위치를 바꿉니다.

따라서 2번 만에 정렬되지 않은 데이터 2, 7, 4가 삽입 정렬에 의해 정렬되었습니다.

(　　　　　　　　　　)

▶ 데이터를 한 번 삽입 정렬할 때마다 숫자를 기록하면서 단계별로 정렬해 봅니다. 두 번째 데이터인 1부터 시작하여 첫 번째 데이터인 2와 비교하여 시작합니다.

2 정렬되지 않은 4개의 한 자리 숫자를 삽입 정렬에 의해 정렬하려고 합니다. 데이터를 정렬하는 데 필요한 횟수 중 가장 큰 횟수는 몇 번입니까?

(　　　　　　　　　　)

▶ 두 번째 숫자와 세 번째 숫자, 네 번째 숫자를 모두 삽입 정렬을 이용하여 정리하는 경우를 생각해 봅니다.

3 정렬이 되지 않은 데이터 ㉮와 ㉯를 삽입 정렬을 사용하여 데이터를 정렬할 때, ㉮의 정렬 횟수와 ㉯의 정렬 횟수의 합을 구하시오.

㉮

1	5	3	4

㉯

9	6	7	8

(　　　　　　　　　　)

▶ ㉮와 ㉯를 삽입 정렬을 이용하여 정리하는 횟수를 각각 구하여 더해 봅니다.

4 다음 ○ 안에는 105의 약수를 작은 수부터 차례로 넣고, △ 안에는 24의 약수를 큰 수부터 차례로 넣습니다. ○와 △의 곱이 짝수가 나오는 경우는 몇 가지입니까?

○×△

(　　　　　　　　　　)

▶ 표를 그려 각각의 경우에 대한 ○와 △의 약수를 써 봅니다. 두 수의 곱이 짝수가 나오려면 두 수 중 한 개 이상의 수가 짝수여야 합니다.

Ⅶ 논리추론 문제해결 영역

STEP 4 도전! 최상위 문제

생활 속 문제

1 유진, 희원, 다현, 은솔, 기창, 정재는 매표소에서 표를 사기 위해 줄을 섰습니다. 다음을 읽고 표를 가장 먼저 산 사람의 이름을 쓰시오.

- 정재와 희원이는 이웃하여 서 있습니다.
- 기창이와 다현이는 이웃하여 서 있습니다.
- 유진이와 은솔이는 이웃하여 서 있습니다.
- 기창이 다음에 희원이가 표를 샀습니다.
- 은솔이가 마지막에 표를 샀습니다.

(   )

2 민수, 다애, 혜진이는 서로 다른 직업을 2가지씩 가지고 있습니다. 직업의 종류는 은행원, 변호사, 상인, 화가, 소설가, 교사로 6가지입니다. 조건 을 이용하여 민수, 다애, 혜진이의 직업을 각각 2개씩 구하시오.

조건

- 상인은 은행원에게 대출을 받았습니다.
- 상인, 소설가, 민수는 어릴 때부터 친구입니다.
- 화가는 변호사에게 법률 상담을 받은 적이 있습니다.
- 은행원은 화가의 여동생과 결혼하였습니다.
- 다애는 소설가에게서 책을 선물 받았습니다.
- 혜진, 다애, 화가는 각각 다른 종류의 자동차를 운전합니다.

민수 (,   )
다애 (,   )
혜진 (,   )

정보처리

❖ 다음은 이진법에 대한 글입니다. 다음을 보고 물음에 답하시오. (3~4)

이진법은 0과 1 오직 두 개의 숫자만을 이용하여 수를 나타내는 방법입니다. 이진법은 십진법으로 나타낼 수 있습니다. 예를 들어 이진법의 수 1101은 다음과 같이 십진법의 수 13으로 나타낼 수 있습니다.

$$1\times2^3+1\times2^2+0\times2+1=13$$

(단, $2^3=2\times2\times2=8$이고 $2^2=2\times2=4$입니다.)

3 승요, 승호, 승필, 승연 네 명의 형제들이 이진법을 십진법으로 나타내고 있습니다. 대화를 읽고 바르게 말하지 않은 사람의 이름을 쓰시오.

승요: 내가 가진 이진법의 수 101010은 십진법의 수로 나타내면 42야.

승호: 내가 가진 이진법의 수 10101이 승요의 수보다 10배 더 작구나.

승필: 내가 가진 십진법의 수 51은 110011의 이진법의 수로 나타낼 수 있어.

승연: 내가 가진 이진법의 수는 11010이고 십진법으로 나타내면 $1\times2^4+1\times2^3+1\times2=26$이야.

( )

4 승요, 승호, 승필, 승연이의 이진법의 수를 십진법의 수로 바꾸었을 때, 큰 수를 말한 사람부터 차례로 이름을 쓰시오.

( )

5 어떤 부자가 막대한 재산을 6명의 아들에게 나누어 주었습니다. 첫째 아들은 먼저 1억 원을 받고, 다시 남는 돈의 $\frac{1}{7}$을 받았습니다. 둘째 아들은 남은 돈에서 먼저 2억 원을 받고, 또다시 남는 돈의 $\frac{1}{7}$을 받았습니다. 셋째 아들은 남은 돈에서 먼저 3억 원을 받고, 또다시 남는 돈의 $\frac{1}{7}$을 받았습니다. 이와 같은 방법으로 계속해서 재산을 나누어 주었더니 모든 아들이 같은 금액의 재산을 받았습니다. 부자가 남긴 재산은 몇억 원이었는지 구하시오.

(　　　　　　　　　　)

생활 속 문제

6 문규, 은비, 규창이가 가지고 있는 초콜릿은 모두 220개입니다. 문규는 4개를 먹고, 은비는 가지고 있던 초콜릿의 $\frac{1}{5}$을 규창이에게 주었더니 문규, 은비, 규창이가 가지고 있는 초콜릿 개수의 비는 2 : 3 : 4가 되었습니다. 처음에 규창이가 가지고 있던 초콜릿은 몇 개입니까?

(　　　　　　　　　　)

창의·융합

❖ 2014년 월드컵 4강에 브라질, 네덜란드, 독일, 아르헨티나 네 나라가 올라갔습니다. 4강 경기 전 축구 전문가들이 경기 결과에 대해 예상했습니다. 네 전문가 중 한 사람만이 틀리게 예상했을 때, 물음에 답하시오. **(7~8)**

> 찬웅: 브라질이 4등을 할 것입니다.
> 정욱: 네덜란드는 2등도 아니고 4등도 아닐 것입니다.
> 한별: 독일은 네덜란드를 이길 것입니다.
> 신영: 아르헨티나는 축구 강국이므로 1등을 할 것입니다.

7 네 전문가 중 틀리게 예상한 전문가는 누구입니까?

( )

8 전문가의 의견에 따라 네 나라의 순위를 구하시오.

1등 ( ), 2등 ( )
3등 ( ), 4등 ( )

Ⅶ 논리추론 문제해결 영역

특강 영재원 · 창의융합 문제

❖ 태양계는 중심인 태양과 태양을 중심으로 공전하는 수성, 금성, 지구, 화성, 목성, 토성, 천왕성, 해왕성의 8개의 둥근 천체를 말합니다. 공전은 한 천체가 다른 천체의 둘레를 일정한 시간 간격으로 도는 것을 말합니다. 천체는 태양의 주위를 서로 다른 공전 주기로 돌며 태양에서의 거리도 모두 달라 태양에서 멀수록 공전 주기가 깁니다. 물음에 답하시오. **(9~10)**

9 다음은 각 행성의 태양과 가까운 순서와 공전 주기를 나타낸 표입니다. 보기 에서 알맞은 공전 주기를 골라 빈칸에 알맞게 써넣으시오.

행성	태양과 가까운 순서	공전 주기
목성	5	
천왕성		
수성	1	
	4	
금성	2	
지구		
	6	
해왕성		

보기

225일, 88일, 365일, 688일, 11.9년, 84년, 29.5년, 164.8년

10 어느 날 수성, 화성, 태양이 일직선을 이루었습니다. 그 후에 수성, 화성, 태양이 어느 날과 같이 일직선을 이루는 날은 며칠 후입니까?

( )

천재교육

1등급 비밀!

최강 TOT

TOP OF THE TOP
초등 수학

정답과 풀이

6학년

6단계

최강
TOT

정답과 풀이

6 단계

[정답과 풀이]

Ⅰ 수 영역

STEP 1 경시 **기출 유형** 문제 8~9쪽

[주제 학습 1] 3.24

1 $6\frac{1}{4}$ **2** 43.078

[확인 문제][한 번 더 확인]

1-1 $2\frac{2}{3}$, 2.25, 1.67, $1\frac{1}{2}$, 0.5

1-2 3.42

2-1 6개 **2-2** 2개

3-1 5685 **3-2** 5248

1 대분수의 자연수 부분은 6이 되어야 합니다.

0.23과 가까운 분수를 찾아보면 $\frac{24}{100}=\frac{6}{25}$, $\frac{25}{100}=\frac{1}{4}$, $\frac{22}{100}=\frac{11}{50}$, $\frac{21}{100}$입니다. $\frac{6}{25}$, $\frac{1}{4}$, $\frac{11}{50}$, $\frac{21}{100}$ 중에서 숫자 카드 2개(1, 4)를 사용하여 나타낼 수 있는 것은 $\frac{1}{4}$입니다.

⇨ $6\frac{25}{100}=6\frac{1}{4}$

다른 풀이

자연수 부분인 6을 제외하고 진분수를 만들어 0.23과 가까운 분수를 찾아봅니다.

$\frac{1}{2}=0.5$ $\frac{1}{3}=0.33\cdots\cdots$ $\frac{1}{4}=0.25$

$\frac{1}{5}=0.2$ $\frac{2}{3}=0.66\cdots\cdots$ $\frac{2}{5}=0.4$

$\frac{3}{4}=0.75$ $\frac{3}{5}=0.6$ $\frac{4}{5}=0.8$

이 중에서 0.23과 가장 가까운 수는 0.25이므로 $6\frac{1}{4}$입니다.

2 42보다 큰 수 중 가장 작은 수: 43.078

42보다 작은 수 중 가장 큰 수: 40.873

43.078−42=1.078, 42−40.873=1.127이므로 42와의 차가 가장 작은 소수 세 자리 수는 43.078입니다.

참고

0이 소수점 아래 끝자리에 오면 소수 두 자리 수가 됩니다. ⑩ 43.78Ø ⇨ 43.78

[확인 문제][한 번 더 확인]

1-1 분수를 소수로 바꾸어 수를 비교해 봅니다.

$1\frac{1}{2}$은 1.5이고 $2\frac{2}{3}$는 2.66⋯⋯입니다.

⇨ $2\frac{2}{3}>2.25>1.67>1\frac{1}{2}>0.5$

다른 풀이

소수를 분수로 바꾸어 비교해 봅니다.

$0.5=\frac{1}{2}$, $1.67=1\frac{67}{100}$, $2.25=2\frac{1}{4}$

⇨ $2\frac{2}{3}>2.25>1\frac{67}{100}>1\frac{1}{2}>0.5$

1-2 $2\frac{3}{4}>2\frac{2}{5}>1.12>0.67$이므로 가장 큰 수는 $2\frac{3}{4}$, 가장 작은 수는 0.67입니다.

따라서 $2\frac{3}{4}+0.67=2.75+0.67=3.42$입니다.

2-1 5.29보다 더 큰 소수이어야 하므로 만들 수 있는 소수는 5.31, 5.32, 5.34, 5.41, 5.42, 5.43으로 모두 6개입니다.

2-2 $\frac{1}{2}<\frac{\square}{5}<\frac{9}{10}$

⇨ $\frac{5}{10}<\frac{\square\times2}{10}<\frac{9}{10}$, $5<\square\times2<9$, $2.5<\square<4.5$

따라서 □ 안에 들어갈 수 있는 수는 3, 4로 모두 2개입니다.

다른 풀이

□ 안에 숫자 카드의 수를 넣어 봅니다.

□=1일 때 $\frac{1}{2}>\frac{1}{5}$(×), $\frac{1}{5}<\frac{9}{10}$(○)입니다.

□=2일 때 $\frac{1}{2}>\frac{2}{5}$(×), $\frac{2}{5}<\frac{9}{10}$(○)입니다.

□=3일 때 $\frac{1}{2}<\frac{3}{5}$(○), $\frac{3}{5}<\frac{9}{10}$(○)입니다.

□=4일 때 $\frac{1}{2}<\frac{4}{5}$(○), $\frac{4}{5}<\frac{9}{10}$(○)입니다.

□=5일 때 $\frac{5}{5}=1$이므로 $\frac{1}{2}<1$(○), $1>\frac{9}{10}$(×)입니다.

따라서 □ 안에 들어갈 수 있는 수는 3, 4로 모두 2개입니다.

3-1 곱이 가장 작으려면 ㉠이 작아야 합니다.

357×19=6783, 375×19=7125, 359×17=6103, 395×17=6715, 379×15=5685, 397×15=5955

따라서 곱이 가장 작을 때는 379×15=5685입니다.

3-2 ㉠㉡×㉢㉣이 가장 큰 곱이 되려면 ㉠과 ㉢이 8 또는 6이어야 합니다. 8㉡×6㉣ 또는 6㉡×8㉣인 곱셈식을 만들어 보면 다음과 같습니다.
84×62=5208
82×64=5248
따라서 곱이 가장 큰 (두 자리 수)×(두 자리 수)는 82×64=5248입니다.

STEP 1 경시 기출 유형 문제 10~11쪽

[주제 학습 2] $\frac{37}{25}$ **1** 5

[확인 문제] [한 번 더 확인]

1-1 8 **1-2** 20
2-1 5 **2-2** (위에서부터) 324, 27
3-1 (왼쪽에서부터) 2, 7, 10
3-2 1, 5

1 숫자가 되풀이되는 규칙으로 묶으면 (1), (1, 2), (1, 2, 3), (1, 2, 3, 4), (1, 2, 3, 4, 5)로 묶을 수 있습니다. 1부터 시작하여 각 묶음마다 수의 개수가 1개씩 늘어나는 규칙이 있습니다.
따라서 1+2+3+4+5+6+7+8+9=45이므로 46번째 수는 다시 1이 됩니다. 47번째 수는 2, 48번째 수는 3, 49번째 수는 4, 50번째 수는 5입니다.

[확인 문제] [한 번 더 확인]

1-1 규칙은 79에서 시작하여 7×9=63, 6×3=18이므로 각 자리 숫자의 곱을 쓴 것입니다.
따라서 □ 안에 알맞은 수는 1×8=8입니다.

1-2 4=2×2, 9=3×3, 16=4×4, 25=5×5, 36=6×6입니다. 따라서 규칙에 맞지 않는 수는 20입니다.

다른 풀이

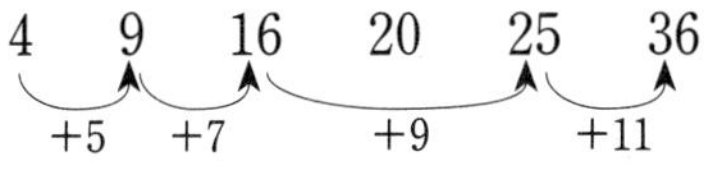

더하는 수가 2씩 커지는 규칙이 있습니다.
규칙에 맞지 않는 수는 20입니다.

2-1

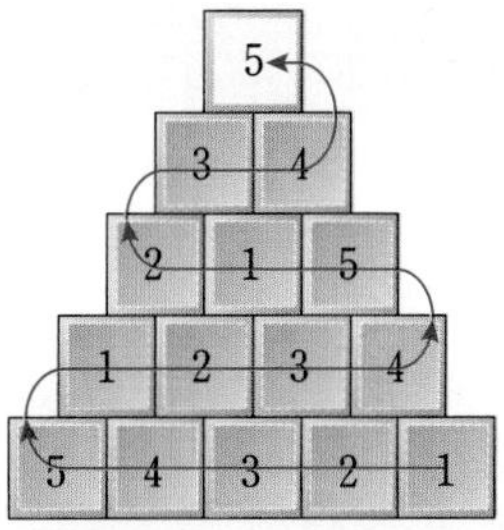

규칙은 1, 2, 3, 4, 5가 위 그림과 같이 화살표를 따라 반복되는 것입니다. 따라서 빈칸에 알맞은 수는 4 다음 수인 5입니다.

2-2

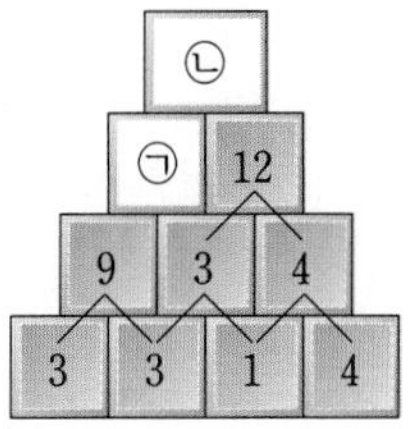

3×3=9, 3×1=3, 1×4=4, 3×4=12이므로 위의 수는 아래 두 개 수의 곱입니다.
⇨ ㉠=9×3=27
㉡=㉠×12
=27×12=324

3-1

5	5	10	8	16
4	3	3	1	㉢
1	㉠	7	㉡	6

5=4+1, 10=3+7이므로 규칙은 세로줄에서 맨 위의 칸의 수를 아래 두 칸에 있는 수로 가르기 한 것입니다.
㉠ 5는 3과 2로 가르기 할 수 있으므로 ㉠에 알맞은 수는 2입니다.
㉡ 8은 1과 7로 가르기 할 수 있으므로 ㉡에 알맞은 수는 7입니다.
㉢ 16은 10과 6으로 가르기 할 수 있으므로 ㉢에 알맞은 수는 10입니다.

3-2

7	3	5	1
㉠	㉡	7	3
3	7	1	5
5	1	3	7

㉠의 세로줄에는 1이 없으므로 ㉠=1입니다.
㉡의 세로줄에는 5가 없으므로 ㉡=5입니다.

STEP 1 경시 **기출 유형** 문제 12~13쪽

[주제 학습 3] 7, 8

1 3개 **2** 4120

[확인 문제] [한 번 더 확인]

1-1 25 **1-2** 0.375
2-1 15개 **2-2** 0.11
3-1 돼지고기 **3-2** 대야 A

1 크기 비교를 위해 분수로 나타내면 $\frac{1}{5}<\frac{\square}{15}<\frac{67}{100}$로 나타낼 수 있습니다.

세 분수를 통분하면 $\frac{60}{300}<\frac{\square\times 20}{300}<\frac{201}{300}$이므로 $\square$=4, 5, 6, 7, 8, 9, 10입니다.

따라서 $\frac{\square}{15}$는 $\frac{4}{15}$, $\frac{5}{15}$, $\frac{6}{15}$, $\frac{7}{15}$, $\frac{8}{15}$, $\frac{9}{15}$, $\frac{10}{15}$이고 이 중에서 기약분수는 $\frac{4}{15}$, $\frac{7}{15}$, $\frac{8}{15}$이므로 모두 3개입니다.

다른 풀이

$\frac{1}{5}=\frac{3}{15}$이므로 $\frac{3}{15}$보다 큰 수입니다.
$\frac{10}{15}=0.66\cdots$, $\frac{11}{15}=0.73\cdots$이므로 $\frac{11}{15}$보다 작은 수입니다. 따라서 $\frac{1}{5}$과 0.67 사이에 있는 분수 중에서 분모가 15인 기약분수는 $\frac{4}{15}$, $\frac{7}{15}$, $\frac{8}{15}$로 3개입니다.

2 작은 눈금 3칸의 크기가 4.13−4.124=0.006이므로 작은 눈금 한 칸의 크기는 0.006÷3=0.002입니다.
$\frac{\square}{1000}$는 4.124보다 0.004 작은 수이므로
$4.124-0.004=4.12=\frac{4120}{1000}$입니다.

참고

수직선의 각 눈금에 수를 계산하여 써넣어 봅니다.

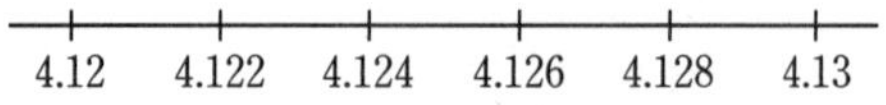

[확인 문제] [한 번 더 확인]

1-1 $2.52=2\frac{52}{100}=2\frac{13}{25}$입니다.

따라서 $2\frac{13}{25}$의 분모는 25입니다.

참고

가분수로 나타내어도 분모는 25입니다.
$2.52=\frac{252}{100}=\frac{63}{25}$

1-2 어떤 진분수를 $\frac{㉡}{㉠}$이라 할 때
㉠+㉡=11, ㉠=㉡+5이므로 ㉡+5+㉡=11,
㉡×2=6, ㉡=3, ㉠=3+5=8입니다.
$\frac{3}{8}$을 소수로 나타내면 $\frac{3\times 125}{8\times 125}=\frac{375}{1000}=0.375$입니다.

2-1 $\frac{1}{3}$을 소수로 나타내면 0.333……이고 $\frac{1}{2}$은 0.5입니다.
따라서 이 사이의 소수 두 자리 수는
0.34, 0.35, 0.36, ……, 0.48, 0.49 중 0.40을 뺀 나머지이므로 모두 15개입니다.

참고

소수점 아래 끝자리에 0이 올 수 없으므로 0.4$\not{0}$=0.4이고 소수 한 자리 수입니다.

2-2 3.9−3.6=0.3을 똑같이 5로 나누면
눈금 한 칸의 크기는 0.3÷5=0.06입니다.
따라서 ㉠=3.6+0.06=3.66,
㉡=3.6+0.06+0.06+0.06=3.78입니다.
㉠과 ㉡ 사이에 있고 소수 셋째 자리 숫자가 5인 소수 세 자리 수는 3.□□5입니다.
3.66<3.□□5<3.78을 만족하는 가장 작은 소수 세 자리 수는 3.665이고 가장 큰 소수 세 자리 수는 3.775입니다.
⇨ 3.775−3.665=0.11

참고

수직선의 각 눈금에 수를 계산하여 써넣어 봅니다.

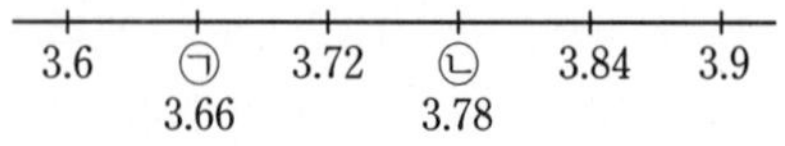

3-1 소고기의 무게를 소수로 나타내면
$2+\frac{3}{25}=2+\frac{12}{100}=2.12$ (kg)입니다.
따라서 2.14>2.12이므로 돼지고기를 더 많이 사셨습니다.

3-2 • 대야 A: 1초에 $\frac{7}{20}\times\frac{1}{20}=\frac{7}{400}$ (L)씩 나오므로 4 L를 채우는 데 $4\times\frac{400}{7}=\frac{1600}{7}=228\frac{4}{7}$(초) 걸립니다.

• 대야 B: 1초에 $0.4\times\frac{1}{30}=\frac{1}{75}$ (L)씩 나오므로 4 L를 채우는 데 $4\times75=300$(초) 걸립니다.

⇨ $288\frac{4}{7}<300$이므로 대야 A에 먼저 물이 가득 찹니다.

STEP 1 경시 기출 유형 문제 14~15쪽

[주제 학습 4] 10

1 5	**2** 12

[확인 문제] [한 번 더 확인]

1-1 28	**1-2** 15
2-1 5, 4	**2-2** 12, 3
3-1 4	**3-2** 45

1 10=2×5, 25=5×5이므로 10과 25의 최소공배수는 2×5×5=50입니다. 따라서 10과 25의 공배수는 50, 100, 150 ……입니다.
어떤 자연수를 □라 하면 20을 곱해 10과 25의 공배수가 되는 가장 작은 수는 □×20=100, □=5입니다.

2 어떤 수를 □라 하면 두 번째 조건에서
□×3<40, □<$\frac{40}{3}$, □<$13\frac{1}{3}$입니다.
세 번째 조건에서 □÷5=★…2이므로
□=5×★+2, □−2=5×★입니다. (□−2)는 5의 배수이고 □는 5의 배수보다 2 큰 수입니다.
$13\frac{1}{3}$보다 작은 수 중에서 5의 배수보다 2 큰 수는 7, 12이므로 조건을 모두 만족하는 가장 큰 자연수는 12입니다.

[확인 문제] [한 번 더 확인]

1-1 12의 약수는 1, 2, 3, 4, 6, 12입니다.
어떤 자연수를 □라 하면 □×$\frac{3}{7}$은 12의 약수입니다. □×$\frac{3}{7}$은 자연수가 되어야 하므로 □는 7의 배수입니다.
□=7일 때 $7\times\frac{3}{7}=3$(○),
□=14일 때 $14\times\frac{3}{7}=6$(○),
□=21일 때 $21\times\frac{3}{7}=9$(×),
□=28일 때 $28\times\frac{3}{7}=12$(○),
□=35일 때 $35\times\frac{3}{7}=15$(×) ……
따라서 조건을 만족하는 어떤 수 중 가장 큰 수는 28입니다.

1-2 18=2×3×3, 90=2×3×3×5이므로 어떤 수가 될 수 있는 수는 2×5=10, 3×5=15, 2×3×5=30, 3×3×5=45, 2×3×3×5=90입니다.
이 중 20보다 작은 수 중에서 가장 큰 수는 15입니다.

2-1 $\frac{2}{3}\times$㉠$=\frac{5}{6}\times$㉡, $\frac{㉠}{㉡}=\frac{5}{6}\times\frac{3}{2}$,
$\frac{㉠}{㉡}=\frac{5}{4}$이므로 ㉠=5×□, ㉡=4×□입니다.
□=1일 때 ㉠과 ㉡이 가장 작으므로 ㉠=5, ㉡=4입니다.

2-2 $\frac{48}{㉠}\times\frac{1}{㉠}=\frac{1}{㉡}$에서 48이 약분되어 1이 되었으므로 ㉠×㉠은 48의 배수입니다.
48=2×2×2×2×3이므로
㉠×㉠=2×2×2×2×3×㉡입니다.
이때 ㉠을 두 번 곱한 수이므로 이를 만족하는 ㉡은 3, 2×2×3, 2×2×3×3×3 ……입니다.
따라서 가장 작은 수가 되려면 ㉡=3이고,
2×2×2×2×3×3=㉠×㉠에서
㉠=2×2×3=12입니다.

3-1 ■.■×■=17.6입니다.
이때 양쪽에 10을 각각 곱하면 ■■×■=176입니다.
176=2×2×2×2×11=44×4이므로
■=4입니다.

참고

■에 1부터 차례로 넣어 ■■×■=176이 되는 수를 찾아봅니다.
■=1일 때 11×1=11(×), ■=2일 때 22×2=44(×),
■=3일 때 33×3=99(×), ■=4일 때 44×4=176(○),
■=5일 때 55×5=275(×), ■=6일 때 66×6=396(×),
■=7일 때 77×7=539(×), ■=8일 때 88×8=704(×),
■=9일 때 99×9=891(×)

3-2 어떤 수를 □라 하면
□÷8=☆…5, □÷20=▲…5입니다.
두 식의 나머지가 모두 5이므로
(□−5)는 8과 20의 공배수입니다.
8과 20의 최소공배수는 40이므로 어떤 수 중 가장 작은 수는 □−5=40, □=45입니다.

STEP 2 실전 경시 문제 16~23쪽

1 7389	**2** 10
3 399	**4** 330
5 9, 8, 7, 2	**6** 32개
7 100	**8** 3132
9 2500	**10** 짝수
11 123개	**12** 10개
13 19개	**14** 51.2
15 50	**16** 아빠, 0.4인치
17 16	**18** $\frac{5}{8}$
19 1	**20** $\frac{3}{5}$
21 2, 2, 1, 2	**22** $1\frac{5}{7}$
23 5개	**24** 14
25 49.04	**26** 5400
27 13 파운드	**28** $\frac{13}{32}$
29 1.32	**30** 40
31 45, 9	**32** $4\frac{1}{6}$

1 곱이 가장 크려면 9□□×8 또는 8□□×9이어야 합니다. 이때 921×8=7368, 821×9=7389이므로 곱이 가장 클 때의 곱은 7389입니다.

2 곱이 가장 작으려면 곱하는 두 수의 가장 높은 자리 숫자가 작아야 하는데 0은 들어갈 수 없습니다.
105×37=3885, 107×35=3745, 157×30=4710, 305×17=5185, 307×15=4605, 357×10=3570
따라서 곱이 가장 작은 곱셈식은 357×10=3570이고 이때 두 자리 수는 10입니다.

3 합이 가장 크려면 가장 큰 세 자리 수끼리 더해야 합니다. 가장 큰 세 자리 수는 987이므로 두 수의 합은 987+987=1974입니다. 따라서 바르게 계산한 값과 1575와의 차를 계산하면 1974−1575=399입니다.

4 숫자 카드로 만들 수 있는 (두 자리 수)+(두 자리 수)의 경우를 모두 알아보면 다음과 같습니다.
12+45=57, 12+54=66, 21+45=66,
21+54=75, 14+25=39, 14+52=66,
41+25=66, 41+52=93, 15+24=39,
15+42=57, 51+24=75, 51+42=93
이 중에서 서로 다른 가를 찾으면 39, 57, 66, 75, 93이므로 합은 39+57+66+75+93=330입니다.

다른 풀이

12+45는 15+42, 42+15, 45+12와 합이 같으므로 1이 십의 자리 숫자인 경우와 일의 자리 숫자인 경우로 나누어 생각합니다.
1□+2□=39　1□+4□=57　1□+5□=66
□1+□2=93　□1+□4=75　□1+□5=66
⇨ 39+57+66+75+93=330

5 카드의 합이 26이 되는 경우를 찾아 그때의 곱을 구해 봅니다.
(9, 8, 7, 2) → 9×8×7×2=1008
(9, 8, 6, 3) → 9×8×6×3=1296
(9, 8, 5, 4) → 9×8×5×4=1440
(9, 7, 6, 4) → 9×7×6×4=1512
(8, 7, 6, 5) → 8×7×6×5=1680
따라서 곱이 1000보다 크고 1100보다 작은 경우는 (9, 8, 7, 2)입니다.

6 • 이웃한 자리의 숫자끼리의 차가 1일 때:
123, 321, 234, 432, 345, 543, 456, 654, 567, 765, 678, 876, 789, 987 ⇨ 14개
• 이웃한 자리의 숫자끼리의 차가 2일 때:
135, 531, 246, 642, 357, 753, 468, 864, 579, 975 ⇨ 10개

• 이웃한 자리의 숫자끼리의 차가 3일 때:
147, 741, 258, 852, 369, 963 ⇨ 6개
• 이웃한 자리의 숫자끼리의 차가 4일 때:
159, 951 ⇨ 2개
따라서 만들 수 있는 세 자리 수는 모두 $14+10+6+2=32$(개)입니다.

7 $1+2+3+4+5+6+7+8+9+10$과 $9+8+7+6+5+4+3+2+1$로 나누어서 생각할 수 있습니다.

$1+2+3+\cdots\cdots+8+9+10=11\times5=55$ (양 끝에서 짝지은 두 수의 합: 11)

⇨ $1+2+3+\cdots\cdots+10+9+8+\cdots\cdots+1$
$=55+45=100$

8 어떤 규칙이 있는지 찾아봅니다.
$102\times2+100=304$,
$304\times2+100=708$,
$708\times2+100=1516$
따라서 (뒤의 수)$=$(앞의 수)$\times2+100$입니다.
⇨ $\square=1516\times2+100=3132$

9 $1+3$과 같이 홀수가 두 개인 경우는 $2\times2=4$이고 $1+3+5$와 같이 홀수가 세 개인 경우는 $3\times3=9$입니다. $1+3+5+7+\cdots\cdots+93+95+97+99$에서 홀수는 50개이므로 $50\times50=2500$입니다.

10 1　1　2　3　5　8 ……
(2 ← 1+1, 3 ← 1+2, 5 ← 2+3, 8 ← 3+5)
앞의 수 2개의 합을 뒤에 쓰는 규칙입니다.
55가 10번째 수이므로
(11번째 수)$=34+55=89$,
(12번째 수)$=55+89=144$,
(13번째 수)$=89+144=233$,
(14번째 수)$=144+233=377$,
(15번째 수)$=233+377=610$입니다.
따라서 15번째 수는 짝수입니다.

다른 풀이
홀수인지 짝수인지 답해야 하므로 홀수 또는 짝수인 규칙을 찾습니다.
3번째: 짝수, 4번째: 홀수, 5번째: 홀수, 6번째: 짝수,
7번째: 홀수, 8번째: 홀수, 9번째: 짝수, 10번째: 홀수……
이므로 3의 배수의 순서일 때 짝수입니다.
따라서 $15=3\times5$이므로 15번째 수는 짝수입니다.

11 소수를 분수로 나타내면 $\frac{8}{10}<\frac{99}{\square}$이고 양쪽에 $(\square\times10)$을 곱하면 $\frac{8}{10}\times\square\times10<\frac{99}{\square}\times\square\times10$,
$8\times\square<99\times10$, $8\times\square<990$으로 나타낼 수 있습니다.
$8\times123=984$, $8\times124=992$이므로
$\square$ 안에 들어갈 수 있는 자연수는 1부터 123까지 모두 123개입니다.

12 $3\frac{1}{2}$을 가분수로 나타내면 $\frac{7}{2}$이고 $\frac{7\times\square}{2\times\square}$에서 $7\times\square$, $2\times\square$가 두 자리 수가 되어야 합니다.
$7\times\square$가 두 자리 수가 되려면 $\square=2, 3, 4, \cdots\cdots, 14$입니다. $2\times\square$가 두 자리 수가 되려면 $\square=5, 6, 7, \cdots\cdots, 49$입니다. 따라서 분자와 분모가 모두 두 자리 수가 되는 $\square$는 $5, 6, 7, \cdots\cdots, 14$로 모두 10개입니다.

13 • $0.32<\frac{㉠}{33}$의 양쪽에 33을 곱합니다.
$0.32\times33<㉠$, $10.56<㉠$
• $\frac{㉠}{33}<0.9$의 양쪽에 33을 곱합니다.
$㉠<0.9\times33$, $㉠<29.7$
⇨ ㉠은 자연수이고 $10.56<㉠<29.7$이므로
$㉠=11, 12, \cdots\cdots, 29$로 모두 19개입니다.

14 $㉡\times㉢\times\frac{4}{5}=\frac{2}{5}\times㉡\times6.4$, ← 양변을 ㉡으로 나눕니다.
$㉢\times\frac{4}{5}=\frac{2}{5}\times6.4$,
$㉢=\frac{2}{5}\times6.4\div\frac{4}{5}=3.2$
$1.6\times㉢\times6.4=1.6\times3.2\times6.4=32.768$
$\frac{2}{5}\times㉠\times1.6=32.768$,
$㉠\times0.64=32.768$,
$㉠=32.768\div0.64=51.2$

15 $3.18=\frac{318}{100}=\frac{159}{50}$입니다.
$\frac{159}{50}=\frac{3\times A+9}{A}$,
$159\times A=(3\times A+9)\times50$,
$159\times A=50\times3\times A+50\times9$,
$159\times A=150\times A+450$, $9\times A=450$,
$A=50$입니다.

16 남성은 $35\frac{2}{5}=35.4$(인치) 초과일 때 복부 비만이고

아빠는 $35.8>35.4$이므로 비만입니다.

여성은 $33.5=33\frac{1}{2}$(인치) 초과일 때 복부 비만이고

엄마는 $33\frac{1}{9}<33\frac{1}{2}$이므로 비만이 아닙니다.

따라서 아빠는 정상이 되기 위해 적어도

$35.8-35.4=0.4$(인치) 줄여야 합니다.

17 어떤 수를 □라 하면 $\frac{399+\square}{581}=\frac{5}{7}$,

$399+\square=\frac{5}{7}\times581$입니다.

$399+\square=415$,

$\square=415-399$,

$\square=16$

18 ①은 점8분음표(♪.)이므로

$\frac{1}{8}+\frac{1}{8}\times\frac{1}{2}=\frac{1}{8}+\frac{1}{16}=\frac{3}{16}$입니다.

②는 16분음표(𝅘𝅥𝅯)이므로 $\frac{1}{8}\times\frac{1}{2}=\frac{1}{16}$입니다.

③은 점4분음표(♩.)이므로 $\frac{1}{4}+\frac{1}{4}\times\frac{1}{2}=\frac{1}{4}+\frac{1}{8}=\frac{3}{8}$

입니다.

⇨ $①+②+③=\frac{3}{16}+\frac{1}{16}+\frac{3}{8}$

$=\frac{3}{16}+\frac{1}{16}+\frac{6}{16}$

$=\frac{10}{16}=\frac{5}{8}$

참고

음의 길이를 각각 알아봅니다.

♪(8분음표): $\frac{1}{4}\times\frac{1}{2}=\frac{1}{8}$

𝅘𝅥𝅯(16분음표): $\frac{1}{8}\times\frac{1}{2}=\frac{1}{16}$

♩.(점4분음표): $\frac{1}{4}+\frac{1}{4}\times\frac{1}{2}=\frac{1}{4}+\frac{1}{8}=\frac{3}{8}$

♪.(점8분음표): $\frac{1}{8}+\frac{1}{8}\times\frac{1}{2}=\frac{1}{8}+\frac{1}{16}=\frac{3}{16}$

19 먼저 분모를 간단히 합니다.

$\frac{1}{100}+\frac{2}{100}+\cdots\cdots+\frac{10}{100}=\frac{55}{100}=\frac{11}{20}$

$$\frac{1}{\frac{1}{100}+\frac{2}{100}+\cdots\cdots+\frac{10}{100}}=\frac{1}{\frac{11}{20}}=1\div\frac{11}{20}$$

$$=1\times\frac{20}{11}=1\frac{9}{11}$$

따라서 ㉠=1, ㉡=9, ㉢=11입니다.

20 $$\frac{1}{1+\frac{1}{1+\frac{1}{2}}}=\frac{1}{1+\frac{1}{\frac{3}{2}}}=\frac{1}{1+\frac{2}{3}}$$

$$=\frac{1}{\frac{5}{3}}=\frac{3}{5}$$

21 $$\frac{19}{8}=2+\frac{3}{8}=2+\frac{1}{\frac{8}{3}}$$

$$=2+\frac{1}{2+\frac{2}{3}}$$

$$=2+\frac{1}{2+\frac{1}{\frac{3}{2}}}$$

$$=2+\frac{1}{2+\frac{1}{1+\frac{1}{2}}}$$

따라서 ㉠=2, ㉡=2, ㉢=1, ㉣=2입니다.

22 $$\frac{1}{4}◎\frac{1}{5}=1+\frac{1}{\frac{1}{4}\times\frac{1}{5}}$$

$$=1+\frac{1}{\frac{1}{20}}=1+20=21$$

$$21◎\frac{1}{15}=1+\frac{1}{\overset{7}{\cancel{21}}\times\frac{1}{\underset{5}{\cancel{15}}}}$$

$$=1+\frac{1}{\frac{7}{5}}$$

$$=1+\frac{5}{7}=1\frac{5}{7}$$

23 $\frac{7}{24+\square}<\frac{1}{5}$ ⇨ $\frac{7}{24+\square}<\frac{7}{35}$

분자가 같을 때 분모가 작을수록 큰 수이므로

$24+\square>35$, $\square>11$입니다. …… ①

$\frac{7+\square}{24}>\frac{1}{2}$ ⇨ $\frac{7+\square}{24}>\frac{12}{24}$

$7+\square>12$, $\square>5$입니다. …… ②

$\frac{7+\square}{24}$는 진분수이므로 $7+\square<24$,

$\square<17$입니다. …… ③

①, ②, ③에서 $11<\square<17$이므로 □ 안에 들어갈 수 있는 자연수는 12, 13, 14, 15, 16으로 모두 5개입니다.

24 ㉮4㉯×3=10㉰1에서 ㉯×3의 일의 자리 숫자가 1이므로 ㉯=7입니다.

또한 ㉰는 120+20=140이므로 ㉰=4이고

㉮×3+1=10이므로 ㉮=3입니다.

⇨ ㉮+㉯+㉰=3+7+4=14

25

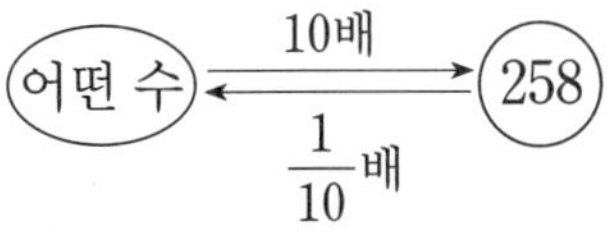

어떤 수는 258의 $\frac{1}{10}$배이므로 어떤 수는 25.8입니다.

25.8보다 0.34 큰 소수는 25.8+0.34=26.14이고

25.8보다 $2\frac{9}{10}$ 작은 소수는

$25.8-2\frac{9}{10}=25.8-2.9$

$=22.9$입니다.

⇨ 26.14+22.9=49.04

26 • $\frac{3}{■}+\frac{3}{■}+\frac{3}{■}=\frac{9}{■}$이므로

$\frac{1}{5}=\frac{9}{■}$, ■=5×9=45입니다.

• $\frac{6}{▲}+\frac{6}{▲}+\frac{6}{▲}+\frac{6}{▲}=\frac{24}{▲}$이므로

$\frac{1}{5}=\frac{24}{▲}$, ▲=5×24=120입니다.

⇨ ■×▲=45×120

=5400

27 60 kg의 $\frac{1}{10}$인 6 kg짜리 공을 고르는 것이 좋습니다.

이때 6 kg을 파운드로 나타내면

$6\times2\frac{2}{9}=6\times\frac{20}{9}=\frac{40}{3}=13\frac{1}{3}$ (파운드)입니다.

따라서 이 무게에 가장 가까운 볼링공은 13 파운드입니다.

28 $\frac{3}{5}$ ◌ $\frac{5}{4}=(\frac{5}{4}-\frac{3}{5})\times\frac{1}{2}\times\frac{5}{4}$

$=\frac{13}{\underset{4}{\cancel{20}}}\times\frac{1}{2}\times\frac{\overset{1}{\cancel{5}}}{4}=\frac{13}{32}$

29 가◌나=가+나$-\frac{1}{2}$×(가+나)이므로

0.25 ◌ 0.39

$=0.25+0.39-\frac{1}{2}\times(0.25+0.39)$

=0.64−0.32=0.32입니다.

가▲나=가+나×$\frac{5}{3}$이므로

0.32 ▲ 0.6=0.32+0.6×$\frac{5}{3}$

=0.32+1=1.32입니다.

30 96=2×2×2×2×2×3이고 96과 ㉮의 최대공약수가 8이므로 ㉮는 2×2×2×■로 나타낼 수 있습니다.

96과 ㉮의 최소공배수인 480이

480=2×2×2×2×2×3×5이므로

㉮=2×2×2×5입니다.

따라서 ㉮=2×2×2×5=40입니다.

다른 풀이

최대공약수가 8이므로 96=8×12입니다.

최소공배수가 480이므로 480=12×40으로 나타내면 ㉮는 40입니다.

31 $\frac{㉡\times㉡}{㉠\times㉠\times㉠}=1\times\frac{1}{1125}=\frac{1}{1125}$

㉡×㉡×1125=㉠×㉠×㉠이고

1125=5×5×5×3×3이므로

㉠, ㉡이 가장 작은 자연수일 때는

㉠×㉠×㉠=㉡×㉡×5×5×5×3×3

=5×5×5×3×3×3×3×3×3

=45×45×45

따라서 ㉠=45, ㉡=9입니다.

32 ♦와 ★의 약속을 먼저 알아봅니다.

- $3♦2=8$, $5♦3=18$, $2♦8=24$에서 $(3+1)\times2=8$, $(5+1)\times3=18$, $(2+1)\times8=24$이므로 가♦나=(가+1)×나입니다.
- $9★3=4$, $10★2=6$, $28★7=5$에서 $9\div3+1=4$, $10\div2+1=6$, $28\div7+1=5$이므로 가★나=가÷나+1입니다.

⇨ $6.6♦\frac{5}{9}=(6.6+1)\times\frac{5}{9}=7.6\times\frac{5}{9}$

$=\frac{\overset{38}{\cancel{76}}}{\underset{\underset{1}{\cancel{2}}}{\cancel{10}}}\times\frac{\overset{1}{\cancel{5}}}{9}=\frac{38}{9}=4\frac{2}{9}$

$4\frac{2}{9}★1\frac{1}{3}=\frac{38}{9}\div\frac{4}{3}+1=\frac{\overset{19}{\cancel{38}}}{\underset{3}{\cancel{9}}}\times\frac{\overset{1}{\cancel{3}}}{\underset{2}{\cancel{4}}}+1$

$=\frac{19}{6}+1=3\frac{1}{6}+1=4\frac{1}{6}$

STEP 3 코딩 유형 문제 24~25쪽

1 6번	**2** ㉮
3 3번	**4** 37.5

1 1단계: [7|1|3|5|2] →① [1|7|3|5|2]

→② [1|3|7|5|2] →③ [1|3|5|7|2]

→④ [1|3|5|2|7]

⇨ 4번

2단계: [1|3|5|2|7] →① [1|3|2|5|7]

⇨ 1번

3단계: [1|3|2|5|7] →① [1|2|3|5|7]

⇨ 1번

따라서 4+1+1=6(번)의 데이터 정렬이 일어납니다.

2 ㉮: 1단계 [9|2|1] →① [2|9|1] →② [2|1|9]

⇨ 2번

2단계 [2|1|9] →① [1|2|9]

⇨ 1번

㉯: 1단계 [3|1|8] →① [1|3|8] ⇨ 1번

㉮는 3번, ㉯는 1번만에 정리하므로 ㉮가 더 많이 정렬합니다.

3 1단계: 정렬이 끝나면 데이터는 [7|2|5|4|9]가 됩니다.

2단계: [7|2|5|4|9] →① [2|7|5|4|9]

→② [2|5|7|4|9] →③ [2|5|4|7|9]

⇨ 3번

4 출발할 때의 수가 0일 때 기호에 따라 이동하여 계산해 봅니다.

0 [출발 ⇨] (+100) 100, 100 [⇨] (+100) 200, 200 [⇨] (+100) 300,

300 [⇩] (÷10) 30, 30 [⇩] (÷10) 3, 3 [⇦] (×5) 15,

15 [⇦] (×5) 75, 75 [⇦] (×5) 375, 375 [⇩] (÷10) 37.5

STEP 4 도전! 최상위 문제 26~29쪽

1 64	**2** 10001
3 532개	**4** 61
5 14	**6** 1분 12초
7 7, 8, 1	**8** 115

1 분수의 규칙을 찾아보면 분모는 1, 3, 5, 7, 9……와 같이 2씩 커지고 분자는 1, 2, 3, 4, 5가 되풀이되는 규칙입니다. 30번째 분수의 분자는 30÷5=6에서 1, 2, 3, 4, 5가 6번 되풀이된 것이므로 5입니다.

30번째 분수의 분모는 1부터 2씩 커지는 규칙이므로 1+2×29=59입니다. 따라서 30번째 분수는 $\frac{5}{59}$이므로 분자와 분모의 합은 5+59=64입니다.

2 ●▲00●▲=●▲×㉮에서

●▲00●▲=●▲0000+●▲입니다.

또한 ●▲0000+●▲=●▲×10000+●▲×1

=●▲×(10000+1)

=●▲×10001입니다.

⇨ ㉮=10001

3 10부터 600까지의 자연수는 600−9=591(개)입니다.
이 중에서 대칭수는 다음과 같습니다.
- 두 자리 대칭수: 11, 22, ……, 99 ⇨ 9개
- 세 자리 대칭수: 1□1의 □ 안에는 0부터 9까지의 10개의 숫자가 들어갈 수 있습니다. 101부터 595까지 세 자리 대칭수는 10×5=50(개)입니다.

따라서 대칭수는 9+50=59(개)이므로 대칭수가 아닌 수는 591−59=532(개)입니다.

4 위에서부터 4번째 줄의 값:
㉮+㉯, ㉯+㉰, ㉰+㉱, ㉱+㉲
위에서부터 3번째 줄의 값:
㉮+㉯×2+㉰, ㉯+㉰×2+㉱, ㉰+㉱×2+㉲
위에서부터 2번째 줄의 값:
㉮+㉯×3+㉰×3+㉱, ㉯+㉰×3+㉱×3+㉲
위에서부터 1번째 줄의 값:
㉮+㉯×4+㉰×6+㉱×4+㉲
따라서 ㉰=5, ㉯, ㉱는 4와 3, ㉮, ㉲는 2와 1일 때 가장 큰 값이 됩니다.
⇨ 1+3×4+5×6+4×4+2=61

5
- $\frac{□+1}{5}$이 자연수가 되려면 (□+1)이 5의 배수이어야 합니다.
  ⇨ □=4, 9, 14, 19, 24, 29 ……
- $\frac{30-□}{4}$가 자연수가 되려면 30−□가 4의 배수이어야 합니다.
  ⇨ □=2, 6, 10, 14, 18, 22, 26

두 가지를 모두 만족하는 수는 □=14입니다.

6 초시계 A ⇨ 1.5초마다 0.2초씩 빠르게 갑니다.
⇨ 9초마다 1.2초씩 빠르게 갑니다. ……①
초시계 B ⇨ 1.8초마다 0.1초씩 빠르게 갑니다.
⇨ 9초마다 0.5초씩 빠르게 갑니다. ……②
①, ②에서 A와 B 두 초시계는 9초마다 0.7초 차이가 납니다.
5.6=0.7×8이므로 5.6초 차이가 나려면
9×8=72(초)가 걸립니다.
⇨ 72초=1분 12초

7 ㉮, ㉯가 한 자리 자연수이므로 ㉮+㉯는 20보다 작습니다. 따라서 ㉰=1입니다.
㉮+1=㉯이고, ㉮+㉯=15이므로
㉮=7, ㉯=8입니다.

8
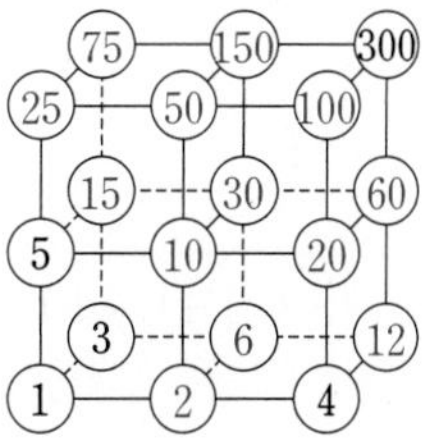

빈 곳에 약수, 배수를 알맞게 써넣습니다.
㉠=25, ㉡=60, ㉢=30이므로
㉠+㉡+㉢=25+60+30=115입니다.

특강 영재원 · **창의융합** 문제 **30쪽**

9 (위에서부터) 3, 5, 9, 12, 4
10 (위에서부터) 27, 21, 15, 9

9

16	㉠	2	13
㉡	10	11	8
㉢	6	7	㉣
㉤	15	14	1

(한 줄에 있는 수의 합)
=2+11+7+14=34
16+㉠+2+13=34, ㉠=3
㉡+10+11+8=34, ㉡=5
13+8+㉣+1=34, ㉣=12
㉢+6+7+12=34, ㉢=9
㉤+15+14+1=34, ㉤=4

10

㉠	6	㉡
12	18	24
㉢	30	㉣

(한 줄에 있는 수의 합)
=6+18+30=54
가로에서 ㉠+6+㉡=54이므로 ㉠+㉡=48이고
세로에서 ㉠+12+㉢=54이므로 ㉠+㉢=42이고
대각선에서 ㉡+18+㉢=54이므로
㉡+㉢=36입니다.
㉠+㉡=48에서 ㉠=48−㉡이므로
㉠+㉢=42에 ㉠ 대신 (48−㉡)을 넣으면
48−㉡+㉢=42, ㉢=㉡−6입니다.
㉡+㉢=36에 ㉢ 대신 (㉡−6)을 넣으면
㉡+㉡−6=36, ㉡×2=42, ㉡=21입니다.
㉡=21이므로 ㉠=48−21=27,
㉢=21−6=15,
㉣=54−㉢−30=54−15−30=9입니다.

Ⅱ 연산 영역

STEP 1 경시 **기출 유형** 문제 32~33쪽

[주제 학습 5] 310

1 29개	**2** 137, 138, 139, 140

[확인 문제] [한 번 더 확인]

1-1 2, 5, 8	**1-2** 4개
2-1 528	**2-2** 305
3-1 64	**3-2** 6

1 학생 수를 □명이라 하면
30×□−15=25×□+75,
30×□−25×□=75+15,
5×□=90,
□=18입니다.
(선생님이 가진 사탕의 수)=30×18−15=525(개)
⇨ 525÷18=29…3이므로 29개씩 나누어 주고 3개가 남습니다.

2 12로 나누었을 때의 몫을 소수 첫째 자리에서 버림하여 나타내면 11이므로
어떤 수는 11×12=132보다 크거나 같고
12×12=144보다 작습니다.
131<(어떤 자연수)<144 …①
13으로 나누었을 때의 몫을 소수 첫째 자리에서 반올림하여 나타내면 11이므로
어떤 수는 13×10.5=136.5보다 크거나 같고
13×11.5=149.5보다 작습니다.
136<(어떤 자연수)<150 …②
14로 나누었을 때의 몫을 소수 첫째 자리에서 올림하여 나타내면 10이 되므로
어떤 수는 14×9=126보다 크고 14×10=140보다 작거나 같습니다. 126<(어떤 자연수)<141 …③
⇨ ①, ②, ③을 모두 만족하는 자연수는 137, 138, 139, 140입니다.

참고
어떤 수의 범위를 수직선에 나타내면 다음과 같습니다.

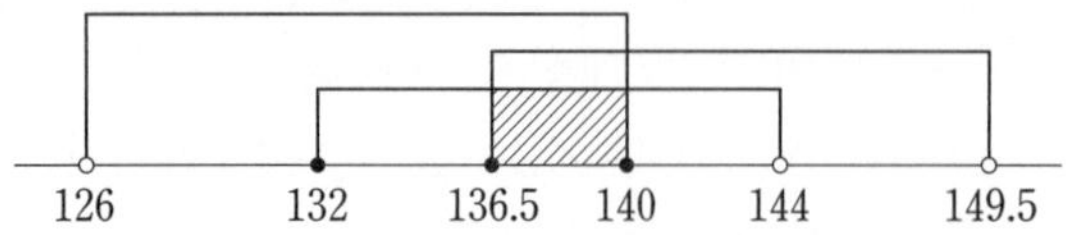

⇨ 빗금친 부분에 해당되는 자연수는 137, 138, 139입니다.

[확인 문제] [한 번 더 확인]

1-1 5로 나누면 4가 남고, 6으로 나누면 5가 남는 수에 1을 더하면 5로도 나누어떨어지고 6으로도 나누어떨어집니다. 따라서 구하는 수를 ★라 하면 (★+1)은 5로도 나누어떨어지고 6으로도 나누어떨어지므로 (★+1)은 5와 6의 최소공배수인 30의 배수입니다.
★의 백의 자리 숫자가 3이므로 (★+1)은 330, 360, 390이고 ★은 329, 359, 389입니다.
따라서 □ 안에 들어갈 수 있는 수는 2, 5, 8입니다.

1-2 210의 약수는 1, 2, 3, 5, 6, 7, 10, 14, 15, 21, 30, 35, 42, 70, 105, 210입니다.
이 중 2의 배수도, 3의 배수도 아닌 것은 1, 5, 7, 35로 모두 4개입니다.

2-1 몫과 나머지가 클수록 나눠지는 수가 크고, 나머지는 나누는 수보다 작아야 합니다. 따라서 몫과 나머지가 22일 때 나눠지는 수가 가장 큽니다.
⇨ 23×22+22=528

2-2 나머지가 16이고, 몫은 16보다 1 큰 17일 때 나눠지는 수가 가장 큽니다.
⇨ 17×17+16=289+16=305

3-1 A×B=999
=9×111
=3×3×3×37
=27×37
37−27=10이므로 A와 B는 27, 37입니다.
⇨ 27+37=64

3-2 $\frac{8\times B\times B}{25\times A\times A\times A}\div 1\frac{11}{21}=\frac{21}{50}$,
$\frac{8\times B\times B}{25\times A\times A\times A}=\frac{21}{50}\times 1\frac{11}{21}=\frac{\overset{1}{\cancel{21}}}{\underset{25}{\cancel{50}}}\times\frac{\overset{16}{\cancel{32}}}{\underset{1}{\cancel{21}}}=\frac{16}{25}$,
$\frac{B\times B}{A\times A\times A}=\frac{16}{25}\div\frac{8}{25}=2$
⇨ B×B=2×A×A×A
B×B는 2의 배수이므로 2, 4, 6……입니다.
B=2일 때 2×2=2×A×A×A, 2=A×A×A를 만족하는 자연수인 A는 없습니다.
B=4일 때 4×4=2×A×A×A,
16=2×A×A×A, A=2입니다.
따라서 A+B가 가장 작을 때는 2+4=6입니다.

STEP 1 경시 **기출 유형** 문제 34~35쪽

[주제 학습 6] 24691356

1 13 **2** 15

[확인 문제][한 번 더 확인]

1-1 1 **1-2** 15

2-1 7.5 **2-2** 0.44

3-1 $3\frac{3}{4}$ L **3-2** 흰색 실, $\frac{11}{60}$ m

1 $\frac{1}{㉮}-\frac{1}{㉯}=\frac{1}{42}$을 통분하면 $\frac{㉯-㉮}{㉮\times㉯}=\frac{1}{42}$입니다.

이때 $\frac{㉯-㉮}{㉮\times㉯}$는 $\frac{1}{42}$, $\frac{2}{84}$, $\frac{3}{126}$……이 될 수 있고 ㉮, ㉯는 서로 다른 한 자리 자연수이므로 ㉮×㉯=42입니다.

42=7×6이고 ㉯−㉮=1이므로 ㉯=7, ㉮=6입니다.

따라서 ㉮+㉯=13입니다.

2 ㉡+㉣=10, ㉠+㉢+1=10일 때 2.㉠㉡+3.㉢㉣이 자연수가 됩니다.

㉠+㉢+1=10이므로 2.㉠㉡+3.㉢㉣=6이고 □는 ㉢의 2배이므로 ㉢×2=6, ㉢=3입니다.

⇨ ㉠+3+1=10, ㉠=6

㉠, ㉡, ㉢, ㉣은 0부터 9까지의 서로 다른 수이므로 3(㉢), 6(㉠)을 제외한 나머지 숫자 중에서 ㉡+㉣=10이 되는 경우는 (1, 9), (2, 8)입니다.

따라서 ㉣=9일 때 ㉠+㉣이 가장 큽니다.

⇨ 6+9=15

[확인 문제][한 번 더 확인]

1-1 계산 결과의 오른쪽 끝자리 숫자의 규칙을 알아봅니다.

7, 7×7=49, 7×7×7=343, 7×7×7×7=2401, 7×7×7×7×7=16807……이므로 오른쪽 끝자리의 숫자는 7, 9, 3, 1이 되풀이됩니다. 따라서 1.7을 100번 곱했을 때 오른쪽 끝자리의 숫자는 4번 곱했을 때 오른쪽 끝자리 숫자와 같은 1입니다.

1-2 • 분모의 일의 자리 숫자의 규칙

3, 3×3=9, 3×3×3=27, 3×3×3×3=81, 3×3×3×3×3=243……이므로 3, 9, 7, 1이 되풀이되는 규칙입니다.

⇨ $\frac{2}{3}$를 35번 곱했을 때 분모의 일의 자리 숫자는 7입니다.

• 분자의 일의 자리 숫자의 규칙

2, 2×2=4, 2×2×2=8, 2×2×2×2=16, 2×2×2×2×2=32……이므로 2, 4, 8, 6이 되풀이되는 규칙입니다.

⇨ $\frac{2}{3}$를 35번 곱했을 때 분자의 일의 자리 숫자는 8입니다.

따라서 $\frac{2}{3}$를 35번 곱하여 기약분수로 나타냈을 때 분모와 분자의 일의 자리 숫자의 합은 7+8=15입니다.

2-1

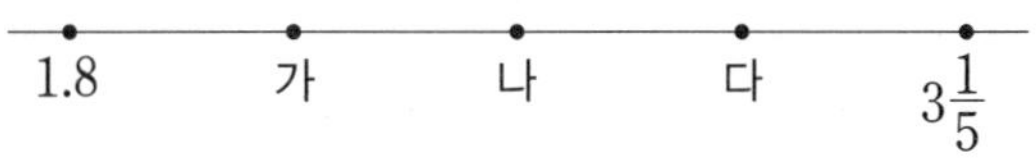

나는 1.8과 $3\frac{1}{5}$(=3.2)을 이등분한 점입니다.

(1.8+3.2)÷2=5÷2=2.5

• 가: (1.8+2.5)÷2=4.3÷2
=2.15

• 다: (2.5+3.2)÷2=5.7÷2
=2.85

⇨ 가+나+다=2.15+2.5+2.85=7.5

2-2

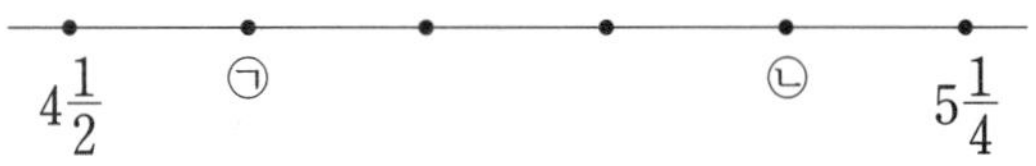

$4\frac{1}{2}$=4.5, $5\frac{1}{4}$=5.25이고 $4\frac{1}{2}$과 $5\frac{1}{4}$ 사이를 5등분하였으므로 한 칸의 크기는 (5.25−4.5)÷5=0.15입니다.

따라서 ㉠=4.5+0.15=4.65, ㉡=5.25−0.15=5.1입니다.

4.65보다 크고 5.1보다 작은 소수 세 자리 수 중에서 소수 셋째 자리 숫자가 6인 가장 작은 수는 4.656이고 가장 큰 수는 5.096입니다.

⇨ 5.096−4.656=0.44

3-1 산길 1 km를 가는 데 필요한 휘발유는 $\frac{1}{6}$ L이고, 도로 1 km를 가는 데 필요한 휘발유는 $\frac{1}{8}$ L입니다.

따라서 이 오토바이로 산길 15 km와 도로 10 km를 달리는 데 필요한 휘발유는 모두

$\frac{1}{6}\times15+\frac{1}{8}\times10=\frac{5}{2}+\frac{5}{4}$

$=\frac{10}{4}+\frac{5}{4}=\frac{15}{4}=3\frac{3}{4}$ (L)입니다.

3-2 빨간색 실: 1분 동안 $\frac{5}{60}=\frac{1}{12}$ (m)의 실을 만듭니다.
흰색 실: 1분 동안 $\frac{8}{30}=\frac{4}{15}$ (m)의 실을 만듭니다.
따라서 1분 동안 흰색 실을
$\frac{4}{15}-\frac{1}{12}=\frac{16}{60}-\frac{5}{60}=\frac{11}{60}$ (m) 더 많이 만듭니다.

STEP 1 경시 **기출 유형** 문제 36~37쪽

[주제 학습 7] 15 cm

1 2300원	**2** 2000원

[확인 문제] [한 번 더 확인]

1-1 10개	**1-2** 30개
2-1 270 mL	**2-2** 2 L
3-1 9명	**3-2** 7000억 원

1 빵의 가격을 □원이라고 하면
(4300−□) : (2900−□)=10 : 3입니다.
29000−□×10=12900−□×3
29000−12900=□×10−□×3
16100=□×7
□=2300

2 산 자와 지우개의 개수의 비는 7 : 3이고 모두 50개이므로 (자)$=50\times\frac{7}{7+3}=35$(개),
(지우개)$=50\times\frac{3}{7+3}=15$(개)입니다.
자 1개와 지우개 1개의 가격의 비가 2 : 1이므로 지우개 1개의 가격을 □원이라 하면 자 1개의 가격은 (□×2)원입니다.
□×2×35+□×15=85000,
□×70+□×15=85000,
□×85=85000, □=1000
따라서 자 한 개의 가격은
□×2=1000×2=2000(원)입니다.

[확인 문제] [한 번 더 확인]

1-1 (종수) : (미나) : (유빈)

5	:	7		
5	:			2
5	:	7	:	2

미나가 가진 구슬이 35개일 때 유빈이가 가진 구슬을 □개라 하면 7 : 2=35 : □, □=10입니다.

1-2 세 사람이 받은 칭찬 붙임 딱지는 65개이고, 용호는 20개를 받았으므로 장권이와 준성이가 받은 칭찬 붙임 딱지의 수는 65−20=45(개)입니다.
장권이와 준성이가 받은 칭찬 붙임 딱지 수의 비는 3 : 6=1 : 2입니다.
(준성이가 받은 칭찬 붙임 딱지의 수)
$=45\times\frac{2}{1+2}=30$(개)

2-1 (생수통에 들어 있는 물의 양)
$=2.4\times\frac{3}{8}=\frac{24}{10}\times\frac{3}{8}=\frac{9}{10}=0.9$ (L)
진명이가 70 %를 마셨으므로 남은 물은 30 %입니다.
⇨ (남은 생수의 양)=0.9×0.3=0.27 (L)
1 L=1000 mL이므로 0.27 L=270 mL입니다.

2-2 마신 우유가 3 L의 20 %이므로 남은 우유는 3 L의 80 %입니다.
(남은 우유의 양)=3×0.8=2.4 (L)
남은 우유와 사과 주스의 비가 6 : 5이므로 사과 주스의 양을 □ L라 하면 2.4 : □=6 : 5입니다.
⇨ □×6=2.4×5, □×6=12, □=2

3-1 6학년은 모두 250명이고 남학생과 여학생의 비가 2 : 3이므로 남학생과 여학생 수를 비례배분하여 구할 수 있습니다.
(6학년 남학생 수)$=250\times\frac{2}{2+3}=100$(명)
(6학년 여학생 수)$=250\times\frac{3}{2+3}=150$(명)
당첨된 학생이 남학생의 3 %, 여학생의 4 %이므로
(당첨된 남학생 수)$=100\times\frac{3}{100}=3$(명)
(당첨된 여학생 수)$=150\times\frac{4}{100}=6$(명)
따라서 행운권이 당첨된 학생은 3+6=9(명)입니다.

3-2 A 도시와 B 도시의 한 해 예산의 비가 7 : 5이므로 A 도시의 예산을 (7×□)원이라 하면 B 도시의 예산은 (5×□)원입니다.
A 도시의 예산 중에서 500억 원을 B 도시에 주면 두 도시의 예산의 비가 13 : 11이 되므로
(7×□−500억) : (5×□+500억)=13 : 11입니다.
⇨ (5×□+500억)×13=(7×□−500억)×11,
65×□+6500억=77×□−5500억,
6500억+5500억=77×□−65×□,
1조 2000억=12×□,
□=1000억
따라서 A 도시의 한 해 예산은
7×1000억=7000억 (원)입니다.

STEP 1 경시 **기출 유형** 문제 38~39쪽

[주제 학습 8] 84점, 100점

1 64점

[확인 문제] [한 번 더 확인]

1-1 87 **1-2** 12명
2-1 88점 **2-2** 84점
3-1 95점 **3-2** 60점, 75점

1 4반과 5반의 평균 점수는 같으므로 □점이라고 하면
$\frac{62+58+67+□+□}{5}=63$,
187+□+□=63×5,
2×□=315−187,
2×□=128,
□=64입니다.

[확인 문제] [한 번 더 확인]

1-1 $\frac{80+□+55}{3}=74$,
80+□+55=74×3,
135+□=222,
□=222−135,
□=87

1-2 남학생을 □명이라 하면 여학생은 (22−□)명입니다.
$\frac{86×□+75×(22−□)}{22}=81$,
86×□+75×(22−□)=1782,
86×□+1650−75×□=1782,
11×□=132,
□=12
따라서 민호네 반 남학생은 12명입니다.

2-1 한 문제가 4점이므로 지오의 수학 시험의 점수를 알아봅니다.
1회: 100−6×4=76(점)
2회: 100−3×4=88(점)
3회: 100점
(평균)=$\frac{76+88+100}{3}=\frac{264}{3}$=88(점)

2-2 인성이네 모둠의 평균 점수를 □점이라 하면
$\frac{93×4+□×5}{9}=88$,
372+□×5=88×9, 372+□×5=792,
□×5=420, □ =84

3-1 5번째 수학 점수를 □점이라고 하면
92<□<100입니다.
5번의 수학 점수의 평균은
$\frac{84+82+87+92+□}{5}=\frac{345+□}{5}$이고
$\frac{345+□}{5}$가 자연수가 되려면 345+□가 5의 배수이어야 합니다. 345가 5의 배수이므로 □도 5의 배수이어야 합니다. 따라서 92보다 크고 100보다 작은 수 중에서 5의 배수인 수는 95이므로 승연이의 5번째 수학 점수는 95점입니다.

3-2 시험 점수를 55점, 65점, 95점, ■점, ▲점이라 하고 5번 시험의 전체 평균은 70점이므로
$\frac{55+65+95+■+▲}{5}=70$, $\frac{215+■+▲}{5}=70$,
■+▲+215=350, ■+▲=350−215,
■+▲=135입니다.
■와 ▲는 55보다 크고 95보다 작으므로
■+▲=60+75 또는 ■+▲=65+70입니다.
이때 매번 다른 점수를 받았으므로 나머지 2번의 시험 점수는 60점과 75점입니다.

정답과 풀이
연산 영역

STEP 2 실전 경시 문제 40~47쪽

1 187	**2** 148개
3 60, 18	**4** 2.1 t
5 18	**6** 33
7 23일	**8** $8\frac{3}{4}$
9 6개	**10** 오후 2시 30분
11 14개	**12** 31813원
13 610	**14** 42 kg
15 85	**16** 0.396 TB
17 9 : 7	**18** 16000원
19 7 cm	**20** 15명
21 13	**22** 73점
23 90점	**24** 13.53
25 20개	**26** 8개
27 377조 6000억 원	**28** 108개
29 18	**30** 11
31 18	**32** 16

1 어떤 수÷15는 11.5 이상 12.5 미만이므로 어떤 수는 172.5 이상 187.5 미만입니다.
172.5 이상 187.5 미만인 자연수 중에서 가장 큰 수는 187입니다.

다른 풀이

어떤 수를 15로 나누었을 때 몫을 소수 첫째 자리에서 반올림하면 12가 되므로 몫을 자연수 부분까지 구하면 11 또는 12입니다. 가장 큰 수를 구해야 하므로 구하는 수의 몫은 12입니다. 15로 나누어 몫을 자연수 부분까지 구했을 때 나머지가 7 이하이면 몫의 소수 첫째 자리가 5보다 작고 이 중 가장 큰 나머지는 7입니다.
⇨ (어떤 수)=15×12+7=187

2 5개씩 담았더니 3개가 남고, 6개씩 담았더니 4개가 남았으므로 구슬 수를 □개라 하면 (□+2)는 5와 6의 공배수입니다.
5와 6의 최소공배수는 30이므로 표를 만들면 다음과 같습니다.

□+2	30	60	90	120	150	180	……
□	28	58	88	118	148	178	……

구슬이 100개보다는 많고 200개보다는 적으므로 118개, 148개, 178개 중에서 4의 배수를 찾으면 148개입니다.

3 최대공약수가 6이므로 두 수를 각각 6×a, 6×b로 나타낼 수 있습니다.
최소공배수가 180이므로 6×a×b=180, a×b=30입니다. 두 수의 차가 42이므로 6×a−6×b=42, a−b=7입니다.
따라서 차가 7이고 곱이 30인 두 수를 찾아보면 10과 3이므로 두 수는 각각 6×10=60, 6×3=18입니다.

4 • 철판: 줄인 철판의 넓이는 처음 철판의 넓이의 $\frac{2}{5}\times\frac{3}{5}=\frac{6}{25}$이므로 넓이가 1 a인 철판의 무게는 $432\div\frac{6}{25}=432\times\frac{25}{6}=1800$ (kg)입니다.
• 나무 판: 줄인 나무 판의 넓이는 처음 나무 판의 넓이의 0.6×0.8=0.48이므로 넓이가 1 a인 나무 판의 무게는 144÷0.48=300 (kg)입니다.
⇨ 1800+300=2100 (kg),
2100 kg=2.1 t

5 $2.25=2\frac{1}{4}=\frac{9}{4}$
가분수 ㉮는 $\frac{9}{4}$와 크기가 같고 분모와 분자의 합이 26이므로 가분수 ㉮는 $\frac{18}{8}$입니다.
따라서 가분수 ㉮의 분자는 18입니다.

참고

$\frac{9}{4}$와 크기가 같은 분수를 알아봅니다.
$\frac{9\times2}{4\times2}=\frac{18}{8}$, $\frac{9\times3}{4\times3}=\frac{27}{12}$, $\frac{9\times4}{4\times4}=\frac{36}{16}$, $\frac{9\times5}{4\times5}=\frac{45}{20}$, $\frac{9\times6}{4\times6}=\frac{54}{24}$……

6 $\frac{b-8}{a}=\frac{1}{4}$ ⇨ 4×(b−8)=a, 4×b−32=a … ①
$\frac{b}{a+6}=\frac{1}{2}$ ⇨ 2×b=a+6, a=2×b−6 … ②
①, ②에서 4×b−32=2×b−6,
4×b−2×b=32−6,
2×b=26, b=13입니다.
b=13이므로 a=4×13−32=20입니다.
따라서 a+b=20+13=33입니다.

7 일 전체의 양을 1이라 하면 지호가 하루에 하는 일의 양은 $\frac{1}{60}$, 명수가 하루에 하는 일의 양은 $\frac{1}{36}$이므로

두 사람이 하루에 하는 일의 양은 $(\frac{1}{60}+\frac{1}{36})$입니다.

따라서 두 사람이 일을 끝마치는 데 □일이 걸린다고 하면

$(\frac{1}{60}+\frac{1}{36})\times□=1$,

$(\frac{3}{180}+\frac{5}{180})\times□=1$,

$\frac{8}{180}\times□=1$,

$□=\frac{180}{8}=22.5$

두 사람이 일을 끝마치는 데 22.5일이 걸리므로 23일 만에 끝납니다.

8 ㉠을 가분수로 나타내었을 때 $\frac{▲}{■}$라 하면

$\frac{▲}{■}\div1\frac{1}{4}=\frac{▲}{■}\times\frac{4}{5}$, $\frac{▲}{■}\times\frac{32}{35}$가 자연수가 되어야 하므로 ■는 4와 32의 공약수이어야 합니다.

⇨ ■=4 또는 2 ⋯ ①

▲는 5와 35의 공배수이어야 합니다.

⇨ ▲=35, 70, 105⋯⋯ ⋯ ②

①, ②에서 만들 수 있는 가장 작은 가분수는 $\frac{35}{4}$이므로 대분수로 나타내면 $8\frac{3}{4}$입니다.

9 $\frac{4}{10}\div\frac{4}{35}=\frac{4}{10}\times\frac{35}{4}=\frac{7}{2}$,

$9\div\frac{3}{4}=9\times\frac{4}{3}=12$이므로 $\frac{7}{2}<4\div\frac{3}{□}<12$입니다.

$4\div\frac{3}{□}=4\times\frac{□}{3}$이므로 양쪽에 $\frac{3}{4}$을 곱합니다.

$\frac{7}{2}\times\frac{3}{4}<4\times\frac{□}{3}\times\frac{3}{4}<12\times\frac{3}{4}$,

$\frac{21}{8}<□<9$

따라서 □ 안에 들어갈 수 있는 자연수는 3, 4, 5, 6, 7, 8로 6개입니다.

10 걸리는 시간을 □시간이라 하면

$60\times(□+2)=90\times(□-\frac{10}{60})$,

$60\times(□+2)=90\times(□-\frac{1}{6})$,

$2\times(□+2)=3\times(□-\frac{1}{6})$,

$2\times□+4=3\times□-\frac{1}{2}$,

$□=4+\frac{1}{2}=4\frac{1}{2}$

$4\frac{1}{2}$시간=4시간 30분이므로 지정된 시각은

오전 10시+4시간 30분=오후 2시 30분입니다.

참고

4시간 30분을 지정된 시각으로 생각하여 답하지 않도록 주의합니다.

11 211.36÷14.56=14.5⋯⋯

따라서 14.56 cm씩 14개까지 자를 수 있으므로 팔찌를 14개까지 만들 수 있습니다.

참고

팔찌를 14.5개 만들 수 없으므로 소수점 아래 수를 버림해야 합니다.

12 270 kWh 사용한 가정의 기본 요금을 제외한 전기 요금은 다음의 계산과 같습니다.

60.7×100+125.9×100+187.9×70

=6070+12590+13153

=31813(원)

13 소수 한 자리 수를 □라 하면 □÷1.3의 몫을 소수 둘째 자리에서 반올림했을 때 4.7이 되었으므로

□÷1.3의 몫은 4.65 이상 4.75 미만입니다.

몫이 4.65일 때 □의 값을 알아보면

□÷1.3=4.65 ⇨ □=1.3×4.65=6.045입니다.

몫이 4.75일 때 □의 값을 알아보면

□÷1.3=4.75 ⇨ □=1.3×4.75=6.175입니다.

따라서 □는 6.045 이상 6.175 미만인 소수 한 자리 수이므로 6.1입니다. ⇨ 6.1×100=610

14 승찬이는 오늘 1.274 L만큼의 물을 마셨고 이는 하루 물 권장량보다 0.112 L 적은 양입니다.

승찬이의 하루 물 권장량은

1.274+0.112=1.386 (L)입니다.

따라서 승찬이의 몸무게는

1.386÷0.033=42 (kg)입니다.

15 $B<C<A$이고 $A\times0.37$, $B\times0.37$, $C\times0.37$의 자연수 부분이 모두 31이므로 $A\times0.37$, $B\times0.37$, $C\times0.37$은 31과 같거나 크고 32보다 작습니다.
$31\div0.37=83.78\cdots\cdots$
$32\div0.37=86.48\cdots\cdots$
따라서 A, B, C는 $83.78\cdots\cdots$보다 크거나 같고 $86.48\cdots\cdots$보다 작은 자연수이므로 $B=84$, $C=85$, $A=86$입니다.

16 (3월에 사용한 용량)$=2.5\times\frac{1}{5}=0.5$ (TB)
(3월에 사용하고 남은 용량)
$=2.5-0.5=2$ (TB)
(4월에 사용한 용량)$=2\times0.4=0.8$ (TB)
(4월에 사용하고 남은 용량)
$=2-0.8=1.2$ (TB)
(5월에 사용한 용량)
$=1.2\times\frac{67}{100}=0.804$ (TB)
(5월에 사용하고 남은 용량)
$=1.2-0.804=0.396$ (TB)

17 (세빈이와 해솔이가 가진 구슬 수)$=72-40=32$(개)
해솔이가 받은 구슬을 □개라 하면 세빈이가 받은 구슬은 (□$+4$)개이므로 $\square+\square+4=32$, $\square\times2=28$, $\square=14$입니다.
해솔이가 받은 구슬이 14개이므로 세빈이가 받은 구슬은 $14+4=18$(개)입니다.
⇨ (세빈) : (해솔)$=18:14=9:7$

18 $(\square\times6+4000):(\square\times7+4000)=8:9$
$(\square\times7+4000)\times8=(\square\times6+4000)\times9$,
$\square\times56+32000=\square\times54+36000$,
$\square\times56-\square\times54=36000-32000$,
$\square\times2=4000$,
$\square=2000$
⇨ (인상된 강아지 인형의 가격)
$=2000\times6+4000=16000$(원)

19 점 ㅁ은 변 ㄱㄹ의 한가운데 점이므로
(선분 ㄱㅁ)$=$(선분 ㅁㄹ)$=3$ cm
사각형 ㅁㅂㄷㄹ은 평행사변형이므로
선분 ㅂㄷ은 3 cm입니다.
사다리꼴 ㄱㄴㄷㄹ의 높이를 ㉠ cm라 하고
선분 ㄴㅂ의 길이를 ㉡ cm라 하면
{(3+㉡)×㉠÷2} : (3×㉠)=5 : 3입니다.
3×㉠×5=(3+㉡)×㉠÷2×3, ← 양변에 2를 곱합니다.
3×㉠×5×2=(3+㉡)×㉠×3, ← 양변을 (㉠×3)으로 나눕니다.
10=3+㉡,
㉡=7

20 (현재 남학생의 수)$=465\times\frac{16}{16+15}$
$=465\times\frac{16}{31}=240$(명)
(현재 여학생의 수)$=465-240=225$(명)
남학생은 전학 오지 않았으므로 처음 남학생 수와 같습니다.
전학 온 여학생 수를 □명이라고 하면
$240:(225-\square)=8:7$입니다.
$(225-\square)\times8=240\times7$,
$(225-\square)\times8=1680$,
$225-\square=210$,
$\square=15$

21 가장 작은 자연수를 □라 하면 네 개의 자연수는 □, $\square+2$, $\square+4$, $\square+6$입니다.
⇨ $\frac{\square+\square+2+\square+4+\square+6}{4}$
$=\frac{\square\times4+12}{4}=16$
$\square\times4+12=64$,
$\square\times4=52$,
$\square=13$

22 연희네 반 수학 점수 평균은 74점이고 21명이므로 수학 점수의 합은 $74\times21=1554$(점)입니다.
연희와 수연이의 평균이 83.5점이므로
$\frac{(\text{연희})+(\text{수연})}{2}=83.5$입니다.
따라서 (연희)+(수연)$=167$(점)입니다.
(연희와 수연이를 제외한 19명의 점수의 합)
$=1554-167=1387$(점)
(19명의 점수 평균)$=\frac{1387}{19}=73$(점)

23 평균 점수를 □점이라 하면
$\frac{(\text{준이})+\square-13+\square+8}{3}=\square$,
(준이)$+\square\times2-5=\square\times3$,
(준이)$=\square+5$입니다.

준이의 점수는 희수 점수의 $1\frac{1}{4}$배이므로

$\square+5=(\square-13)\times1\frac{1}{4}$,

$\square+5=\square\times\frac{5}{4}-\frac{65}{4}$,

$5+\frac{65}{4}=\frac{1}{4}\times\square$,

$\frac{1}{4}\times\square=\frac{85}{4}$, $\square=85$

(준이의 점수)$=85+5=90$(점)

24 ②의 조건에서 십의 자리 숫자는 1입니다.
③의 조건을 만족하려면 ①의 숫자 중 선대칭도형인 0, 1, 2, 5, 8을 사용합니다.
④의 조건을 만족하려면 1◇.◇1이어야 합니다.
①, ②, ③, ④를 만족하는 수는 10.01, 11.11, 12.21, 15.51, 18.81입니다.
⇨ $(10.01+11.11+12.21+15.51+18.81)\div5$
$=67.65\div5=13.53$

25 문태가 가진 100원짜리 동전의 수를 □개라 할 때 진영이가 가진 500원짜리 동전의 수는 ($\square\times5$)개입니다. 또한 진영이가 500원짜리 동전 3개를 100원짜리 동전 15개로 바꿔서 주었으므로
$\square\times5-3=\square+15-2$,
$\square\times5-\square=13+3$,
$\square\times4=16$, $\square=4$입니다.
따라서 처음에 진영이가 가진 동전은
$\square=4\times5=20$(개)입니다.

26 500원짜리와 100원짜리 동전의 개수의 합은 50원짜리 동전의 개수보다 적으므로 500원짜리 동전을 □개, 100원짜리 동전을 △개라고 하면 $\square+\triangle<12$입니다.
또 모인 돈이 5000원보다 적으므로
$600+500\times\square+100\times\triangle<5000$,
$500\times\square+100\times\triangle<4400$,
$5\times\square+\triangle<44$입니다.
500원짜리가 가장 많으려면 $\square=8$일 때
$5\times8+\triangle<44$, $\triangle<4$이므로
500원짜리가 가장 많을 때는 8개일 때입니다.

27 (환경부의 증가한 예산)
$=6$조$\times\frac{10}{100}=0.6$조 (원)$=6000$억 (원)
(교육부의 증가한 예산)
$=20$조$\times\frac{5}{100}=1$조 (원)
(내년 우리나라 예산)
$=376$조$+6000$억$+1$조
$=377$조 6000억 (원)

28 B에서 판 머리핀을 □개라 하면 A에서 판 머리핀은 ($\square+12$)개입니다.
(A의 판매 가격)$=2000\times0.75$
$=1500$(원)
(B의 판매 가격)$=2000\times0.8$
$=1600$(원)
⇨ $1500\times(\square+12)-1600\times\square=7200$,
$1500\times\square+18000-1600\times\square=7200$,
$100\times\square=10800$,
$\square=108$

29 한 자리 수끼리의 합이 두 자리 수가 될 때 $9+9=18$이므로 ●$=1$입니다.
●+■=●▲에서 ●$=1$일 때 $1+$■의 값이 두 자리 수가 되려면 ■$=9$입니다. 따라서 ▲$=0$입니다.

$$\begin{array}{r} 1\ ★ \\ +\ 9\ 1 \\ \hline 1\ 0\ 9 \end{array}$$
이므로 ★$=8$입니다.
⇨ ●+■−▲+★$=1+9-0+8=18$

30 ABC×3이 세 자리 수이므로 A<4입니다.
① A=1일 때
1BC×3=BB1이므로 C=7이고
1B7×3=BB1에서 B=3 또는 B=4 또는 B=5입니다.
⇨ $137\times3=411$(×), $147\times3=441$(○),
$157\times3=471$(×)
② A=2일 때
2BC×3=BB2이므로 C=4이고
2B4×3=BB2이므로 B=6 또는 B=7 또는 B=8입니다.
⇨ $264\times3=792$(×), $274\times3=822$(×),
$284\times3=852$(×)
③ A=3일 때
3BC×3=BB3이므로 C=1입니다.
3B1×3=BB3인 B는 없습니다.
따라서 A=1, B=4, C=7이고 B+C=4+7=11입니다.

31 만들 수 있는 가장 큰 소수는 9.8이고, 만들 수 있는 가장 작은 소수는 1.2입니다.
⇨ $9.8 \div 1.2 = 8.16\cdots\cdots$
따라서 몫이 8인 나눗셈식을 만들면 몫이 가장 큽니다.
⇨ $9.6 \div 1.2 = 8$
㉮=9, ㉯=6, ㉰=1, ㉱=2이므로 $9+6+1+2=18$입니다.

32 6−■=■이므로 ■=3입니다.
■<▲이므로 소수 첫째 자리에서 소수 둘째 자리로 받아내림이 있습니다.
10+3−▲=●, 13−▲=●
●−1−▲=▲, ●−1=▲×2
⇨ 13−▲−1=▲×2, 12=▲×3, ▲=4
따라서 ●=9, ■=3, ▲=4입니다.
⇨ $9+3+4=16$

STEP 3 코딩 유형 문제 48~49쪽

1

평문	A	B	C	D	E	F	G	H	I	J	K	L	M
암호	D	E	F	G	H	I	J	K	L	M	N	O	P
평문	N	O	P	Q	R	S	T	U	V	W	X	Y	Z
암호	Q	R	S	T	U	V	W	X	Y	Z	A	B	C

2 BE CAREFUL FOR ASSASSINATOR
3 VHH BRX DIWHU VFKRRO
4 삼을사분의삼으로나누시오.; 4

1 알파벳을 세 글자씩 뒤로 해서 씁니다.

2 **1**의 암호표를 이용해서 암호문을 평문으로 바꿉니다.

다른 풀이
A를 뒤로 세 글자 건너뛰는 것이 암호문의 규칙이므로 암호문의 각 알파벳에서 앞으로 세 글자 건너뛰면 평문이 됩니다.

3 평문의 각 알파벳에서 뒤로 세 글자 건너뛰어 암호문을 완성합니다.

4 격자 모양의 해독판에서 색칠한 부분과 같은 위치를 찾아서 그 글씨를 말이 되게 나열합니다.
$3 \div \frac{3}{4} = 3 \times \frac{4}{3} = 4$

STEP 4 도전! 최상위 문제 50~53쪽

1 1200 kg	**2** 23개
3 1000원	**4** 16 m
5 53 g	**6** 7.4권
7 3일	**8** 21

1 성재네 과일 가게에 팔고 남은 사과의 양을 □ kg이라 하면 $□-□\times\frac{4}{5}=150$, $□\times5-□\times4=750$, $□=750$입니다.
성재네 과일 가게에 팔기 전의 처음 사과의 양을 ☆ kg이라 하면
$☆-☆\times\frac{3}{8}=750$, $☆\times8-☆\times3=6000$,
$☆\times5=6000$, $☆=1200$입니다.

다른 풀이
수직선을 그려서 해결할 수 있습니다.

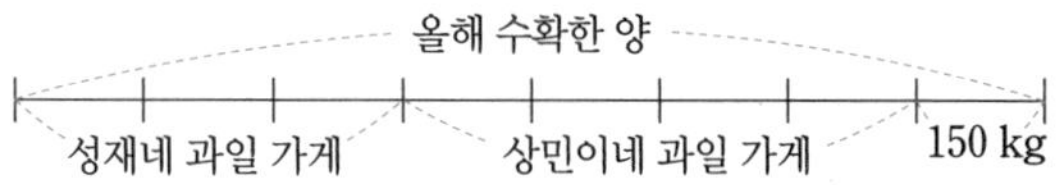

올해 수확한 사과의 양은 150 kg의 8배이므로 $150\times8=1200$ (kg)입니다.

2 소수 첫째 자리에서 반올림해서 3이 될 수 있는 수는 2.5 이상 3.5 미만입니다.
⇨ ●÷23=2.5에서 ●=23×2.5=57.5
●÷23=3.5에서 ●=23×3.5=80.5
자연수 A는 57.5보다 크거나 같고 80.5보다는 작아야 하므로 58부터 80까지의 자연수입니다. 따라서 A가 될 수 있는 수는 모두 $80-58+1=23$(개)입니다.

3 단비가 우혁이에게 □원을 주었다고 하면
$(5000-□) : (4500+□) = 8 : 11$입니다.
⇨ $(5000-□)\times11=(4500+□)\times8$,
$55000-□\times11=36000+□\times8$,
$55000-36000=□\times8+□\times11$,
$19000=□\times19$, $□=1000$

4 둘레가 120 m이면 가로와 세로의 길이의 합은 $120\div2=60$ (m)입니다.
(가로)$=60\times\frac{3}{5}=36$ (m)
(세로)$=60\times\frac{2}{5}=24$ (m)

(세로) : (태극 문양의 지름)=2 : 1

⇨ 24 : (태극 문양의 지름)=2: 1

(태극 문양의 지름)=12 m

(태극 문양의 지름) : (괘의 길이)

(괘의 길이) : (괘의 너비)

(태극 문양의 지름) : (괘의 길이) : (괘의 너비)

⇨ 2 : 1

3 : 2

6 : 3 : 2

⇨ (태극 문양의 지름) : (괘의 너비)=6 : 2=3 : 1

12 : (괘의 너비)=3 : 1, (괘의 너비)=4 m

따라서 태극 문양의 지름은 12 m, 괘의 너비는 4 m이므로 합은 12+4=16 (m)입니다.

5 (주황색 물감을 만드는 데 사용한 빨간색 물감의 양)

$=40\times\frac{4}{4+1}=32$ (g)

(연두색 물감을 만드는 데 사용한 초록색 물감의 양)

$=56\times\frac{3}{5+3}=21$ (g)

⇨ 32+21=53 (g)

6 • (3반 학생 수)$=\frac{18+20}{2}=19$(명)

• (4반 학생 수)=19+4=23(명)

(6학년 전체 학생 수)=18+20+19+23=80(명)

(한 달 평균 도서 대출 권수)

$=\frac{18\times8+20\times9+19\times7+23\times6}{80}$

$=\frac{144+180+133+138}{80}$

$=\frac{595}{80}=7.4\not{3}\cdots\cdots$(권)

7 일의 전체 양을 1이라 하면 정호가 하루 동안 하는 일의 양은 $\frac{1}{8}$이고, 장훈이가 하루 동안 하는 일의 양은 $\frac{1}{10}$입니다.

$\frac{1}{8}\times2+(\frac{1}{8}+\frac{1}{10})\times2$

$=\frac{1}{4}+\frac{5+4}{40}\times2=\frac{1}{4}+\frac{9}{20}$

$=\frac{5}{20}+\frac{9}{20}=\frac{14}{20}=\frac{7}{10}$

(남은 일의 양)$=1-\frac{7}{10}=\frac{3}{10}$

장훈이가 혼자 일을 해야 하는 날을 □일이라고 하면 $\frac{1}{10}\times□=\frac{3}{10}$, □=3입니다.

따라서 장훈이는 혼자서 3일 동안 일을 해야 합니다.

8 나머지가 같은 두 수의 차는 A로 나눌 때 나누어떨어집니다. 따라서 A는 348−306=42, 502−348=154에서 42와 154의 공약수입니다.

42=2×3×7, 154=2×7×11

42와 154의 최대공약수는 2×7=14입니다.

따라서 A가 될 수 있는 수는 2, 7, 14입니다.

A=2일 때 나머지가 0이므로 A=2가 아닙니다.

A=7이면 나머지가 5, A=14이면 나머지가 12이므로 A가 될 수 있는 수는 7과 14입니다.

⇨ 7+14=21

특강 영재원 · **창의융합** 문제	54쪽
9 84살	

9 디오판토스가 □살까지 살았다고 하고 각 기간을 알아봅니다.

소년 기간: $(□\times\frac{1}{6})$년, 청년 기간: $(□\times\frac{1}{12})$년,

혼자 산 기간: $(□\times\frac{1}{7})$년,

결혼해서 아들이 태어나기 전 기간: 5년,

아들과 함께 한 기간: $(□\times\frac{1}{2})$년,

아들이 죽고 난 후의 기간: 4년

$□\times\frac{1}{6}+□\times\frac{1}{12}+□\times\frac{1}{7}+5+□\times\frac{1}{2}+4=□$

6, 12, 7, 2의 최소공배수인 84를 양변에 곱합니다.

□×14+□×7+□×12+420+□×42+336=□×84,

□×75+756=□×84,

756=□×9,

□=84

Ⅲ 도형 영역

STEP 1 경시 기출 유형 문제 56~57쪽

[주제 학습 9] 54개

1 예 21−9=12; 12개 **2** 96

[확인 문제] [한 번 더 확인]

1-1 팔각기둥, 십이각뿔 **1-2** 육각뿔
2-1 14개 **2-2** 10개
3-1 칠각기둥 **3-2** 32개

1 칠각기둥의 모서리의 수는
(한 밑면의 변의 수)×3=7×3=21(개)입니다.
칠각기둥의 면의 수는
(한 밑면의 변의 수)+2=7+2=9(개)입니다.
⇨ 21−9=12(개)

참고
(각기둥의 면의 수)=(한 밑면의 변의 수)+2
(각기둥의 모서리의 수)=(한 밑면의 변의 수)×3
(각기둥의 꼭짓점의 수)=(한 밑면의 변의 수)×2

2 오각뿔의 밑면의 수는 5개이므로 오각뿔의 모서리의 수는 ㉠=5×2=10, 면의 수는 ㉡=5+1=6, 꼭짓점의 수는 ㉢=5+1=6입니다.
⇨ (㉠+㉡)×㉢=(10+6)×6=16×6=96

참고
(각뿔의 면의 수)=(밑면의 변의 수)+1
(각뿔의 모서리의 수)=(밑면의 변의 수)×2
(각뿔의 꼭짓점의 수)=(밑면의 변의 수)+1

[확인 문제] [한 번 더 확인]

1-1 ㉮: (각기둥의 모서리의 수)
=(한 밑면의 변의 수)×3이므로
㉮의 한 밑면의 변의 수는 24÷3=8(개)입니다.
⇨ 팔각기둥
㉯: (각뿔의 모서리의 수)=(밑면의 변의 수)×2이므로 ㉯의 밑면의 변의 수는
24÷2=12(개)입니다.
⇨ 십이각뿔

1-2 육각기둥의 면의 수는 6+2=8(개)이므로
꼭짓점이 8−1=7(개)인 각뿔입니다. 각뿔 ㉮의 밑면의 변의 수를 □개라 하면 □+1=7, □=6이므로 각뿔 ㉮는 육각뿔입니다.

2-1 밑면의 변의 수를 ㉠개라 하면
㉠+1+㉠+1=16, ㉠+㉠=14, ㉠=7입니다. 따라서 한 밑면의 변의 수가 7개인 각뿔은 칠각뿔이고 칠각뿔의 모서리의 수는 7×2=14(개)입니다.

2-2 한 밑면의 변의 수를 □개라 하면 모서리의 수는 (□×3)개, 면의 수는 (□+2)개입니다.
⇨ □×3−(□+2)=8,
□×3−□−2=8,
□×2=10, □=5
따라서 이 각기둥의 꼭짓점의 수는 5×2=10(개)입니다.

3-1 각기둥의 한 밑면의 변의 수를 □개라 하면 면의 수는 (□+2)개, 모서리의 수는 (□×3)개, 꼭짓점의 수는 (□×2)개입니다.
□+2+□×3+□×2=44,
□×6=42, □=7
따라서 이 각기둥은 칠각기둥입니다.

3-2 (입체도형의 면의 수)=5×2=10(개)
(입체도형의 모서리의 수)=5×3=15(개)
(입체도형의 꼭짓점의 수)=5+2=7(개)
⇨ 10+15+7=32(개)

STEP 1 경시 기출 유형 문제 58~59쪽

[주제 학습 10] 36 cm

1 114 cm **2** 9 cm

[확인 문제] [한 번 더 확인]

1-1 점 ㄱ, 점 ㅅ
1-2 선분 ㅁㅂ, 선분 ㄴㅈ, 선분 ㄱㅊ, 선분 ㅅㅇ, 선분 ㅇㅈ
2-1 12개 **2-2** 154 cm
3-1 예

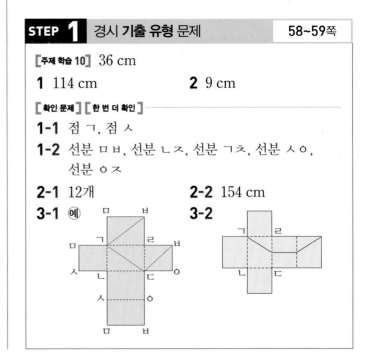

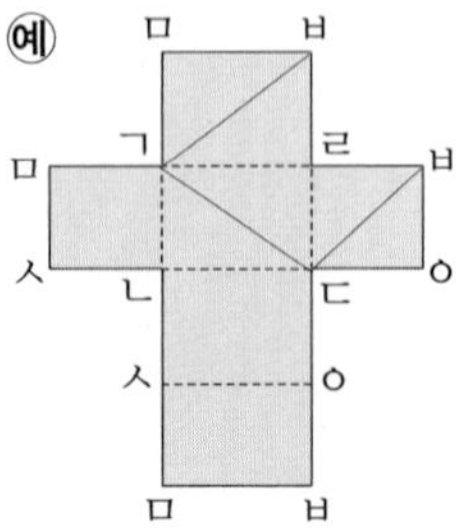

3-2

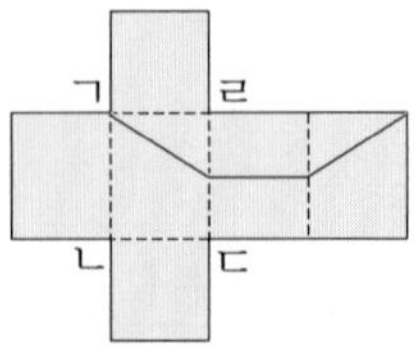

1 전개도를 접었을 때 만들어지는 각기둥은 오른쪽과 같은 모양의 육각기둥입니다.

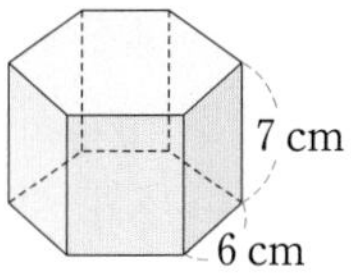

육각기둥의 모서리의 길이의 합은
7×6+6×6×2=42+72
=114 (cm)입니다.

2

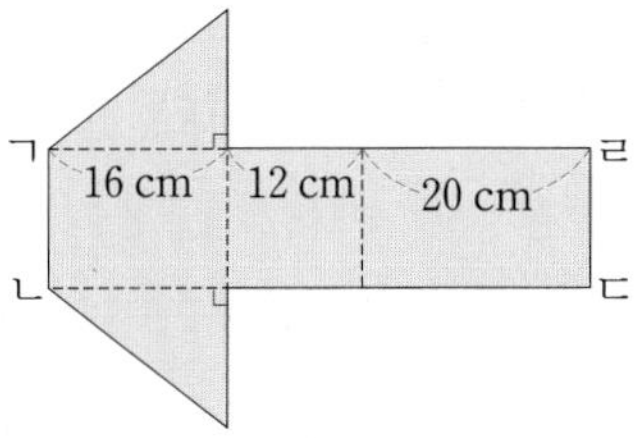

전개도에서 삼각기둥의 높이는 선분 ㄱㄴ입니다.
(선분 ㄱㄹ)
=16+12+20
=48 (cm)
48×(선분 ㄱㄴ)=432 (cm^2)
⇨ (선분 ㄱㄴ)=432÷48=9 (cm)

[확인 문제] [한 번 더 확인]

1-1 삼각기둥의 전개도를 접었을 때 점 ㄷ과 만나는 점은 선분 ㄱㄴ에서의 점 ㄱ과 선분 ㅅㅂ에서의 점ㅅ입니다.

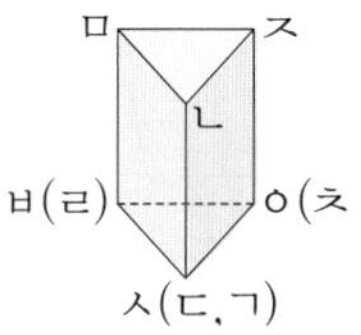

1-2 각기둥에서 밑면과 옆면은 수직으로 만나므로 점 ㅂ과 점 ㅅ과 만나는 높이는 선분 ㅁㅂ, 선분 ㄴㅈ, 선분 ㄱㅊ입니다.
또 밑면에서 선분 ㅂㅅ과 선분 ㅅㅇ이 수직으로 만나고 선분 ㅅㅇ은 선분 ㅇㅈ과 만납니다.

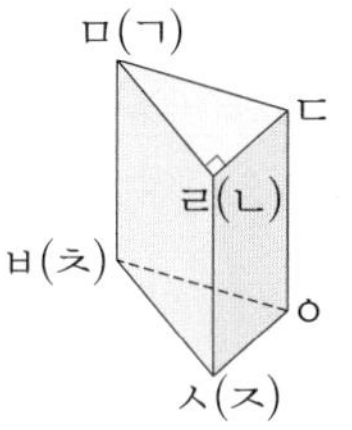

2-1 밑면의 모양은 정육각형, 옆면의 모양은 이등변삼각형, 밑면은 한 개이므로 육각뿔입니다. 따라서 육각뿔의 모서리의 수는 6×2=12(개)입니다.

2-2 이등변삼각형인 옆면이 7개이므로 칠각뿔입니다.
밑면은 한 변이 8 cm인 칠각형이므로
(밑면의 둘레)=8×7=56 (cm)이고, 길이가 14 cm인 모서리는 7개입니다.
⇨ (모든 모서리의 길이의 합)
=56+14×7
=56+98
=154 (cm)

3-1 전개도에 각 기호를 적어 넣은 후 점 ㄱ과 점 ㅂ, 점 ㄱ과 점 ㄷ, 점 ㄷ과 점 ㅂ을 선으로 잇습니다.

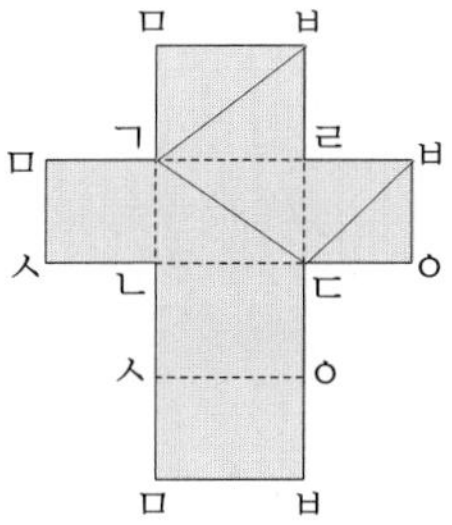

3-2 면 ㄱㄴㄷㄹ을 기준으로 선이 그어져 있는 면을 찾아 전개도에 선을 알맞게 긋습니다.

STEP 1 경시 **기출 유형** 문제 60~61쪽

[주제 학습 11] 67

1 17 **2** 70

[확인 문제] [한 번 더 확인]

1-1 15 **1-2**

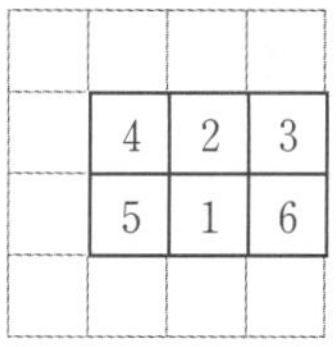

옆(왼쪽)

2-1 14가지 **2-2** 16가지

3-1 17개 **3-2** 14개

1

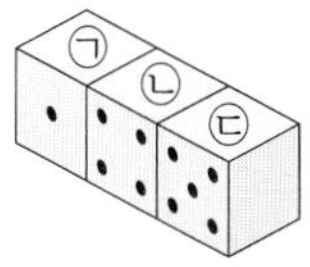

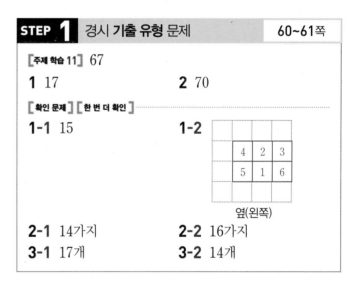

㉠ 주사위에서 (2, 5), (3, 4) 중 5가 들어갈 수 있는 가장 큰 수입니다.
㉡ 주사위에서 (1, 6), (2, 5) 중 6이 들어갈 수 있는 가장 큰 수입니다.
㉢ 주사위에서 (1, 6), (3, 4) 중 6이 들어갈 수 있는 가장 큰 수입니다.
따라서 한 밑면의 눈의 수의 합이 가장 클 때는 5+6+6=17입니다.

2 맞닿는 두 면의 눈의 수가 같으므로 주사위의 겉면의 눈의 수는 다음과 같습니다.

위

2	4
3	4

아래

2	4
4	3

앞

3	2
5	2

뒤

5	4
2	5

옆(오른쪽)

	1
1	6

옆(왼쪽)

1	
6	1

⇨ 13+13+12+16+8+8=70

[확인 문제] [한 번 더 확인]

1-1

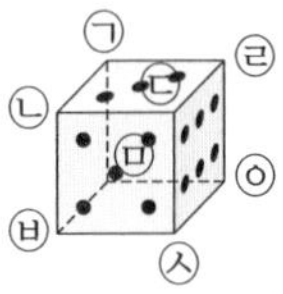

㉠: 3+1+2=6, ㉡: 1+3+5=9,
㉢: 3+5+6=14, ㉣: 3+6+2=11,
㉤: 4+1+2=7, ㉥: 4+1+5=10,
㉦: 4+5+6=15, ㉧: 4+6+2=12

1-2 주사위를 쌓은 모양을 옆(왼쪽)에서 보면 다음과 같습니다.

㉠	㉡	㉢
㉣	㉤	㉥

㉠의 마주 보는 면의 눈의 수가 3이므로 ㉠=4입니다.
㉡의 마주 보는 면의 눈의 수가 5이므로 ㉡=2입니다.
㉢의 마주 보는 면의 눈의 수가 4이므로 ㉢=3입니다.
㉣의 마주 보는 면의 눈의 수는 5와 마주 보는 면의 눈의 수인 2이므로 ㉣=5입니다.
㉤의 마주 보는 면의 눈의 수는 1과 마주 보는 면의 눈의 수인 6이므로 ㉤=1입니다.
㉥의 마주 보는 면의 눈의 수는 1과 마주 보는 면의 눈의 수인 1이므로 ㉥=6입니다.

참고

㉮ 주사위의 왼쪽 옆에서 보았을 때 눈의 수는 ㉯ 주사위의 왼쪽 옆에서 보았을 때 마주 보는 눈의 수와 같으므로 ㉯ 주사위의 오른쪽 옆에서 본 눈의 수인 1과 같습니다.

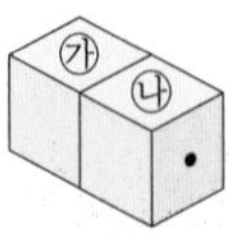

2-1 서로 다른 직육면체는 다음과 같습니다.

- 1개 사용: 1가지
- 2개 사용: 1가지(1×2)
- 3개 사용: 1가지(1×3)
- 4개 사용: 2가지(1×4, 2×2)
- 5개 사용: 1가지(1×5)
- 6개 사용: 2가지(2×3, 1×6)
- 7개 사용: 1가지(1×7)
- 8개 사용: 3가지(1×8, 2×4, 2×2×2)
- 9개 사용: 2가지(1×9, 3×3)

⇨ 14가지

2-2 서로 다른 직육면체는 다음과 같습니다.

- 1개 사용: 1가지
- 2개 사용: 1가지(1×2)
- 3개 사용: 1가지(1×3)
- 4개 사용: 2가지(1×4, 2×2)
- 6개 사용: 1가지(2×3)
- 8개 사용: 2가지(4×2, 2×2×2)
- 9개 사용: 1가지(3×3)
- 12개 사용: 2가지(3×4, 2×3×2)
- 16개 사용: 1가지(2×4×2)
- 18개 사용: 1가지(3×3×2)
- 24개 사용: 1가지(4×3×2)
- 27개 사용: 1가지(3×3×3)
- 36개 사용: 1가지(4×3×3)

⇨ 16가지

3-1 큰 정육면체가 되려면 쌓기나무는 3×3×3=27(개), 4×4×4=64(개) ……가 되어야 합니다. 주어진 입체도형의 가장 긴 쪽이 3칸이므로 한 모서리에 쌓기나무를 3개씩 쌓아야 합니다.

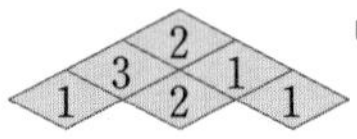

⇨ 1+3+2+2+1+1=10(개)이므로 쌓기나무는 적어도 27−10=17(개) 더 필요합니다.

3-2

	1	
3	㉠	
4	㉡	3

위에서 본 모양의 각 칸에 쌓아 올릴 개수가 가장 적을 때를 알아봅니다.
㉠과 ㉡ 중에 한 군데에 2개를 쌓고, 나머지 한 군데에 1개를 쌓으면 되므로 쌓기나무는 적어도 1+3+2+4+1+3=14(개) 필요합니다.

참고

필요한 쌓기나무가 가장 많을 때는 ㉠과 ㉡에 2개씩 쌓을 때입니다. 따라서 필요한 쌓기나무가 가장 많을 때는 1+3+2+4+2+3=15(개)입니다.

STEP 2 실전 경시 문제 62~69쪽

1 16개 **2** 8개
3 팔각기둥, 육각기둥, 십이각기둥
4 24 **5** 36개
6 30개 **7** 16개
8 98 **9** 16개
10 $1\frac{1}{10}$ **11** 16개
12 21개 **13** 6명
14 30 cm **15** 3.5 cm
16 $5\frac{2}{3}$ cm **17** 12개
18

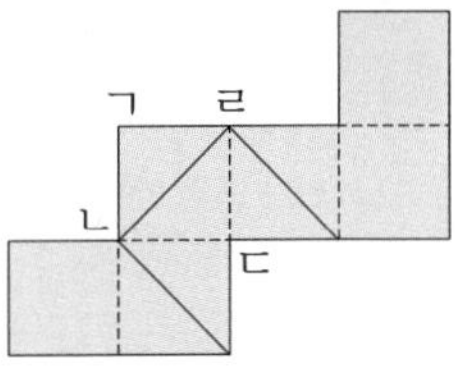

19

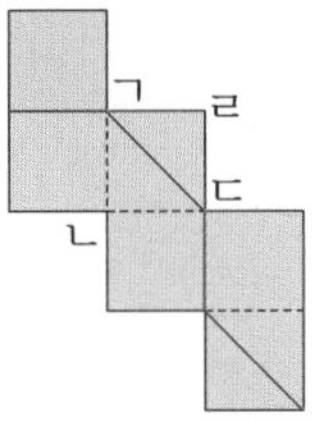

20 34 cm
21

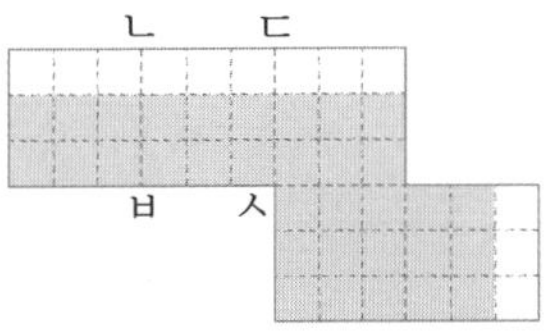

22 40개 **23** 22개
24 192 cm **25** 1개
26 3개 **27** 60가지
28 점 ㄹ, 점 ㅂ **29** 51
30

5	4
6	6

31 64개
32 2490 **33** 72

1 꼭짓점이 10개인 각기둥의 한 밑면의 변의 수를 ㉠, 꼭짓점이 14개인 각기둥의 한 밑면의 변의 수를 ㉡이라고 하면 ㉠$=10\div2=5$, ㉡$=14\div2=7$이므로 각각 오각기둥, 칠각기둥입니다.
따라서 두 각기둥의 면의 수는
$(5+2)+(7+2)=7+9=16$입니다.

2 모서리 ㄱㄴ과 평행한 모서리는 모서리 ㅁㄹ, 모서리 ㅋㅊ, 모서리 ㅅㅇ으로 3개입니다. 또한 모서리 ㄱㅅ과 평행한 모서리는 모서리 ㄴㅇ, 모서리 ㄷㅈ, 모서리 ㄹㅊ, 모서리 ㅁㅋ, 모서리 ㅂㅌ으로 5개입니다. 따라서 한 모서리와 평행한 모서리가 가장 많을 때는 5개이고, 가장 적을 때는 3개이므로 $5+3=8$(개)입니다.

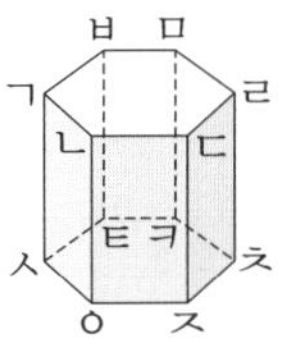

3 ㉠: (한 밑면의 변의 수)$+2=10$,
(한 밑면의 변의 수)$=8$이므로 팔각기둥입니다.
㉡: (한 밑면의 변의 수)$\times2=12$,
(한 밑면의 변의 수)$=6$이므로 육각기둥입니다.
㉢: (한 밑면의 변의 수)$\times3=36$,
(한 밑면의 변의 수)$=12$이므로 십이각기둥입니다.

4 ㉠$=14\times2=28$, ㉡$=14\times3=42$,
㉢$=14+2=16$
⇨ $\frac{㉡}{㉠}\times㉢=\frac{\overset{3}{\cancel{42}}}{\underset{\underset{1}{\cancel{2}}}{\cancel{28}}}\times\overset{8}{\cancel{16}}=24$

5 세 각기둥의 한 밑면의 변의 수의 합을 □개라고 하면 모서리의 수의 합은 (□×3)개이므로 □×3=54, □=18입니다. 각기둥의 꼭짓점의 수의 합은 (□×2)개이므로 세 각기둥의 꼭짓점의 수를 모두 더하면 $18\times2=36$(개)입니다.

6 각기둥의 높이에 수직인 방향으로 2번 자르면 오각기둥이 3개가 됩니다.
오각기둥의 꼭짓점의 수는 $5\times2=10$(개)이므로 꼭짓점의 수의 합은 $10\times3=30$(개)입니다.

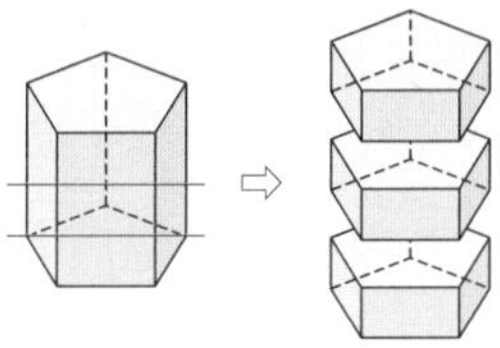

참고

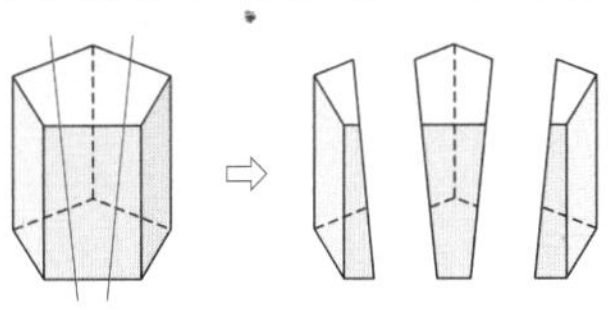

위와 같이 자르면 사각기둥 2개와 오각기둥 1개이므로 꼭짓점의 수가 가장 많지 않습니다.

7 전개도를 접어 입체도형을 만들면 오각뿔이 됩니다. 오각뿔의 꼭짓점의 수는 $5+1=6$(개)이고, 모서리의 수는 $5\times2=10$(개)이므로 합은 $6+10=16$(개)입니다.

8 옆면의 모양이 삼각형이며 옆면이 한 점에서 만나는 것은 각뿔입니다. 이때 각뿔의 꼭짓점의 수가 8개이므로 (밑면의 변의 수)$=8-1=7$(개)인 칠각뿔입니다. 칠각뿔의 옆면의 수는 7개이고 모서리의 수는 $7\times2=14$(개)입니다. 따라서 $7\times14=98$입니다.

9 밑면의 변의 수를 □개라 하면
(□+1)+(□×2)=25, □×3=24입니다.
따라서 □=8이므로 밑면의 변의 수가 8개인 팔각뿔과 팔각기둥입니다. 이때 팔각뿔의 모서리의 수는 8×2=16(개)입니다.

10 ㉠=10×2=20,
㉡=10+1=11,
㉢=10+1=11
⇨ $\dfrac{㉡+㉢}{㉠}=\dfrac{11+11}{20}=\dfrac{22}{20}=\dfrac{11}{10}=1\dfrac{1}{10}$

11 잘랐을 때 각뿔이 아닌 입체도형의 꼭짓점의 수는 각기둥의 꼭짓점의 수를 구하는 식과 같으므로
(밑면의 변의 수)=30÷2=15(개)입니다.
따라서 자르기 전 각뿔은 십오각뿔이므로 꼭짓점은 모두 15+1=16(개)입니다.

참고
십오각뿔을 밑면에 수평으로 해서 높이의 중간 지점을 자르면 다음과 같습니다.

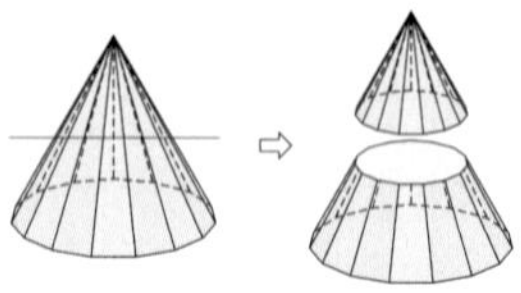

12 사각뿔을 밑면에 수평으로 해서 각뿔의 $\dfrac{1}{3}$지점과 $\dfrac{2}{3}$지점을 자르면 사각뿔 한 개와 두 개의 육면체가 나옵니다. 이때 사각뿔의 꼭짓점의 수는 4+1=5(개)이고, 육면체의 꼭짓점의 수는 4×2=8(개)입니다. 따라서 세 입체도형의 꼭짓점의 수의 합은 5+8+8=21(개)입니다.

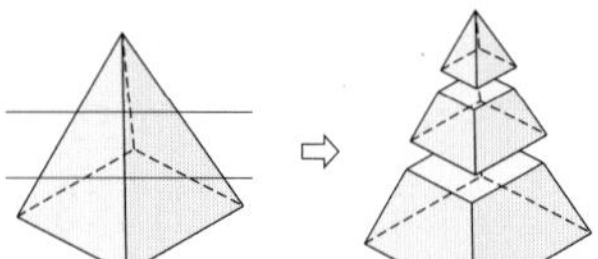

13 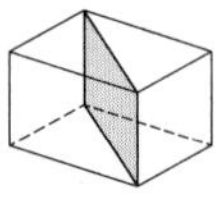 사각기둥 모양의 카스텔라를 왼쪽과 같이 자르면 삼각기둥 2개가 됩니다.

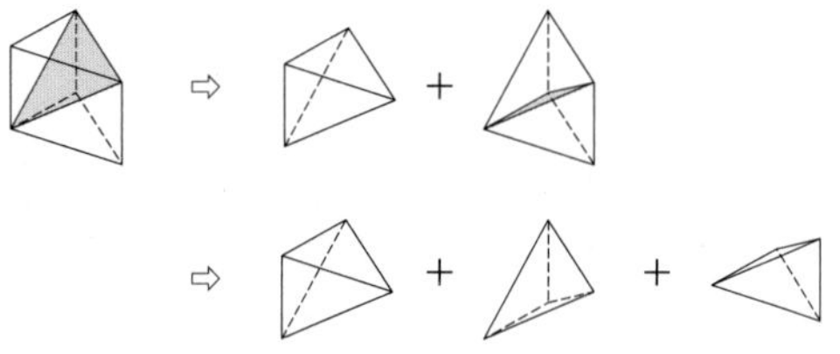

삼각기둥 1개로 삼각뿔을 3개까지 만들 수 있으므로 사각기둥은 삼각뿔을 6개까지 만들 수 있습니다.

14 삼각기둥의 전개도를 접으면 오른쪽과 같은 삼각기둥이 됩니다.
밑면의 모서리의 길이의 합은
(2+3+4)×2=18 (cm)이고,
옆면의 모서리의 길이의 합은
4×3=12 (cm)입니다.
⇨ 18+12=30 (cm)

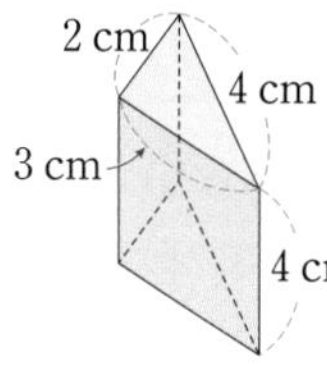

15 밑면의 한 변의 길이를 □ cm라 하면
□×4+7.5×4=44,
□×4+30=44,
□×4=14, □=3.5입니다.

16 가장 긴 모서리부터 잘라 전개도를 만들면 다음과 같습니다.

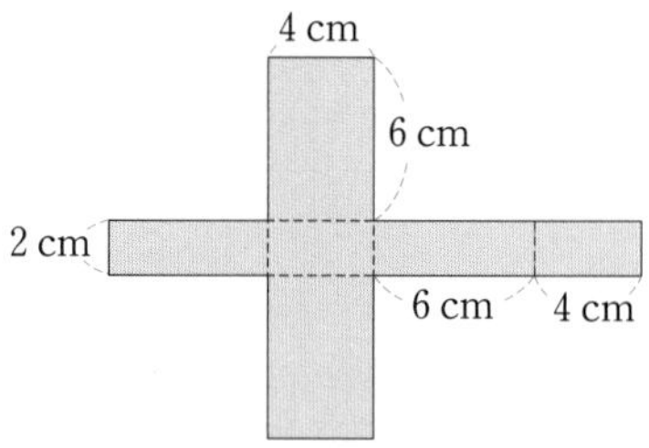

(둘레)=6×8+2×2+4×4
=48+4+16=68 (cm)
⇨ $\dfrac{(\text{둘레})}{6+4+2}=\dfrac{\overset{17}{\cancel{68}}}{\underset{3}{\cancel{12}}}=\dfrac{17}{3}=5\dfrac{2}{3}$ (cm)

17 잘라내기 전 도형은 삼각뿔이고 각 꼭짓점을 중심으로 잘라냈습니다. 삼각뿔의 꼭짓점은 3+1=4(개)이고 삼각뿔 모양으로 잘라내면 각 꼭짓점에 3개의 꼭짓점씩 생깁니다.
⇨ 4×3=12(개)

18 전개도 위에 각 점을 먼저 써넣은 후 선분 ㄴㄹ, 선분 ㄴㅅ, 선분 ㄹㅅ을 잇습니다.

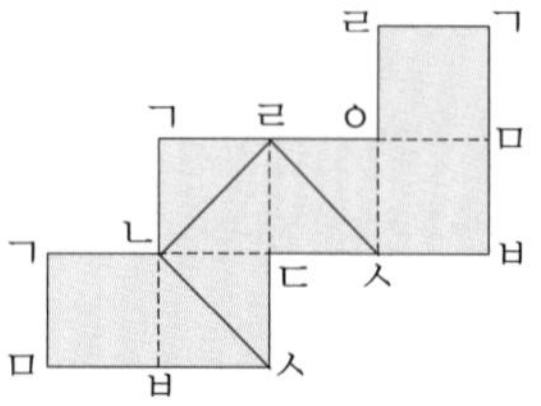

19 면 ㄱㄴㄷㄹ를 기준으로 하여 전개도 위에 각 점을 먼저 써 넣은 후 선분 ㄱㅁ, 선분 ㅁㅅ, 선분 ㅅㄷ, 선분 ㄱㄷ을 잇습니다.

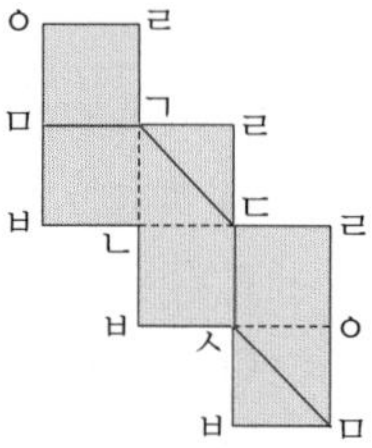

20 사각기둥을 장식할 리본의 길이는 가로로
$2+5+2+5=14$ (cm),
세로로 $(2+3+2+3)\times2=20$ (cm)입니다.
따라서 모두 $14+20=34$ (cm)입니다.

21 사각기둥의 꼭짓점을 전개도 위에 표시하고 전개도에서 각 면의 $\frac{2}{3}$만큼인 6칸씩 색칠합니다.

22 쌓기나무 64개중 한 면만 색칠된 경우는 각 면의 가운데의 4개씩입니다.

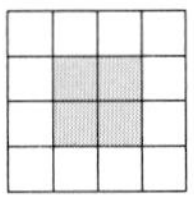

⇨ $4\times6=24$(개)
두 면이 색칠된 경우는 각 면의 가장자리 중 2개씩이므로 모두 24개입니다.

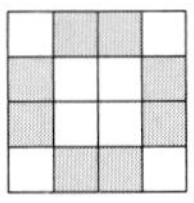

세 면이 색칠된 경우는 각 면의 가장 끝의 쌓기나무이므로 모두 8개입니다.

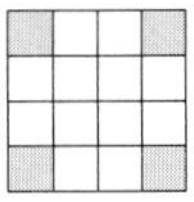

⇨ $24+24-8=40$(개)

23 앞에서 보았을 때 왼쪽과 오른쪽은 3개가 있고 옆에서 보아도 왼쪽과 오른쪽은 3개이므로 쌓기나무가 가장 많이 필요한 경우는 오른쪽과 같습니다.

3	2	3
2	2	2
3	2	3

⇨ $3\times4+2\times5=12+10=22$(개)

24 $2\times2\times2=8$, $3\times3\times3=27$, $4\times4\times4=64$, $5\times5\times5=125$, $6\times6\times6=216$, $7\times7\times7=343$, $8\times8\times8=512$
512개를 모두 사용하면 큰 정육면체는 가로 8개, 세로 8개, 높이 8개의 쌓기나무로 이루어져 있습니다.
따라서 큰 정육면체의 한 모서리의 길이는 $8\times2=16$ (cm)이고 모든 모서리의 길이의 합은 $16\times12=192$ (cm)입니다.

25 겉에 있는 쌓기나무는 모두 색칠되므로 ㉠의 쌓기나무 4개 중 2층의 1개에만 색칠되지 않습니다.

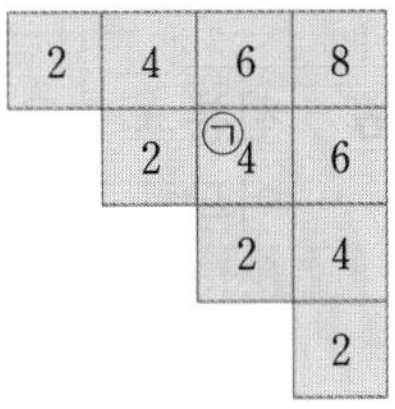

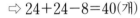

26 위에서 본 모양 위에 각 자리에 올 수 있는 쌓기나무 수를 알아봅니다.

	2	
3		3

각 자리에 반드시 필요한 쌓기나무는 오른쪽과 같으므로 나머지 자리에 가장 많이 필요할 때와 가장 적게 필요할 때의 수를 써넣어 각각 알아봅니다.

2	2	2
3	2	3

가장 많을 때: $2+2+2+3+2+3=14$(개)

1	2	1
3	1	3

가장 적을 때: $1+2+1+3+1+3=11$(개)
⇨ $14-11=3$(개)

27 각 꼭짓점마다 갈 수 있는 길의 수를 적어 봅니다.

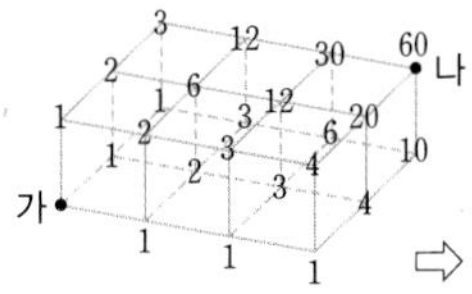

⇨ 60가지

28 선분 ㄱㄴ과 만나는 선분은 선분 ㅅㅂ, 선분 ㄷㄴ과 만나는 선분은 선분 ㄷㄹ이므로 전개도를 접었을 때 점 ㄴ과 만나는 점은 점 ㄹ, 점 ㅂ입니다.

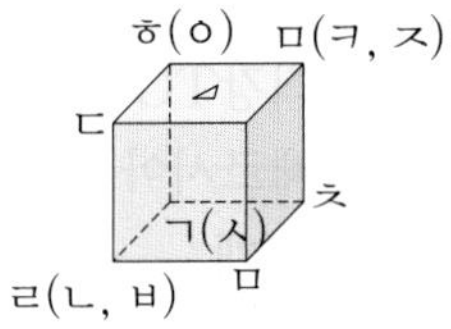

29 • 윗면의 눈의 수의 합: $3+2+1+4=10$
• 아랫면의 눈의 수의 합: $4+5+6+3=18$
• 옆면 중 보이는 면의 눈의 수의 합:
$5+6+3+2=16$
• 보이지 않는 4개의 면의 수를 최소로 하면 오른쪽부터 (1, 6) 중에 1, (2, 5), (3, 4) 중에 2, 3, (1, 6) 중에 1로 합은 $1+2+3+1=7$입니다.
⇨ $10+18+16+7=51$

30 각 면에 들어갈 수 있는 눈의 수를 알아봅니다.

㉠	㉡
㉢	㉣

옆(왼쪽)

㉠: (2, 5), (3, 4) 중 하나
㉡: (3, 4) 중 하나
㉢: (1, 6), (2, 5), (3, 4) 중 하나
㉣: (1, 6), (2, 5) 중 하나
따라서 왼쪽 옆에서 보았을 때의 주사위 눈의 수의 합이 가장 큰 경우는 ㉠: 5, ㉡: 4, ㉢: 6, ㉣: 6일 때입니다.

31 각 층에서 빼낸 정육면체의 수를 세어 봅니다.
1층: 8개, 2층: 26개, 3층: 22개, 4층: 8개
⇨ $8+26+22+8=64$(개)

32 1과 마주 보는 면의 눈의 수는 6이고 2와 마주 보는 눈의 수는 5입니다. 2번 더 던져서 모두 6이 나왔을 때 마주 보는 면의 눈의 수가 1이므로 곱이 작아집니다.
(6, 6, 5, 1, 1)의 다섯 개의 숫자로 곱셈식을 만들어 봅니다.
세 자리 수의 백의 자리 숫자와 두 자리 수의 십의 자리 숫자에 1을 놓아 계산하면 $156\times16=2496$, $166\times15=2490$, $165\times16=2640$으로 곱이 가장 작을 때는 2490입니다.

정답과 풀이 도형 영역

1-2 정사각형 16개를 이어서 큰 정사각형을 만들면 오른쪽과 같습니다.

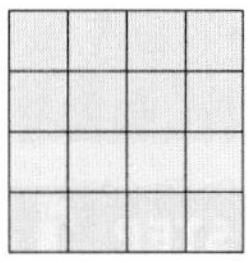

㉠: $1\times1\times16=16\ (\text{cm}^2)$
㉡: $2\times2\times9=36\ (\text{cm}^2)$
㉢: $3\times3\times4=36\ (\text{cm}^2)$
㉣: $4\times4\times1=16\ (\text{cm}^2)$
⇨ $\dfrac{㉠+㉡+㉢+㉣}{㉣-3}=\dfrac{16+36+36+16}{16-3}$
$=\dfrac{104}{13}=8$

2-1

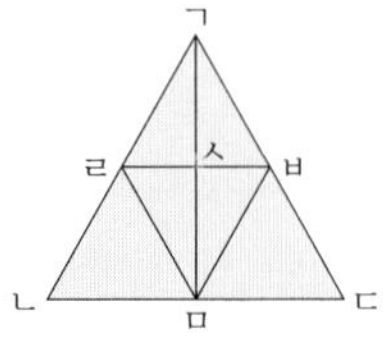

정삼각형 ㄱㄴㄷ의 각 변의 중점인 점 ㄹ, 점 ㅁ, 점 ㅂ을 이으면 4개의 작은 정삼각형으로 나눌 수 있습니다. 그중 사다리꼴 ㅅㅁㄷㅂ의 넓이는 삼각형 ㅂㅁㄷ과 삼각형 ㅅㅁㅂ의 넓이의 합과 같습니다. 삼각형 ㅅㅁㅂ의 넓이는 삼각형 ㅂㅁㄷ의 넓이의 $\frac{1}{2}$이므로 사다리꼴 ㅅㅁㄷㅂ의 넓이는 작은 정삼각형 1개와 작은 정삼각형 $\frac{1}{2}$만큼의 넓이입니다.
(삼각형 ㅂㅁㄷ의 넓이)$=32\div4=8\ (\text{cm}^2)$
⇨ (사다리꼴 ㅅㅁㄷㅂ의 넓이)
=(삼각형 ㅂㅁㄷ의 넓이)+(삼각형 ㅅㅁㅂ의 넓이)
$=8+(8\times\frac{1}{2})=8+4=12\ (\text{cm}^2)$

2-2

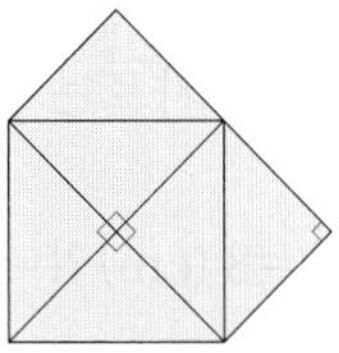

정사각형의 한 변의 길이와 직각이등변 삼각형의 빗변의 길이가 같으므로 주어진 도형을 직각이등변삼각형으로 나누어 보면 주어진 도형의 넓이는 직각이등변삼각형 6개의 넓이와 같습니다. 이때 도형 전체의 넓이가 $72\ \text{cm}^2$이므로 직각이등변삼각형 2개의 넓이는 $72\times\frac{2}{6}=24\ (\text{cm}^2)$입니다.

3-1 (직사각형의 넓이)=(가로)×(세로)이므로
(가의 넓이) : (나의 넓이)$=2\times4 : 3\times5$
$=8 : 15$입니다.

3-2 처음 세포의 넓이가 $9\ \text{mm}^2$이므로 한 변의 길이는 3 mm입니다. 가로는 1초마다 2 mm, 세로는 1 mm씩 성장을 하므로 성장하는 데 걸리는 시간을 □초라 하면 □초 후의 가로는 (3+□×2) mm, 세로는 (3+□) mm입니다. 세포의 둘레가 54 mm가 되었을 때 가로와 세로의 합은 54÷2=27 (mm)이므로 3+□×2+3+□=27, 6+□×3=27, □×3=21, □=7입니다. 따라서 세포가 성장하는 데 걸린 시간은 7초입니다.

STEP 1 경시 **기출 유형** 문제 80~81쪽

[주제 학습 13] $125\ \text{cm}^3$

1 $3075.2\ \text{cm}^3$	**2** $42\ \text{cm}^3$

[확인 문제] [한 번 더 확인]

1-1 8배	**1-2** $540\ \text{cm}^3$
2-1 $18\ \text{cm}^3$	**2-2** 3.4 cm
3-1 $135\ \text{cm}^3$	**3-2** $64\ \text{cm}^3$

1

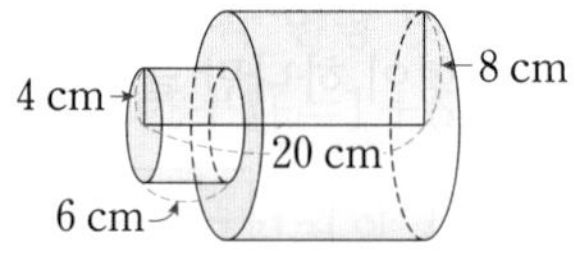

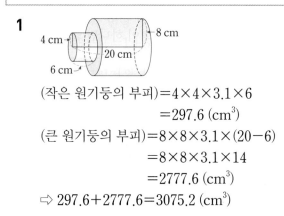

(작은 원기둥의 부피)$=4\times4\times3.1\times6$
$=297.6\ (\text{cm}^3)$
(큰 원기둥의 부피)$=8\times8\times3.1\times(20-6)$
$=8\times8\times3.1\times14$
$=2777.6\ (\text{cm}^3)$
⇨ $297.6+2777.6=3075.2\ (\text{cm}^3)$

2 직육면체의 부피를 구하려면 가로, 세로, 높이를 알아야 합니다. 직육면체의 전개도에서 2 cm, 3 cm, 7 cm는 서로 다른 길이이므로 가로, 세로, 높이입니다. 따라서 이 직육면체의 부피는 $2\times3\times7=42\ (\text{cm}^3)$입니다.

[확인 문제] [한 번 더 확인]

1-1 (처음 직육면체의 부피)$=6\times5\times4=120\ (\text{cm}^3)$
(늘린 직육면체의 부피)$=(6\times2)\times(5\times2)\times(4\times2)$
$=12\times10\times8=960\ (\text{cm}^3)$
따라서 늘린 직육면체의 부피는 처음 직육면체의 부피의 960÷120=8(배)입니다.

다른 풀이

직육면체의 가로, 세로, 높이를 각각 2배로 늘렸으므로 직육면체의 부피는 (가로)×2×(세로)×2×(높이)×2입니다. 처음 직육면체의 부피는 (가로)×(세로)×(높이)이므로 늘린 직육면체의 부피는 처음 직육면체의 부피의 $\frac{(가로)\times 2\times(세로)\times 2\times(높이)\times 2}{(가로)\times(세로)\times(높이)}=2\times 2\times 2=8$(배)입니다.

1-2 직육면체를 위에서 본 모양은 밑면의 넓이와 같으므로 $12\times 5=60\ (cm^2)$입니다. 또한 앞, 옆에서 본 모양을 보면 높이는 9 cm이므로 이 직육면체의 부피는 $60\times 9=540\ (cm^3)$입니다.

참고

위, 앞, 옆에서 본 모양을 보고 직육면체를 그리면 오른쪽과 같습니다.

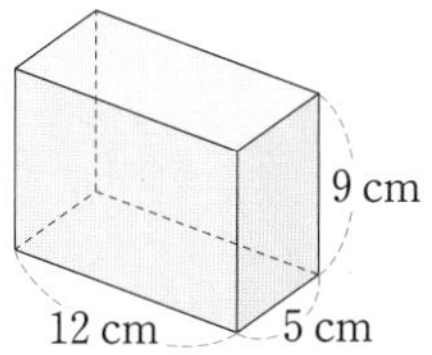

2-1 쇠구슬 3개의 부피는 넘친 물의 부피와 같습니다.

(넘친 물의 부피)$=3\times 3\times 3\times(5-3)$
$=3\times 3\times 3\times 2$
$=54\ (cm^3)$

(쇠구슬 1개의 부피)$=54\div 3=18\ (cm^3)$

2-2 원기둥의 부피를 먼저 구하면 $2\times 2\times 3\times 8=96\ (cm^3)$입니다.
어항의 줄어든 물의 높이를 □ cm라고 하면
$6\times 10\times □=96$, $60\times □=96$, $□=1.6$입니다.
따라서 원기둥을 남는 부분없이 어항에 넣었다가 빼면 물의 높이는 $5-1.6=3.4$ (cm)가 됩니다.

3-1 밑면의 반지름이 3 cm인 원기둥의 높이를 □ cm라고 하면 이 원기둥의 겉넓이는
$3\times 3\times 3\times 2+3\times 2\times 3\times □=144$,
$54+18\times □=144$, $18\times □=90$, $□=5$입니다.
⇨ (원기둥의 부피)$=3\times 3\times 3\times 5=135\ (cm^3)$

3-2 작은 정육면체의 한 면의 넓이를 □ cm^2라고 할 때 $□\times 6\times 8=192$, $□\times 48=192$, $□=4$이므로 작은 정육면체의 한 모서리의 길이는 2 cm입니다. 큰 정육면체를 작은 정육면체 8개로 잘랐으므로 큰 정육면체의 가로, 세로, 높이는 작은 정육면체의 가로, 세로, 높이의 2배씩입니다. 따라서 큰 정육면체의 가로는 4 cm, 세로는 4 cm, 높이는 4 cm이므로 큰 정육면체의 부피는 $4\times 4\times 4=64\ (cm^3)$입니다.

STEP 1 경시 기출 유형 문제 82~83쪽

[주제 학습 14] 40°

1 50° **2** 60°

[확인 문제] [한 번 더 확인]

1-1 오후 7시 20분 **1-2** 8시 $43\frac{7}{11}$분

2-1 22.5° **2-2** 45°

3-1 22.5° **3-2** 61°

1 삼각형 ㄴㄹㅁ에서
(각 ㄴㄹㅁ)
$=180°-30°-120°=30°$입니다.
삼각형 ㄱㄷㄹ에서
㉠$=180°-100°-30°=50°$입니다.

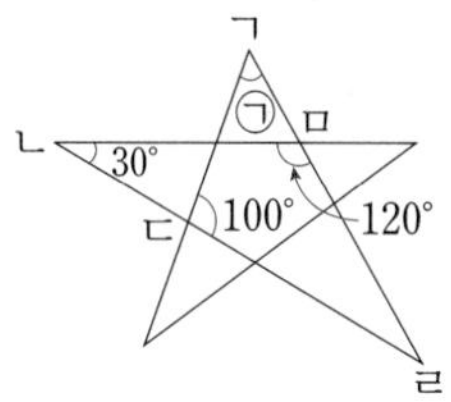

2 시계에서 숫자와 숫자 사이 한 칸의 크기는 $360°\div 12=30°$이므로 오전 7시에 시침과 분침이 이루는 작은 쪽의 각의 크기는 $30°\times 5=150°$이고 오전 9시에는 $30°\times 3=90°$입니다.
⇨ $150°-90°=60°$

[확인 문제] [한 번 더 확인]

1-1 분침은 1분에 $360°\div 60=6°$만큼 움직이고 시침은 1분에 $30°\div 60=0.5°$만큼 움직입니다.
분침이 숫자 4를 가리키면 20분이므로 시계가 가리키는 시각을 □시 20분이라 하면
$30°\times □+0.5°\times 20-30°\times 4=100°$,
$30°\times □+10°-120°=100°$,
$30°\times □=100°-10°+120°=100°$,
$30°\times □=210°$, $□=7$입니다.
⇨ 오후 7시 20분

1-2 숫자 사이의 각도는 30°이고 분침은 1분에 6°, 시침은 1분에 0.5°를 움직이게 됩니다. 따라서 8시에 9시 사이에 시침과 분침이 만나는 시각을 8시 □분이라고 하면
$30°\times 8+0.5°\times □=6°\times □$,
$240°+0.5°\times □=6°\times □$,
$6°\times □-0.5°\times □=240°$,
$5\frac{1}{2}°\times □=240°$,
$□=240°\div 5\frac{1}{2}°=240°\times\frac{2}{11}°=\frac{480}{11}=43\frac{7}{11}$

참고

시침과 분침의 각도 문제는 처음 시각이 이루고 있는 각도와 구하고자 하는 각도 차이를 이용하여 구할 수 있습니다.

㉵ 4시와 5시 사이에 시침과 분침 사이의 각도가 90°인 경우

①

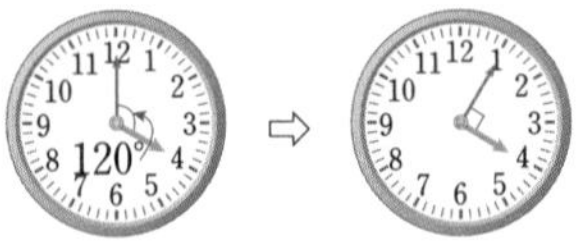

120°에서 90°가 되어야 하므로 분침이 1분에 5.5°씩 30°를 따라가야 합니다.

⇨ $(120°-90°)\div5.5°=30°\times\frac{2}{11}°$

$=\frac{60}{11}=5\frac{5}{11}$(분)

②

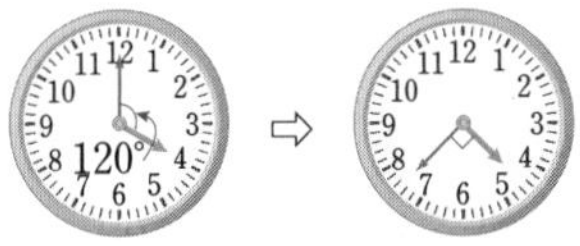

120°에서 210°가 되어야하므로 분침이 1분에 5.5°씩 210°를 따라가야 합니다.

⇨ $(120°+90°)\div5.5°=210°\times\frac{2}{11}°$

$=\frac{420}{11}=38\frac{2}{11}$(분)

2-1

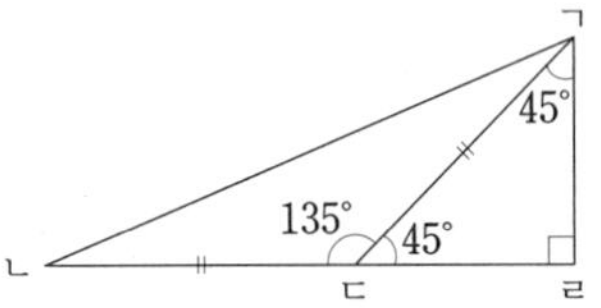

삼각형 ㄱㄷㄹ은 직각이등변 삼각형으로

(각 ㄱㄷㄹ)=(각 ㄷㄱㄹ)

$=(180°-90°)\div2$

$=90°\div2=45°$입니다.

따라서 (각 ㄱㄷㄴ)$=180°-45°=135°$이고

(각 ㄱㄴㄷ)$=(180°-135°)\div2$

$=45°\div2=22.5°$입니다.

2-2 삼각형 ㄱㄹㄷ과 삼각형 ㄱㄴㅁ은 모양과 크기가 같습니다.

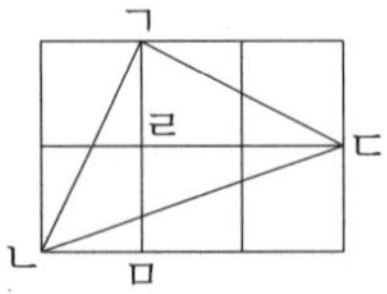

(각 ㄷㄱㄹ)=(각 ㄱㄴㅁ),

(각 ㄱㄷㄹ)=(각 ㄴㄱㅁ)이므로 (각 ㄴㄱㄷ)=90°입니다.

또 (선분 ㄱㄴ)=(선분 ㄱㄷ)이므로

삼각형 ㄱㄴㄷ에서 (각 ㄱㄷㄴ)=45°입니다.

3-1 원의 둘레를 8등분하고 원의 중심은 360°이므로

(각 ㄴㅈㄷ)$=360\div8=45°$입니다.

각 ㄷㅈㅂ은 3칸이므로 $45°\times3=135°$이고

삼각형 ㄷㅈㅂ은 이등변삼각형이므로

㉠$=(180°-135°)\div2$

$=45°\div2=22.5°$입니다.

3-2 도형은 삼각형 4개로 나눌 수 있습니다.

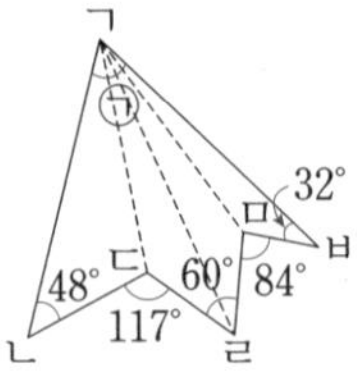

이 도형의 내각의 합은 삼각형 내각의 합의 4배와 같으므로

$180°\times4=720°$입니다.

도형의 내각의 크기를 알아보면

(각 ㄴㄷㄹ)$=360°-117°=243°$

(각 ㄹㅁㅂ)$=360°-84°=276°$입니다.

⇨ ㉠$=720°-48°-243°-60°-276°-32°$

$=61°$

STEP 2 실전 경시 문제 84~91쪽

1	4 cm	**2**	16 cm
3	56 cm	**4**	42 cm
5	96 cm	**6**	24.8 cm
7	49 cm^2	**8**	2 m^2
9	25 m^2	**10**	18 cm^2
11	28 cm	**12**	178.5 cm^2
13	12 cm	**14**	9 cm
15	$7\frac{1}{2}$(=7.5) cm^2	**16**	$1\frac{1}{8}$
17	882 cm^3	**18**	804 cm^3
19	13.28 cm	**20**	1288 cm^3
21	1500 cm^3	**22**	1080 cm^3
23	120°	**24**	75°
25	30°	**26**	15°
27	75°	**28**	240°
29	22가지	**30**	$39\frac{2}{11}$
31	5시 37.5분	**32**	5시 40분

1 정사각형의 한 변을 □cm라 하면 늘어난 가로는 (□+2) cm입니다.

⇨ (□+□+2)×2=20, □×2+2=10,

□×2=8, □=4

2 작은 정사각형의 한 변의 길이는 $2\times2\times3=12$ (cm)이므로 둘레는 $12\times4=48$ (cm)입니다.
큰 정사각형의 한 변의 길이는 $2\times2\times4=16$ (cm)이므로 둘레는 $16\times4=64$ (cm)입니다.
⇨ $64-48=16$ (cm)

3 겹쳐진 곳은 넓이가 각각 1 cm^2, 4 cm^2이므로 한 변의 길이는 각각 1 cm, 2 cm입니다. 이때 이 도형의 전체 둘레는 가로가 $6+1+7=14$ (cm)이고 세로가 $3+6=9$ (cm)인 직사각형의 둘레에 안으로 들어간 5 cm를 2번 더해야 합니다.
⇨ $(14+9)\times2+5\times2=23\times2+10=56$ (cm)

다른 풀이

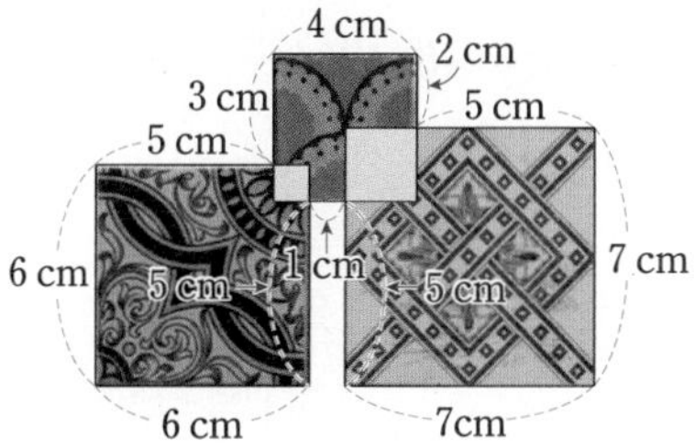

(도형의 둘레)$=5+3+4+2+5+7+7+5+1+5+6+6$
$=56$ (cm)

4 분침의 끝부분이 1시간 동안 이동한 거리와 시침의 끝부분이 12시간 동안 이동한 거리는 반지름이 각각 4.5 cm, 2.5 cm인 원의 둘레와 같습니다.
분침: $4.5\times2\times3=27$ (cm)
시침: $2.5\times2\times3=15$ (cm)
⇨ $27+15=42$ (cm)

5

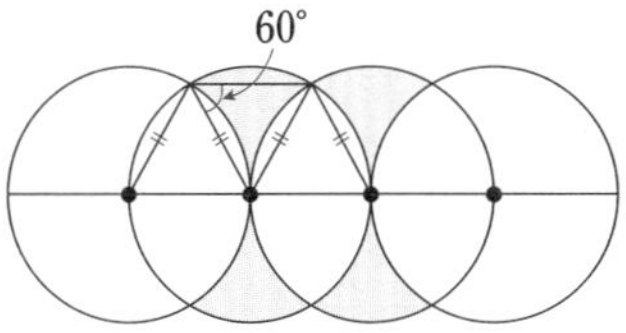

그림과 같이 원끼리 맞닿은 점과 원의 중심을 연결하여 삼각형을 그려 보면 세 변의 길이와 원의 반지름이 같으므로 정삼각형입니다. 정삼각형의 한 각의 크기는 60°이므로 색칠한 부분은 반지름이 8 cm이고 중심각의 크기가 60°인 호 12개로 둘러싸여 있습니다.
⇨ $8\times2\times3\times\frac{60^\circ}{360^\circ}\times12=96$ (cm)

다른 풀이

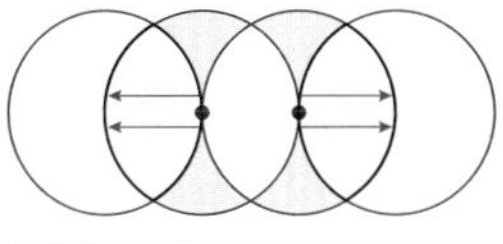

색칠한 부분의 둘레는 원주 2개와 같습니다.
$8\times2\times3\times2=96$ (cm)

6 작은 원의 중심을 이어 보면 다음과 같이 육각형이 됩니다.

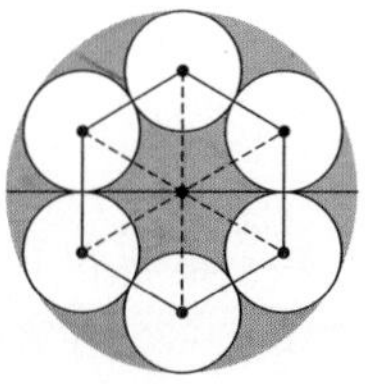

이때 육각형의 한 변은 작은 원의 지름과 같으므로 정육각형입니다. 큰 원의 지름은 정육각형의 한 변의 3배와 같으므로 작은 원의 지름은 큰 원의 지름의 $\frac{1}{3}$입니다.
(작은 원의 지름)$=$(큰 원의 지름)$\times\frac{1}{3}$
$=24\times\frac{1}{3}=8$ (cm)
⇨ (작은 원의 원주)$=8\times3.1=24.8$ (cm)

7 직사각형 4개의 둘레는 정사각형의 둘레의 2배와 같으므로 정사각형의 둘레는 $56\div2=28$ (cm)이고 정사각형의 한 변의 길이는 $28\div4=7$ (cm)입니다.
이때 직사각형 4개의 넓이의 합은 큰 정사각형의 넓이와 같으므로 $7\times7=49$ (cm^2)입니다.

8 대각선을 그어 삼각형 4개로 나눌 수 있습니다.

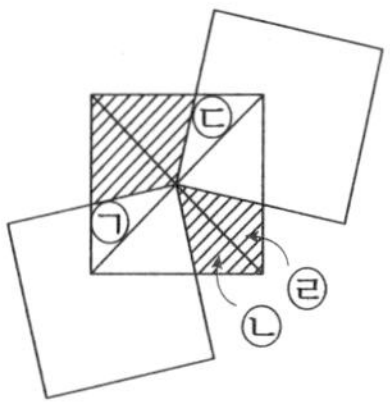

㉠과 ㉡이 합동이고 ㉢과 ㉣이 합동이므로 빗금친 부분의 넓이는 $2\times2\div2=2$ (m^2)입니다.

9 방의 한 변의 길이를 □ m라고 하면 창고의 한 변의 길이는 (7−□) m입니다.
(베란다의 넓이)
$=\{$(전체의 넓이)$-$(방과 창고의 넓이)$\}\div2$
$=(49-29)\div2=10$ (m^2)
(베란다의 넓이)
$=$(방의 한 변의 길이)$\times$(창고의 한 변의 길이)이므로
10=□×(7−□)입니다.
두 수의 곱이 10이고 7보다 작은 두 수를 찾으면 (5, 2)이므로 □=5입니다.
따라서 방의 넓이는 $5\times5=25$ (m^2)입니다.

10 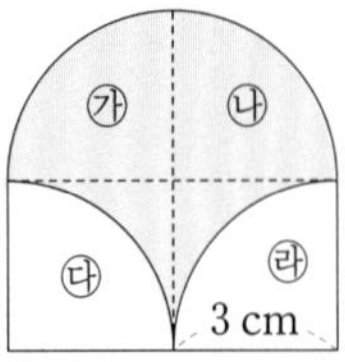

㉮+㉯의 넓이는 ㉰+㉱의 넓이와 같으므로 색칠한 부분의 넓이는 가로 6 cm, 세로 3 cm인 직사각형의 넓이와 같습니다.

⇨ $6\times3=18\ (\text{cm}^2)$

11 직사각형 ㉮의 세로를 가로보다 1 cm 더 늘리면 직사각형 ㉮는 정사각형이 됩니다. 이때 정사각형의 한 변의 길이를 □ cm라고 하면

$\square\times\square+(5\times6\div2)=8\times8$,

$\square\times\square+15=64$, $\square\times\square=49$, $\square=7$입니다.

따라서 둘레는 $7\times4=28$ (cm)입니다.

12 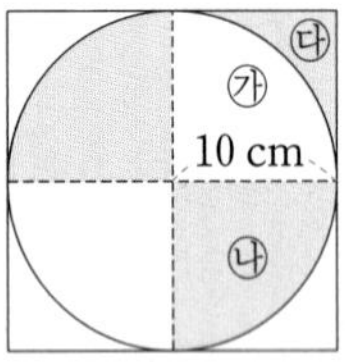

색칠한 ㉯의 넓이는 ㉮의 넓이와 같으므로 ㉮+㉰의 넓이는 한 변이 10 cm인 정사각형의 넓이와 같습니다.

⇨ $10\times10\times3.14\times\frac{1}{4}+10\times10$

$=78.5+100=178.5\ (\text{cm}^2)$

13 • (자르기 전 떡의 겉넓이)

$=20\times15\times2+15\times\square\times2+20\times\square\times2$

$=600+30\times\square+40\times\square$

$=600+70\times\square$

• (잘린 안쪽 면의 넓이의 합)$=15\times\square\times6=90\times\square$

• 자르고 난 후 안쪽의 넓이는 자르기 전 겉넓이의 $\frac{3}{4}$ 만큼이므로

$(600+70\times\square)\times\frac{3}{4}=90\times\square$,

$600+70\times\square=90\times\square\div\frac{3}{4}$,

$600+70\times\square=90\times\square\times\frac{4}{3}$,

$600+70\times\square=120\times\square$,

$50\times\square=600$,

$\square=12$입니다.

14 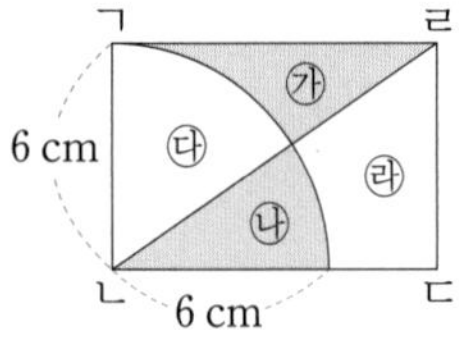

삼각형 ㄴㄷㄹ에서 색칠하지 않은 부분과 삼각형 ㄱㄴㄹ에서 색칠하지 않은 부분의 넓이가 같으므로 삼각형 ㄴㄷㄹ의 넓이는 반지름이 6 cm인 원의 넓이의 $\frac{1}{4}$과 같습니다.

(선분 ㄱㄹ)=(선분 ㄴㄷ)=□ cm라 하면

(삼각형 ㄴㄷㄹ의 넓이)=(원의 넓이)$\times\frac{1}{4}$이므로

$6\times\square\times\frac{1}{2}=6\times6\times3\times\frac{1}{4}$,

$3\times\square=27$, $\square=9$입니다.

15 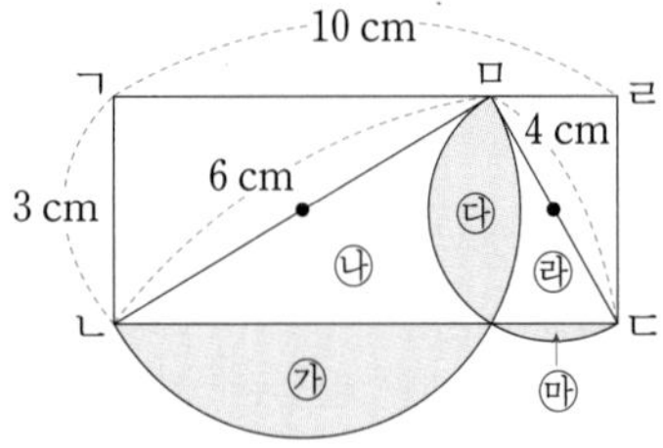

(두 반원의 넓이의 합)=㉮+㉯+㉰+㉰+㉱+㉲,

(삼각형 ㄴㄷㅁ의 넓이)=㉯+㉰+㉱이므로

(색칠한 부분의 넓이)

=(㉮+㉯+㉰+㉰+㉱+㉲)−(㉯+㉰+㉱)

=㉮+㉰+㉲입니다.

따라서 색칠한 부분의 넓이는 두 반원의 넓이의 합에서 직각삼각형 ㄴㅁㄷ의 넓이를 빼면 됩니다.

⇨ $3\times3\times3\times\frac{1}{2}+2\times2\times3\times\frac{1}{2}-4\times6\times\frac{1}{2}$

$=\frac{27}{2}+6-12$

$=\frac{15}{2}=7\frac{1}{2}(=7.5)\ (\text{cm}^2)$

16 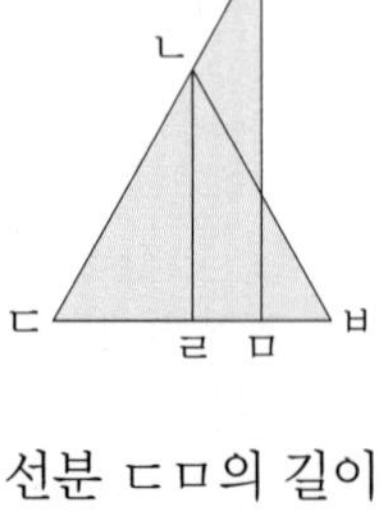

선분 ㄷㅁ의 길이는 선분 ㄷㄹ의 길이의 $1\frac{1}{2}$배입니다.

삼각형 ㄴㄷㄹ과 삼각형 ㄱㄷㅁ은 정비례하므로
(삼각형 ㄴㄷㄹ의 넓이) : (삼각형 ㄱㄷㅁ의 넓이)
$=1\times1 : \frac{3}{2}\times\frac{3}{2}=1 : \frac{9}{4}=4 : 9$입니다.
따라서 삼각형 ㄴㄷㅂ의 넓이를 1이라고 할 때
삼각형 ㄴㄷㄹ의 넓이는 $\frac{1}{2}$이고
삼각형 ㄱㄷㅁ의 넓이를 □라 할 때
$\frac{1}{2}$: □$=4 : 9$입니다.
⇨ $\square\times4=\frac{1}{2}\times9$,
$\square\times4=\frac{9}{2}$,
$\square=\frac{9}{2}\times\frac{1}{4}=\frac{9}{8}=1\frac{1}{8}$

다른 풀이

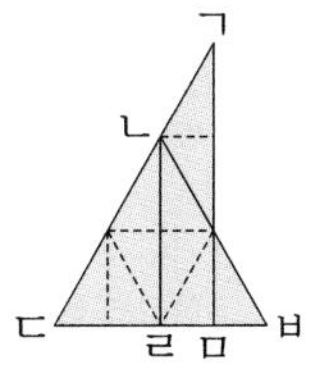

왼쪽과 같이 똑같은 삼각형으로 나누면 삼각형 ㄴㄷㅂ은 8조각이고 삼각형 ㄱㄷㅁ은 9조각이므로 넓이는 $\frac{9}{8}=1\frac{1}{8}$입니다.

17 (휴지 전체의 부피)−(휴지심의 부피)
$=5\times5\times3\times14-2\times2\times3\times14$
$=1050-168=882$ (cm³)

18 (처음 직육면체의 부피)$=15\times10\times14=2100$ (cm³)
새로 만든 직육면체의 (가로)$=15\times0.6=9$ (cm),
(세로)$=10\times1.2=12$ (cm),
(높이)$=14\times\frac{6}{7}=12$ (cm)이므로
(새로 만든 직육면체의 부피)
$=9\times12\times12=1296$ (cm³)
따라서 처음 직육면체보다 부피가
$2100-1296=804$ (cm³) 줄어들었습니다.

19 (비커에 들어 있는 물의 양)$=4\times4\times3\times12$
$=576$ (cm³)
비커에 들어 있는 물을 수조에 부었을 때 늘어난 물의 높이를 □ cm라 하면
$30\times15\times\square=576$, $\square=1.28$입니다.
⇨ $12+1.28=13.28$ (cm)

20 6층까지 쌓았을 때 정육면체의 수를 알아봅니다.
6층: 1개, 5층: $1+5=6$(개), 4층: $6+9=15$(개),
3층: $15+13=28$(개), 2층: $28+17=45$(개),
1층: $45+21=66$(개)
⇨ $1+6+15+28+45+66=161$(개)
(정육면체 한 개의 부피)$=2\times2\times2=8$ (cm³)
(6층까지 쌓은 입체도형의 부피)
$=161\times8=1288$ (cm³)

21 (양동이에 부은 물의 부피)$=3\times8=24$ (L)
(돌의 부피)
=(돌을 넣은 후 물의 부피)−(양동이로 부은 물의 부피)
$=30\times25\times34-24000$
$=25500-24000=1500$ (cm³)

22

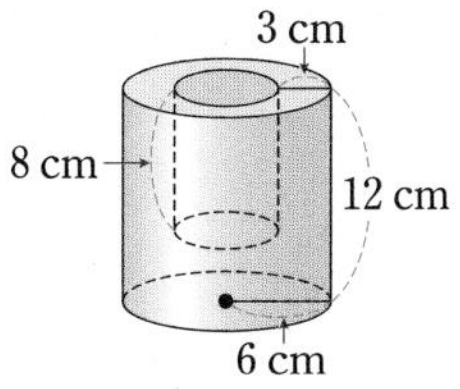

(큰 원기둥의 부피)−(작은 원기둥의 부피)
$=6\times6\times3\times12-3\times3\times3\times8$
$=1296-216$
$=1080$ (cm³)

23

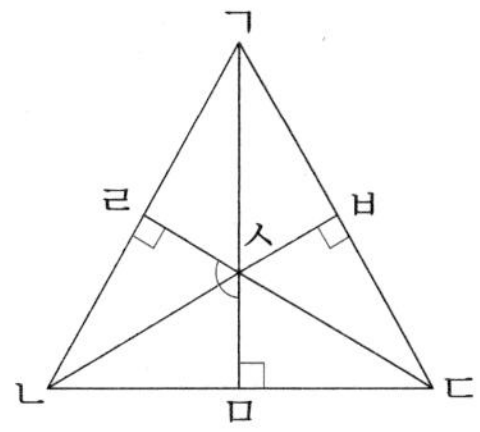

삼각형 ㄱㄴㄷ은 정삼각형이므로 세 각의 크기는 모두 60°입니다. 이때 각 ㄴㄹㄷ과 각 ㄱㅁㄴ은 직각으로 90°입니다. 따라서 사각형 ㄴㄹㅅㅁ에서 사각형의 각의 크기의 합은 360°이므로 각 ㄹㅁㅅ의 크기를 구할 수 있습니다.
⇨ (각 ㄹㅁㅅ)$=360°-(60°+90°+90°)$
$=360°-240°=120°$

참고

정삼각형의 각 꼭짓점에서 중점을 이었을 때 만나는 각은 90°입니다.
선분 ㄱㅁ은 각 ㄴㄱㄷ을 이등분하므로
(각 ㄴㄱㅁ)=(각 ㄷㄱㅁ)$=60°\div2=30°$,
(각 ㄱㄷㅁ)$=60°$이므로 삼각형 ㄱㄷㅁ에서
(각 ㄱㅁㄷ)$=180°-30°-60°=90°$입니다.

24

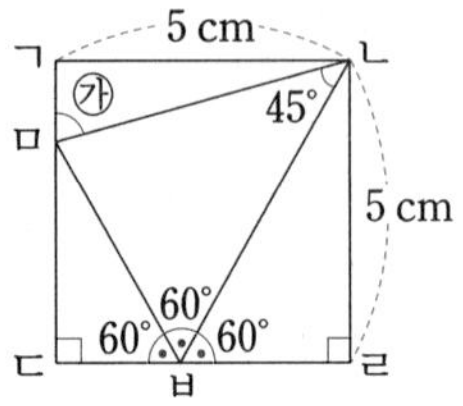

(각 ㄴㅂㄹ)=180°÷3=60°
(각 ㄹㄴㅂ)=180°−(90°+60°)
=180°−150°
=30°
(각 ㄱㄴㅁ)=90°−(45°+30°)
=90°−75°
=15°
삼각형 ㄱㄴㅁ에서
㉮=180°−(90°+15°)
=180°−105°=75°입니다.

25 정육각형의 한 각의 크기는 120°이고 삼각형 ㄱㄴㅇ은 이등변삼각형이므로 선분 ㄱㅇ은 각 ㄴㄱㅂ을 이등분하므로
(각 ㅇㄱㄴ)=120°÷2=60°입니다.
삼각형 ㄱㄴㅇ은 이등변삼각형이므로
(각 ㅇㄴㄱ)=60°,
(각 ㄱㅇㄴ)=180°−60°−60°=60°입니다.
따라서 삼각형 ㄱㄴㅇ은 정삼각형입니다.
이와 같은 방법으로 삼각형 ㄱㄴㅇ, 삼각형 ㄴㄷㅇ, 삼각형 ㄷㄹㅇ, 삼각형 ㄹㅁㅇ, 삼각형 ㅁㅂㅇ, 삼각형 ㄱㅂㅇ은 모두 정삼각형입니다.
따라서 (각 ㄷㅇㄹ)=360°−(60°×4)=120°이고
(각 ㅇㄷㄹ)=(180°−120°)÷2=30°입니다.

26

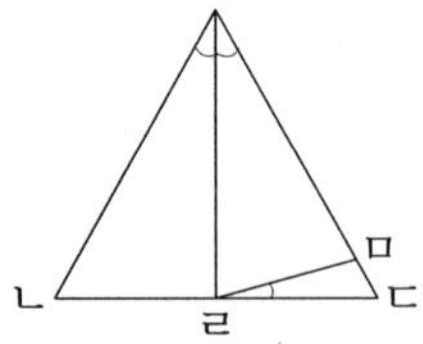

삼각형 ㄱㄴㄷ이 정삼각형이므로 삼각형 ㄱㄴㄷ의 세 각은 모두 60°입니다.
(각 ㄴㄱㄹ)=(각 ㄷㄱㄹ)=60°÷2=30°이므로
(각 ㄱㄹㄴ)=180°−60°−30°=90°입니다.
삼각형 ㄱㄹㅁ이 이등변삼각형이므로
(각 ㄱㄹㅁ)=(각 ㄱㅁㄹ)
=(180°−30°)÷2=75°
입니다.
따라서 (각 ㄷㄹㅁ)=90°−75°=15°입니다.

27

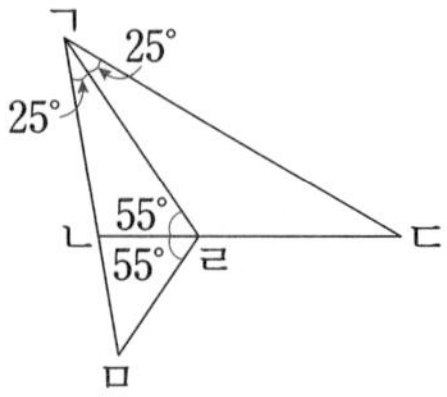

삼각형 ㄱㅁㄹ에서
(각 ㄱㅁㄹ)=180°−25°−(55°+55°)
=180°−25°−110°
=45°
삼각형 ㄱㄴㄹ에서
(각 ㄱㄴㄹ)=180°−25°−55°=100°
삼각형 ㄱㄴㄷ에서
(각 ㄱㄷㄴ)=180°−(25°+25°)−100°
=180°−50°−100°
=30°
⇨ 45°+30°=75°

28

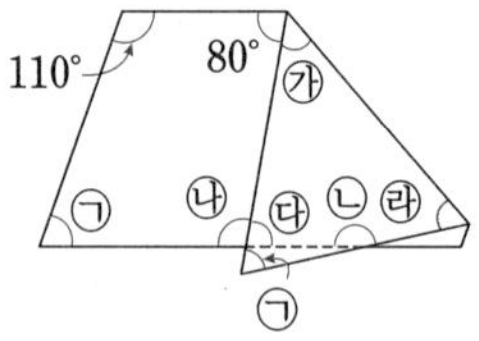

㉠=180°−110°=70°
접어서 생긴 각 ㉮는 펼쳤을 때 각이 같으므로
80°+㉮+㉮=180°,
㉮×2=100°, ㉮=50°입니다.
㉯=360°−110°−80°−70°=100°
㉰=180°−100°=80°
㉮+㉠+㉱=180°이므로
㉱=180°−70°−50°=60°입니다.
㉡=360°−50°−80°−60°=170°
⇨ ㉠+㉡=70°+170°
=240°

29 시침과 분침이 이루는 작은 쪽의 각이 90°인 경우는 다음과 같습니다.

- 12시: 12시 $16\frac{4}{11}$분, 12시 $49\frac{1}{11}$분
- 1시: 1시 $21\frac{9}{11}$분, 1시 $54\frac{6}{11}$분
- 2시: 2시 $27\frac{3}{11}$분
- 3시: 3시, 3시 $32\frac{8}{11}$분

- 4시: 4시 $5\frac{5}{11}$분, 4시 $38\frac{2}{11}$분
- 5시: 5시 $10\frac{10}{11}$분, 5시 $43\frac{7}{11}$분
- 6시: 6시 $16\frac{4}{11}$분, 6시 $49\frac{1}{11}$분
- 7시: 7시 $21\frac{9}{11}$분, 7시 $54\frac{6}{11}$분
- 8시: 8시 $27\frac{3}{11}$분
- 9시: 9시, 9시 $32\frac{8}{11}$분
- 10시: 10시 $5\frac{5}{11}$분, 10시 $38\frac{2}{11}$분
- 11시: 11시 $10\frac{10}{11}$분, 11시 $43\frac{7}{11}$분

⇨ 22가지

참고

1시간에 2번씩 $12\times2=24$(가지)로 계산하지 않도록 주의합니다.
2시와 8시에는 1가지씩만 있습니다.

30 시침과 분침이 서로 반대 방향으로 일직선을 이루려면 시침과 분침이 이루는 각이 180°가 되어야 합니다. 분침은 1분에 $360°\div60=6°$씩 움직이고 시침은 1분에 $360°\div12\div60=30°\div60=0.5°$씩 움직입니다.
시침과 분침 사이의 각이 180°가 되려면
(분침이 움직인 각도)$-${(12시부터 1시까지의 각도)+(시침이 움직인 각도)}$=180°$이므로
1시 □분이라고 하면
$6°\times□-(30°+0.5\times□)=180°$,
$6°\times□-30°-0.5°\times□=180°$,
$5.5°\times□=210°$, $□=\frac{210°}{5.5°}$, $□=38\frac{2}{11}$입니다.
따라서 ㉠$=1$, ㉡$=38\frac{2}{11}$이므로
㉠+㉡$=1+38\frac{2}{11}=39\frac{2}{11}$입니다.

31 시침은 1바퀴 도는 데 9시간 걸리므로 1분에는
$\frac{(360°\div9)}{60}=\frac{40°}{60}=(\frac{2}{3})°$만큼 움직입니다.
5시에서 6시 사이에 시침과 분침이 겹쳐졌을 때의 시각을 5시 □분이라 하면
$40°\times5+(\frac{2}{3})°\times□=6°\times□$,
$200°+(\frac{2}{3})°\times□=6°\times□$,
$200°=6°\times□-(\frac{2}{3})°\times□$,
$(\frac{16}{3})°\times□=200°$,
$□=200\div\frac{16}{3}$, $□=37.5$입니다.

32 시침과 분침이 이루는 각의 크기가 70°일 때의 시각을 5시 □분이라 하면
- 처음 70°가 되는 경우:
$0.5°\times□+150°-6°\times□=70°$,
$5.5°\times□=80°$, $□=14\frac{6}{11}$
- 두 번째로 70°가 되는 경우:
$6°\times□-150°-0.5°\times□=70°$,
$5.5°\times□=220°$,
$□=40$

따라서 5시 40분에 두 번째로 70°가 됩니다.

STEP 3 코딩 유형 문제 92~93쪽

1 $1111_{(2)}$	**2** ③
3 23	**4** 10

1 십진수 15를 이진수로 나타내면 다음과 같습니다.
2) 15
2) 7 … 1
2) 3 … 1
1 … 1
⇨ $1111_{(2)}$

2 십진수 23을 이진수로 나타내면 다음과 같습니다.
2) 23
2) 11 … 1
2) 5 … 1
2) 2 … 1
1 … 0
⇨ $10111_{(2)}$

3 $10111_{(2)}=1\times2^4+1\times2^2+1\times2+1\times1$
$=2\times2\times2\times2+2\times2+2+1$
$=16+4+2+1=23$

4 ㉮: $11111_{(2)}$
$=1\times2^4+1\times2^3+1\times2^2+1\times2+1\times1$
$=2\times2\times2\times2+2\times2\times2+2\times2+1\times2+1\times1$
$=16+8+4+2+1=31$
㉯: $10101_{(2)}=1\times2^4+1\times2^2+1\times1$
$=2\times2\times2\times2+2\times2+1\times1$
$=16+4+1=21$
따라서 $31-21=10$입니다.

다른 풀이

$11111_{(2)}-10101_{(2)}=1010_{(2)}$ ⇨ $1010_{(2)}=1\times2^3+1\times2$
$=2\times2\times2+2$
$=8+2=10$

STEP 4 도전! 최상위 문제 94~97쪽

1 190 cm	**2** 28 cm
3 96 cm^2	**4** 156 cm^2
5 351 cm^3	**6** 95°
7 69°	**8** 825

1 정사각형의 둘레에 반지름이 각각 10 cm, 20 cm, 30 cm, 40 cm인 원의 $\frac{1}{4}$만큼의 도형을 이어 붙인 것입니다.
(도형의 둘레)
$=(10\times2\times3\times\frac{1}{4})+(20\times2\times3\times\frac{1}{4})$
$+(30\times2\times3\times\frac{1}{4})+(40\times2\times3\times\frac{1}{4})+40$
$=15+30+45+60+40$
$=190$ (cm)

2

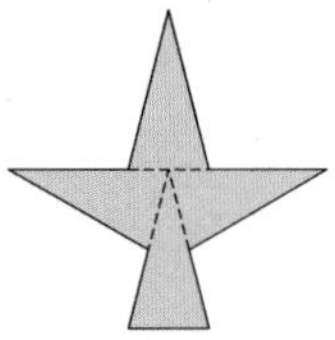

주어진 도형의 둘레는 이등변삼각형 4개의 둘레의 합에서 겹쳐진 변의 길이만큼을 빼야 합니다.
$(2+4+4)\times4-2\times3\times2$
$=40-12=28$ (cm)

3 오른쪽과 같이 그려 보면 색칠한 부분은 ㉮와 크기가 같은 삼각형이 5개이므로 ㉮의 넓이는 $30\div5=6$ (cm^2)입니다.

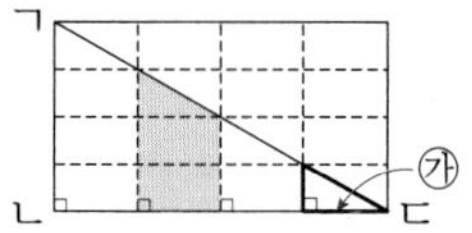

삼각형 ㄱㄴㄷ은 ㉮와 크기가 같은 삼각형이 16개이므로 넓이는 $6\times16=96$ (cm^2)입니다.

4

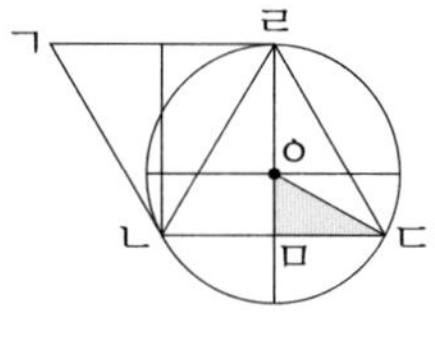

(선분 ㅇㅁ)=(선분 ㄹㅇ)$\times\frac{5}{8}$이므로
(삼각형 ㅇㅁㄷ의 넓이)=(삼각형 ㄹㅇㄷ의 넓이)$\times\frac{5}{8}$
(삼각형 ㄹㅇㄷ의 넓이)=(삼각형 ㅇㅁㄷ의 넓이)$\times\frac{8}{5}$
$=15\times\frac{8}{5}=24$ (cm^2)입니다.
(삼각형 ㄹㅁㄷ의 넓이)
=(삼각형 ㄹㅇㄷ의 넓이)+(삼각형 ㅇㅁㄷ의 넓이)
$=24+15=39$ (cm^2)
(평행사변형 ㄱㄴㄷㄹ의 넓이)
=(삼각형 ㄹㅁㄷ의 넓이)$\times4$
$=39\times4=156$ (cm^2)

5 (양초의 부피)
$=1.5\times1.5\times3\times8=54$ (cm^3)
(실험 후 물의 부피)
$=3\times3\times3\times15=405$ (cm^3)
⇨ (처음 그릇에 들어 있던 물의 부피)
$=405-54=351$ (cm^3)

6

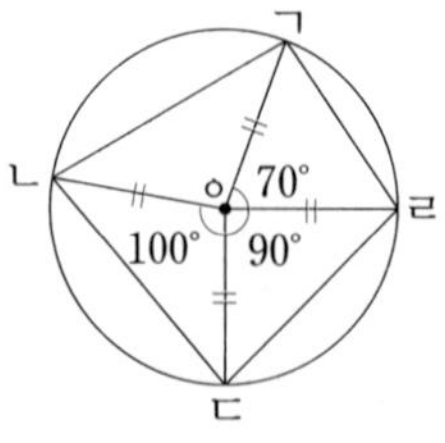

(각 ㄱㅇㄴ)$=360°-70°-90°-100°=100°$
삼각형 ㄱㅇㄴ과 삼각형 ㄱㅇㄹ은 이등변삼각형이므로
(각 ㅇㄱㄹ)$=(180°-70°)\div2=110°\div2=55°$,
(각 ㅇㄱㄴ)$=(180°-100°)\div2=80°\div2°=40°$입니다.
⇨ (각 ㄴㄱㄹ)=(각 ㅇㄱㄴ)+(각 ㅇㄱㄹ)
$=40°+55°=95°$

7

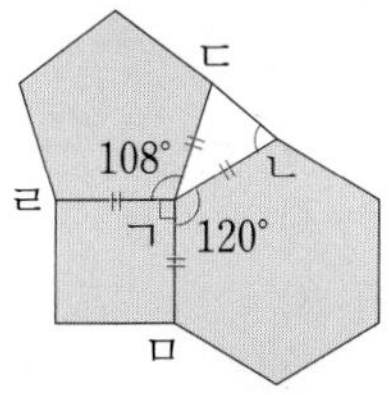

각 ㄷㄱㄹ은 정오각형의 한 각이므로 108°입니다.
각 ㄹㄱㅁ은 정사각형의 한 각이므로 90°입니다.
각 ㄴㄱㅁ은 정육각형의 한 각이므로 120°입니다.
(각 ㄷㄱㄴ)$=360°-(108°+90°+120°)$
$=360°-318°=42°$
삼각형 ㄱㄴㄷ은 이등변삼각형이므로
(각 ㄱㄴㄷ)$=(180°-42°)\div2$
$=138°\div2=69°$입니다.

8 시계가 3시 30분을 가리킬 때의 각은
$6°\times30-90°-0.5°\times30$
$=180°-90°-15°$
$=75°$입니다.
⇨ Ⓐ$=75$
15분 후의 시각은 3시 45분이고 이때의 각은
$6°\times45-90°-0.5°\times45$
$=270°-90°-22.5°$
$=157.5°$입니다.
⇨ Ⓑ$=157.5$
(Ⓑ−Ⓐ)$\times10=(157.5-75)\times10$
$=82.5\times10$
$=825$

특강 영재원 · 창의융합 문제 98쪽

9 예

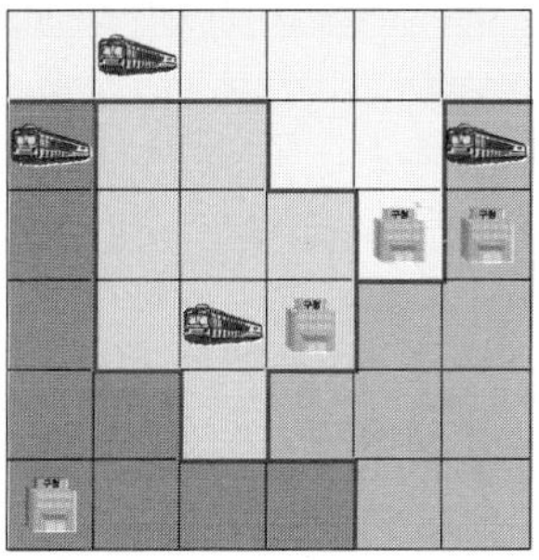

9 전체는 36칸이므로 1개의 구는 $36\div4=9$(칸)이 되어야 합니다. 한 개의 구를 9칸으로 나누어 봅니다.

V 확률과 통계 영역

STEP 1 경시 **기출 유형** 문제 100~101쪽

[주제 학습 15] 3
1 8
[확인 문제] [한 번 더 확인]
1-1 1.5점 **1-2** 60명
2-1 150명 **2-2** 117명

1 평균이 84.7점이므로 남학생 10명의 점수의 합은 $84.7\times10=847$(점)입니다.
구해야 할 점수를 □점이라 하면
$76+73+79+78+84+82+85+95+97+\square=847$,
$749+\square=847$,
$\square=98$입니다.
따라서 ㉮에 알맞은 수는 8입니다.

[확인 문제] [한 번 더 확인]

1-1 (남학생의 평균 점수)
$=\dfrac{73+75+76+79+80+86+87+81+95+93}{10}$
$=\dfrac{825}{10}$
$=82.5$(점)
(여학생의 평균 점수)
$=\dfrac{74+77+78+73+81+89+86+84+96+91+95}{11}$
$=\dfrac{924}{11}$
$=84$(점)
따라서 남학생과 여학생의 평균 점수의 차는
$84-82.5=1.5$(점)입니다.

1-2 카드 놀이를 하는 학생을 나타내는 띠그래프가 4 cm이므로 비율로 나타내면 $\dfrac{4}{10}\times100=40$ (%)입니다.
우봉고를 하는 학생은 300명 중 45명이므로
$\dfrac{45}{300}\times100=15$ (%)입니다.
젠가를 하는 학생은 전체의
$100-25-40-15=20$ (%)이므로
$300\times\dfrac{20}{100}=60$(명)입니다.

2-1 (과학을 좋아하는 학생 수)$=500\times\frac{90^\circ}{360^\circ}$

$=125$(명)

(수학을 좋아하는 학생 수)$=500\times\frac{72^\circ}{360^\circ}$

$=100$(명)

사회를 좋아하는 학생을 □명이라 하면 국어를 좋아하는 학생은 (□-25)명입니다.

$125+100+$□$+$□$-25=500$, $200+$□$\times2=500$, □$\times2=300$, □$=150$입니다.

2-2 (기호 1번을 뽑은 학생 수)$=600\times\frac{30}{100}=180$(명)

기호 1번에 투표한 남학생이 35 %이므로 여학생은 $100-35=65$ (%)입니다.

(기호 1번을 뽑은 여학생 수)$=180\times\frac{65}{100}$

$=117$(명)

다른 풀이

기호 1번을 뽑은 학생 중 여학생은 65 %이므로
전체의 $0.3\times0.65\times100=19.5$ (%)입니다.
따라서 $600\times0.195=117$(명)입니다.

STEP 1 경시 기출 유형 문제 102~103쪽

[주제 학습 16] 3가지

1 27가지 **2** 19

[확인 문제] [한 번 더 확인]

1-1 120 **1-2** 540

2-1 10가지 **2-2** 6가지

3-1 10가지 **3-2** 20가지

1 곱이 짝수가 되려면 (홀수)×(짝수), (짝수)×(짝수), (짝수)×(홀수)인 경우입니다. 이것은 두 곱을 홀수로 만드는 (홀수)×(홀수)의 가짓수를 전체에서 빼는 것과 같습니다.

(홀수)×(홀수)의 경우는 (1, 1), (1, 3), (1, 5), (3, 1), (3, 3), (3, 5), (5, 1), (5, 3), (5, 5)로 9가지이므로 $6\times6-9=36-9=27$(가지)입니다.

2 합이 5일 경우: (1, 4), (2, 3), (3, 2), (4, 1)

합이 6일 경우: (1, 5), (2, 4), (3, 3), (4, 2), (5, 1)

합이 7일 경우: (2, 5), (3, 4), (4, 3), (5, 2)

합이 8일 경우: (3, 5), (4, 4), (5, 3)

합이 9일 경우: (4, 5), (5, 4)

합이 10일 경우: (5, 5)

⇨ $4+5+4+3+2+1=19$

[확인 문제] [한 번 더 확인]

1-1 첫 번째 마을에서 선택할 수 있는 꽃은 5가지,
두 번째 마을에서 선택할 수 있는 꽃은 $5-1=4$(가지),
세 번째 마을에서 선택할 수 있는 꽃은 $4-1=3$(가지),
네 번째 마을에서 선택할 수 있는 꽃은 $3-1=2$(가지),
다섯 번째 마을에서 선택할 수 있는 꽃은 $2-1=1$(가지)입니다.
따라서 각 마을이 상징하는 꽃을 모두 다르게 정하는 경우의 수는 $5\times4\times3\times2\times1=120$입니다.

1-2

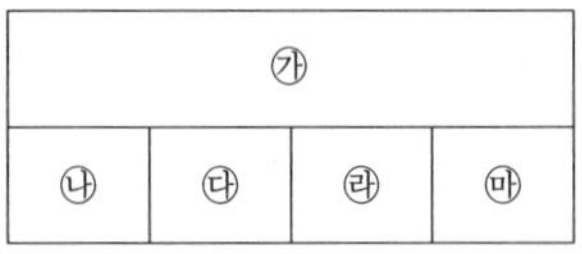

㉮에 칠할 수 있는 색 종류: 5가지
㉯에 칠할 수 있는 색 종류: 4가지
㉰에 칠할 수 있는 색 종류: 3가지
㉱에 칠할 수 있는 색 종류: 3가지
㉲에 칠할 수 있는 색 종류: 3가지
따라서 경우의 수는 $5\times4\times3\times3\times3=540$입니다.

2-1 서로 다른 색의 공 7개 중에서 5개의 공을 꺼내고자 할 때 2개의 공이 이미 정해져 있다면 7개에서 2개를 제외한 5개에서 3개를 꺼내는 것과 같습니다.

공 5개를 ①, ②, ③, ④, ⑤라 할 때 이 중에서 3개를 꺼내는 경우는 (①, ②, ③), (①, ②, ④), (①, ②, ⑤), (①, ③, ④), (①, ③, ⑤), (①, ④, ⑤), (②, ③, ④), (②, ③, ⑤), (②, ④, ⑤), (③, ④, ⑤)로 10가지입니다.

다른 풀이

서로 다른 색의 공 7개 중에서 5개의 공을 꺼낼 때 2개의 공이 이미 정해져 있다면 7개에서 2개를 제외한 5개에서 3개를 꺼내는 것과 같습니다. 5개에서 3개를 꺼내는 경우는 $\frac{5\times4\times3}{3\times2\times1}=10$(가지)입니다.

2-2 파란색 공 2개를 묶어 1개로 생각합니다.
공 3개를 순서대로 늘어놓는 경우는
$3\times2\times1=6$(가지)입니다.

3-1

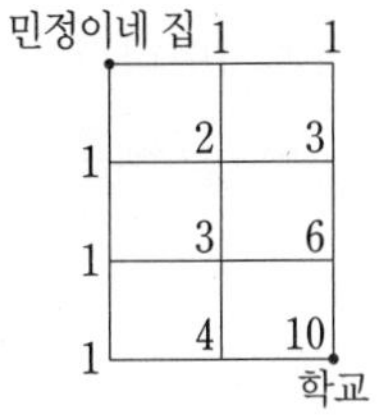

만나는 지점에 갈 수 있는 길의 가짓수를 써넣으면 가장 가까운 길의 방법은 10가지입니다.

3-2

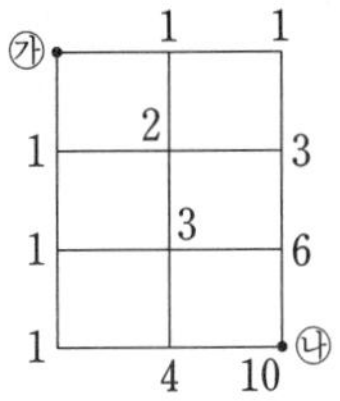

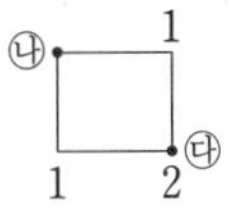

㉮에서 ㉯를 들러 ㉰에 가야 하므로 ㉮에서 ㉯까지 갈 수 있는 방법과 ㉯에서 ㉰까지 갈 수 있는 방법으로 나누어 알아봅니다.
㉮ → ㉯: 10가지,
㉯ → ㉰: 2가지
⇨ ㉮ → ㉯ → ㉰: $10\times2=20$(가지)

STEP 1 경시 **기출 유형** 문제 104~105쪽

[주제 학습 17] $\frac{5}{7}$

1 $\frac{1}{2}$	**2** $\frac{2}{9}$

[확인 문제] [한 번 더 확인]

1-1 $\frac{3}{5}$	**1-2** $\frac{2}{9}$
2-1 $\frac{1}{4}$	**2-2** $\frac{61}{100}$
3-1 $\frac{13}{81}$	**3-2** $\frac{1}{6}$

1 • 모든 경우의 수: $5\times4=20$
• 진분수가 되려면 첫 번째로 뽑은 카드의 수가 두 번째로 뽑은 카드의 수보다 커야 합니다.
: $20\div2=10$

따라서 확률로 나타내면 $\frac{10}{20}=\frac{1}{2}$입니다.

참고

만들어진 분수가 진분수일 때를 알아봅니다.
• 분모가 2일 때: $\frac{1}{2}$
• 분모가 3일 때: $\frac{1}{3}$, $\frac{2}{3}$
• 분모가 4일 때: $\frac{1}{4}$, $\frac{2}{4}$, $\frac{3}{4}$
• 분모가 5일 때: $\frac{1}{5}$, $\frac{2}{5}$, $\frac{3}{5}$, $\frac{4}{5}$

2 세 사람은 가위, 바위, 보 중에서 한 가지를 낼 수 있으므로 모든 경우의 수는 $3\times3\times3=27$입니다.
승부가 나지 않으려면 3명 모두 같은 것을 내거나 다른 것을 내야 하므로 (소라, 우현, 진수)라고 했을 때 (가위, 가위, 가위), (바위, 바위, 바위), (보, 보, 보), (가위, 바위, 보), (가위, 보, 바위), (바위, 가위, 보), (바위, 보, 가위), (보, 가위, 바위), (보, 바위, 가위)로 9가지입니다.
따라서 가위바위보를 한 번 했을 때 승부가 나지 않을 확률은 $\frac{9}{27}=\frac{1}{3}$, 승부가 날 확률은 $1-\frac{1}{3}=\frac{2}{3}$입니다.
(두 번째 판에서 승부가 날 확률)
$=\frac{1}{3}\times\frac{2}{3}=\frac{2}{9}$

[확인 문제] [한 번 더 확인]

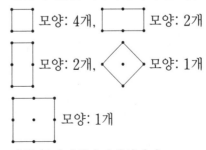

1-1 만들 수 있는 직사각형의 수는 다음과 같습니다.
 모양: 4개,  모양: 2개
 모양: 2개,  모양: 1개
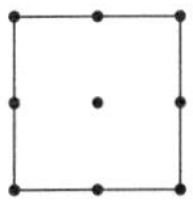 모양: 1개
이중 정사각형은 6개입니다.
따라서 $\frac{(\text{정사각형의 수})}{(\text{모든 경우의 수})}=\frac{6}{10}=\frac{3}{5}$입니다.

1-2 만들 수 있는 삼각형은 다음과 같습니다.

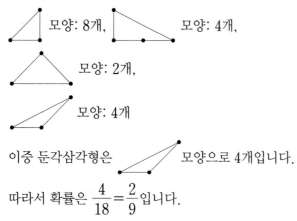

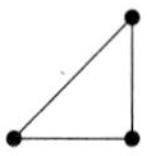 모양: 8개, 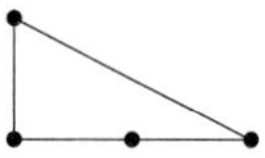 모양: 4개,

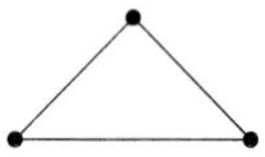 모양: 2개,

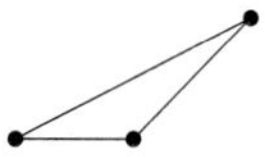 모양: 4개

이중 둔각삼각형은 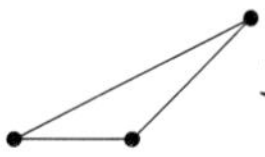 모양으로 4개입니다.

따라서 확률은 $\frac{4}{18}=\frac{2}{9}$입니다.

2-1 1, 7, 8이 나왔을 경우에는 비기고, 4가 나왔을 경우에는 소현이가 이깁니다.

따라서 소현이가 이길 확률은 $\frac{1}{4}$입니다.

참고

• 1이 나왔을 경우:

1	4	9
3	5	8
7	2	6

4	2	8
6	1	5
7	3	9

⇨ 비깁니다.

• 7이 나왔을 경우:

1	4	9
3	5	8
7	2	6

4	2	8
6	1	5
7	3	9

⇨ 비깁니다.

• 8이 나왔을 경우:

1	4	9
3	5	8
7	2	6

4	2	8
6	1	5
7	3	9

⇨ 비깁니다.

• 4가 나왔을 경우:

1	4	9
3	5	8
7	2	6

4	2	8
6	1	5
7	3	9

⇨ 소현이가 이깁니다.

2-2 목요일 급식에 김치가 안 나올 확률을 구하려면 수요일에 김치가 나왔을 때와 안 나왔을 때의 경우를 모두 알아봐야 합니다.

• 수요일에 김치가 나오고 목요일에 김치가 안 나올 경우의 확률: $\frac{3}{5}\times\frac{3}{4}=\frac{9}{20}$

• 수요일에 김치가 안 나오고 목요일에 김치가 안 나올 경우의 확률: $\frac{2}{5}\times\frac{2}{5}=\frac{4}{25}$

따라서 $\frac{9}{20}+\frac{4}{25}=\frac{45}{100}+\frac{16}{100}=\frac{61}{100}$입니다.

3-1 0은 십의 자리에 놓을 수 없으므로 만들 수 있는 두 자리 수는 9×9=81(가지)입니다. 5의 배수는 일의 자리 숫자가 0 또는 5이고 십의 자리 숫자가 일의 자리 숫자보다 커야 하므로 10, 20, 30, 40, 50, 60, 65, 70, 75, 80, 85, 90, 95로 13가지입니다.

따라서 십의 자리 숫자가 일의 자리 숫자보다 클 확률은 $\frac{13}{81}$입니다.

3-2 전체 경우의 수는 6×2×2=24(가지)입니다. 이중에서 합이 7이 나오는 경우의 수는 다음과 같습니다.

주사위	3	4	4	5
동전 ①	2	2	1	1
동전 ②	2	1	2	1
합	7	7	7	7

따라서 확률은 $\frac{4}{24}=\frac{1}{6}$입니다.

STEP 2 실전 경시 문제 106~111쪽

1 71점
2 150명
3 100°
4 48명
5 12가지
6 21개
7 9가지
8 12
9 720가지
10 7가지
11 72가지
12 84가지
13 10가지
14 6가지
15 8가지
16 38가지
17 $\frac{2}{9}$
18 $\frac{1}{18}$
19 $\frac{4}{27}$
20 $\frac{14}{25}$
21 $\frac{5}{12}$
22 $\frac{3}{10}$
23 $\frac{1}{8}$
24 $\frac{46}{105}$

1 한 명의 점수를 □점이라 하면
(71+78+79+80+82+86+92+93+98+□) ÷10=83, 759+□=83×10, 759+□=830, □=830−759, □=71입니다.

2 가 마을은 20 %, 다 마을은 30 %이므로
(나 마을의 비율)+(라 마을의 비율)=50 (%)입니다.
또한 나 마을에는 60명, 라 마을에는 15명이 살고 있으므로 두 마을에 살고 있는 학생 수의 비율은
(나 마을) : (라 마을)=4 : 1입니다.
나 마을에는 $50\times\frac{4}{(4+1)}=40$ (%)의 학생이 살고 라 마을에는 10 %의 학생이 삽니다.
전체의 10 %가 15명이므로 전체 학생 수는
15×10=150(명)입니다.

3 3개 동의 넓이의 비율을 알아봅니다.
1동의 넓이를 □라 하면
(2동의 넓이)$=\square\div1\frac{1}{5}=\square\div\frac{6}{5}=\square\times\frac{5}{6}$
(3동의 넓이)$=\square\times1\frac{1}{6}=\square\times\frac{7}{6}$
(1동의 넓이) : (2동의 넓이) : (3동의 넓이)
$=\square : (\square\times\frac{5}{6}) : (\square\times\frac{7}{6})$
$=(\square\times6) : (\square\times5) : (\square\times7)$
$=6 : 5 : 7$
따라서 2동의 중심각의 크기는
$360^\circ\times\frac{5}{6+5+7}$
$=360^\circ\times\frac{5}{18}=100^\circ$입니다.

4 (속초를 가고 싶어 하는 여학생)
$=20\times1\frac{1}{5}=20\times\frac{6}{5}=24$ (%)
(인천을 가고 싶어 하는 여학생)
=100−20−24=56 (%)
전체 여학생 수를 □명이라 하면
$\square\times\frac{56}{100}=168$, $\square=168\times\frac{100}{56}$, □=300입니다.
속초를 가고 싶어 하는 여학생이 300×0.24=72(명)이고 속초를 가고 싶어 하는 남학생 수를 □명이라 하면 □ : 72=40 : 60입니다.
⇨ □×60=72×40, □×60=2880, □=48

5 15의 배수는 15, 30, 45 ……이므로 각각의 경우의 수를 알아봅니다.
15: (3, 5), (5, 3) ⇨ 2개
30: (3, 10), (5, 6), (6, 5), (10, 3) ⇨ 4개
45: (5, 9), (9, 5) ⇨ 2개
60: (6, 10), (10, 6) ⇨ 2개
75: 0개
90: (9, 10), (10, 9) ⇨ 2개
따라서 모두 2+4+2+2+2=12(가지)입니다.

6 50보다 크려면 십의 자리 숫자를 가 주머니의 5, 7, 9 중 하나 꺼내야 합니다.
- 5를 꺼냈을 때
 : 51, 52, 53, 54, 56, 58, 59(7개)
- 7을 꺼냈을 때
 : 71, 72, 73, 74, 76, 78, 79(7개)
- 9를 꺼냈을 때
 : 91, 92, 93, 94, 96, 98, 99(7개)

⇨ 모두 7+7+7=21(개)입니다.

7 승요는 (2, 3)이 나왔으므로 승요가 만든 수는 $\frac{2}{3}$입니다. 성재가 승요를 이기려면 $\frac{2}{3}$보다 더 큰 수를 만들어야 합니다. 같은 수가 나왔을 때 만든 수는 1이므로 $\frac{2}{3}$보다 크고 다른 수가 나왔을 때 $\frac{2}{3}$보다 큰 진분수를 만든 경우를 찾아봅니다.
- 같은 수가 나올 경우
 : (1, 1), (2, 2), (3, 3), (4, 4), (5, 5), (6, 6)
- $\frac{2}{3}$보다 큰 진분수를 만들 수 있는 경우
 : (3, 4), (4, 5), (5, 6)

따라서 성재가 주사위를 던져 승요를 이길 수 있는 경우는 모두 6+3=9(가지)입니다.

참고
분모와 분자가 1씩 차이나는 진분수의 크기는 분모가 클수록 큰 분수입니다.
예 $\frac{2}{3}$와 $\frac{3}{4}$의 크기 비교하기
$\frac{2}{3}$와 $\frac{3}{4}$을 통분하면 $\frac{2\times4}{3\times4}=\frac{8}{12}$과 $\frac{3\times3}{4\times3}=\frac{9}{12}$입니다.
$\frac{8}{12}<\frac{9}{12}$이므로 분모가 더 큰 $\frac{3}{4}$이 $\frac{2}{3}$보다 큰 분수입니다.

8 네 개의 숫자 카드를 한 번씩 모두 사용하여 네 자리 수를 만들 수 있는 모든 경우의 수는 $4\times3\times2\times1=24$입니다.
조건을 만족하지 않는 네 자리 수는 23, 34, 42가 있는 수이므로 두 숫자씩 묶어서 생각할 수 있습니다.
(23이 있는 네 자리 수)
$=3\times2\times1=6$(개)
34, 42가 있는 네 자리 수도 각각 6개씩입니다.
이중 234, 342, 423처럼 연속으로 있는 경우는 중복하여 세었으므로 그 수만큼 더합니다.
(234가 있는 네 자리 수)
$=2\times1=2$(개)
342, 423이 있는 네 자리 수도 각각 2개씩입니다.
⇨ $24-6\times3+2\times3$
$=24-18+6$
$=12$

다른 풀이
만들 수 있는 네 자리 수를 알아봅니다.
1243 1324 1432 2143 2413 2431 3124 3214
3241 4132 4312 4321
⇨ 조건을 만족하는 경우의 수는 12입니다.

9 5칸의 땅에 6가지 색 중 각각 서로 다른 선택하여 칠하는 경우를 알아봅니다.
⇨ $6\times5\times4\times3\times2=720$(가지)

10 사각형 8개 중 3개를 변과 꼭짓점이 닿지 않고 색칠하는 경우는 다음의 7가지입니다.

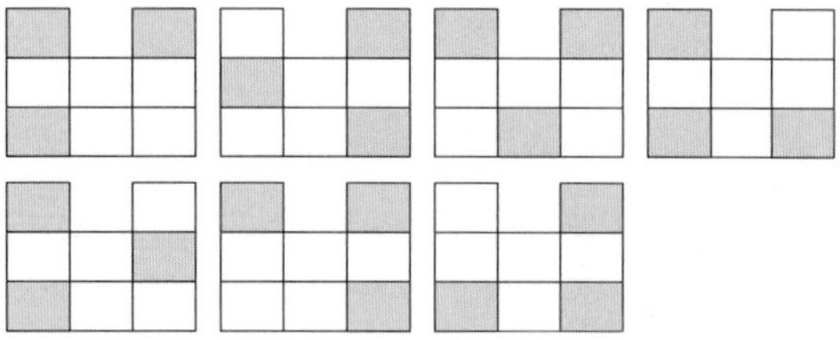

11

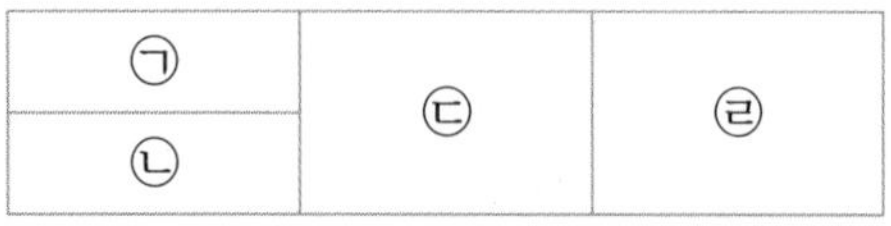

다른 칸과 가장 많이 이웃하는 ㉢에 4개의 색 중 하나를 선택하면 ㉠에는 3개의 색 중 하나를 선택하고 ㉡에는 2개의 색 중 하나를 선택합니다. 그리고 ㉣에는 ㉢에서 선택하지 않은 3개의 색 중 하나를 선택할 수 있습니다.
따라서 이웃하는 부분에 4가지 색 중 서로 다른 색을 칠하는 경우는
모두 $4\times3\times2\times3=72$(가지)입니다.

12 ① 4가지 색을 모두 사용하는 경우
: $4\times3\times2\times1=24$(가지)
② 3가지 색을 사용하는 경우
: $4\times3\times2\times2=48$(가지)
③ 2가지 색을 사용하는 경우
: $4\times3=12$(가지)
따라서 4가지 색을 사용하여 이웃하는 부분에 서로 다른 색을 칠하는 경우는 $24+48+12=84$(가지)입니다.

13 가장 가까운 길을 가려면 되돌아가지 않아야 합니다. 길 위에 갈 수 있는 가짓수를 적어 봅니다.

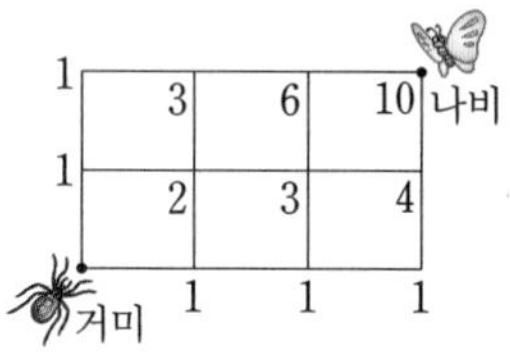

14

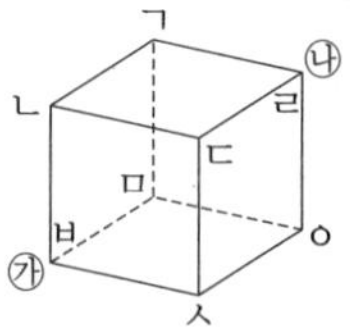

한 모서리를 가는데 1초가 걸리므로 ㉮에서 출발해서 ㉯까지 3초 안에 도착하려면 3개의 모서리를 지나야 합니다.
따라서 ㅂ → ㄴ → ㄷ → ㄹ, ㅂ → ㅅ → ㅇ → ㄹ,
ㅂ → ㅅ → ㄷ → ㄹ, ㅂ → ㅁ → ㄱ → ㄹ,
ㅂ → ㄴ → ㄱ → ㄹ, ㅂ → ㅁ → ㅇ → ㄹ로 6가지입니다.

15

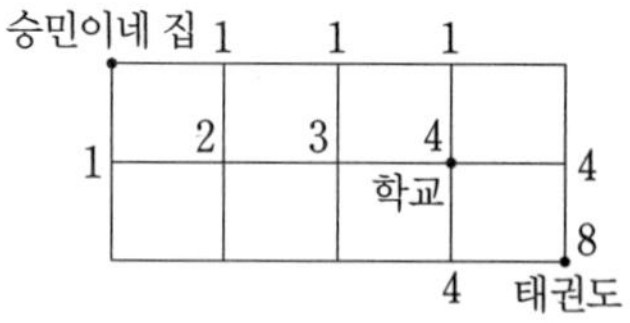

승민네 집에서 학교까지 갈 수 있는 경우는 4가지이고 학교에서 태권도 학원까지 갈 수 있는 경우는 2가지입니다.
⇨ $4\times2=8$(가지)

16 공사 중인 길은 지날 수 없으므로 길 위에 갈 수 있는 가짓수를 적어 봅니다.

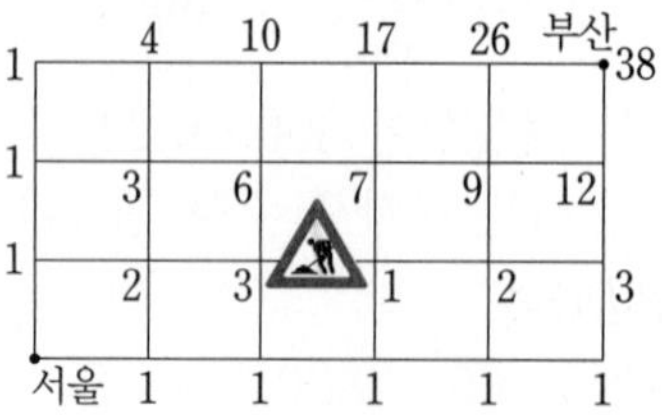

17 10장의 카드에서 2장을 뽑는 경우의 수는 $10\times9=90$입니다.
분수가 1이 되려면 같은 숫자끼리 뽑아야 합니다.
숫자 2인 카드를 뽑는 경우: 0가지
숫자 3인 카드를 뽑는 경우: $2\times1=2$(가지)
숫자 4인 카드를 뽑는 경우: $3\times2=6$(가지)
숫자 5인 카드를 뽑는 경우: $4\times3=12$(가지)
따라서 확률은 $\frac{2+6+12}{90}=\frac{20}{90}=\frac{2}{9}$입니다.

18 큰 정사각형의 넓이의 $\frac{2}{3}$는 $3\times3\times\frac{2}{3}=6\ (\text{cm}^2)$이고 윗변에서 점을 2개 선택하는 경우는 6가지, 아랫변에서 점을 2개 선택하는 경우도 6가지이므로 전체 경우의 수는 $6\times6=36$입니다. 직사각형의 세로가 3 cm이므로 가로는 $6\div3=2$ (cm)가 되어야 합니다.
가로가 2 cm일 때에는

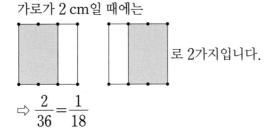

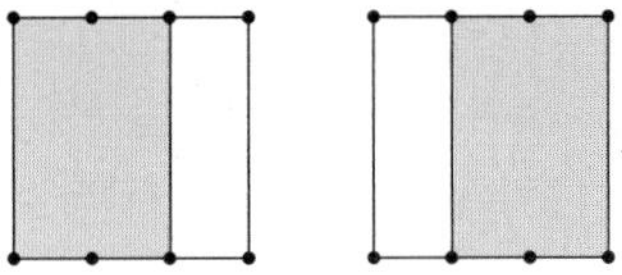

로 2가지입니다.
⇨ $\frac{2}{36}=\frac{1}{18}$

19 1회에 승요가 질 확률은 $\frac{4}{6}=\frac{2}{3}$입니다.
2회에 승요가 또 질 확률은 $\frac{2}{3}\times\frac{2}{3}=\frac{4}{9}$입니다.
3회에 승요가 이길 확률은 $\frac{2}{3}\times\frac{2}{3}\times\frac{1}{3}=\frac{4}{27}$입니다.

20 수요일에 ㉮ 길로 학교를 갔고 금요일에 ㉮ 길로 학교를 갔다면 승요는 수목금을 ㉮㉮㉮ 길로 갔거나, ㉮㉯㉮ 길로 간 것입니다. 그 확률은 다음과 같습니다.

수	목	금
㉮	㉮ $(\frac{2}{5})$	㉮ $(\frac{2}{5})$
㉮	㉯ $(\frac{3}{5})$	㉮ $(\frac{2}{3})$

따라서 금요일에 ㉮ 길로 학교를 갈 확률은
$\frac{2}{5}\times\frac{2}{5}+\frac{3}{5}\times\frac{2}{3}=\frac{4}{25}+\frac{2}{5}=\frac{14}{25}$입니다.

21 분모가 2, 3, 4, 5, 6이 나왔을 때 진분수를 만들 수 있는 분자는 다음과 같습니다.

분모	분자	진분수 개수
6	1, 2, 3, 4, 5	5
5	1, 2, 3, 4	4
4	1, 2, 3	3
3	1, 2	2
2	1	1

따라서 만든 수가 진분수가 될 확률은 $\frac{15}{36}=\frac{5}{12}$입니다.

참고
진분수는 분모가 분자보다 큰 분수입니다. 주사위로 두 번 던져서 만들 수 있는 진분수를 알아봅니다.
⇨ $\frac{1}{2}$, $\frac{1}{3}$, $\frac{2}{3}$, $\frac{1}{4}$, $\frac{2}{4}$, $\frac{3}{4}$, $\frac{1}{5}$, $\frac{2}{5}$, $\frac{3}{5}$, $\frac{4}{5}$, $\frac{1}{6}$, $\frac{2}{6}$, $\frac{3}{6}$, $\frac{4}{6}$, $\frac{5}{6}$

22 5개 중 3개를 고를 경우는 $5\times4\times3=60$(가지)입니다. 하지만 삼각형을 만들 때는 순서가 관계없으므로 $3\times2\times1$이 중복되어 $\frac{5\times4\times3}{3\times2\times1}=10$(가지)입니다.
쇠막대 3개가 삼각형이 되려면 가장 긴 변이 나머지 두 변의 길이의 합보다 짧아야 합니다.
5 cm가 가장 긴 변일 때: (5, 4, 2), (5, 4, 3) ⇨ 2개
4 cm가 가장 긴 변일 때: (4, 3, 2) ⇨ 1개
3 cm가 가장 긴 변일 때: $1+2=3$이므로 만들 수 없습니다.
따라서 확률은 $\frac{3}{10}$입니다.

참고
5개 쇠막대 중 3개를 고르는 경우는 다음과 같습니다.
(1 cm, 2 cm, 3 cm), (1 cm, 2 cm, 4 cm),
(1 cm, 2 cm, 5 cm), (1 cm, 3 cm, 4 cm),
(1 cm, 3 cm, 5 cm), (1 cm, 4 cm, 5 cm),
(2 cm, 3 cm, 4 cm), (2 cm, 3 cm, 5 cm),
(2 cm, 4 cm, 4 cm), (3 cm, 4 cm, 5 cm)

23 숫자 카드 5장 중 2장을 뽑아 두 자리 수를 만드는 경우의 수는 $4\times4=16$입니다.
두 자리 수가 3의 배수인 경우는 12, 21, 24, 30, 42이고 십의 자리 숫자가 일의 자리 숫자보다 작은 경우는 12, 24입니다.
따라서 확률은 $\frac{2}{16}=\frac{1}{8}$입니다.

24 국어 시험이 100점일 확률이 $\frac{2}{7}$이므로 100점이 아닐 확률은 $1-\frac{2}{7}=\frac{5}{7}$입니다.

수학 시험이 100점일 확률이 $\frac{4}{5}$이므로 100점이 아닐 확률은 $1-\frac{4}{5}=\frac{1}{5}$입니다.

사회 시험이 100점일 확률이 $\frac{1}{3}$이므로 100점이 아닐 확률은 $1-\frac{1}{3}=\frac{2}{3}$입니다.

3과목 중 2과목 이상 100점을 받을 확률은 다음과 같습니다.

국어	수학	사회	확률
○	○	×	$\frac{2}{7}\times\frac{4}{5}\times\frac{2}{3}=\frac{16}{105}$
×	○	○	$\frac{5}{7}\times\frac{4}{5}\times\frac{1}{3}=\frac{20}{105}$
○	×	○	$\frac{2}{7}\times\frac{1}{5}\times\frac{1}{3}=\frac{2}{105}$
○	○	○	$\frac{2}{7}\times\frac{4}{5}\times\frac{1}{3}=\frac{8}{105}$

따라서 2과목 이상 100점 받을 확률은
$\frac{16}{105}+\frac{20}{105}+\frac{2}{105}+\frac{8}{105}=\frac{46}{105}$입니다.

STEP 3 코딩 유형 문제 112~113쪽

1 FREE	**2** 823352722263
3 ③	**4** FILL

1 23632222를 먼저 두 자리씩 끊어서 읽으면 23/63/22/22이고 2번째 칸의 셋째 글자는 F, 6번째 칸의 셋째 글자는 R, 2번째 칸의 둘째 글자는 E입니다. 따라서 암호를 해석하면 FREE입니다.

2 한 글자당 두 자리 수가 필요하므로 12자리 수로 만들어야 합니다.
w: 8번째 칸 둘째 글자 (82)
i: 3번째 칸 셋째 글자 (33)
n: 5번째 칸 둘째 글자 (52)
t: 7번째 칸 둘째 글자 (72)
e: 2번째 칸 둘째 글자 (22)
r: 6번째 칸 셋째 글자 (63)
따라서 82/33/52/72/22/63입니다.

3 글자 수가 많을수록 자릿수가 많으므로 ③ Good과 ④ Book을 비교해 봅니다.
따라서 ③ Good과 ④ Book을 차트를 이용해 프리메이슨 암호로 바꾸어 봅니다.
G: 3번째 칸 첫째 글자 (31)
o: 5번째 칸 셋째 글자 (53)
o: 5번째 칸 셋째 글자 (53)
d: 2번째 칸 첫째 글자 (21)
⇨ Good: 31535321
B: 1번째 칸 둘째 글자 (12)
o: 5번째 칸 셋째 글자 (53)
o: 3번째 칸 셋째 글자 (53)
k: 4번째 칸 둘째 글자 (42)
⇨ Book: 12535342
31535321>12535342이므로 Good이 더 큽니다.

4 HEBB를 수로 바꾸어 봅니다.
H: 3번째 칸 둘째 글자 (32)
E: 2번째 칸 둘째 글자 (22)
B: 1번째 칸 둘째 글자 (12)
B: 1번째 칸 둘째 글자 (12)
32221212를 55555555에서 빼면
55555555−32221212=23334343입니다.
23/33/43/43을 다시 차트를 이용해 영문으로 바꾸면 FILL입니다.

STEP 4 도전! 최상위 문제 114~117쪽

1 32	**2** 16
3 $\frac{7}{18}$	**4** 64가지
5 $\frac{1}{8}$	**6** 63가지
7 4가지	**8** 60°

1 가, 나, 다의 평균이 32이므로
가+나+다$=32\times3=96$입니다.
가와 나의 평균이 30이므로
가+나$=30\times2=60$입니다.
나와 다의 평균이 34이므로
나+다$=34\times2=68$입니다.
다$=96-$(가+나)
$=96-60=36$이고
가$=96-$(나+다)
$=96-68=28$입니다.
따라서 가와 다의 평균은 $(28+36)\div2=32$입니다.

2 (남학생의 평균)
$=\dfrac{98+96+95+92+86+85+84+83+80+79+72+70}{12}$
$=85$(점)
(여학생의 평균)$=85-2=83$(점)
$\dfrac{90+92+90+㉮+80+86+88+70+71+77+70+㉯}{10}$
$=83$,
$814+㉮+㉯=830$,
$㉮+㉯=16$

3 한 개의 주사위를 두 번 던져서 나오는 수의 경우는 $6\times6=36$(가지)입니다.
첫 번째로 나온 수가 두 번째로 나온 수의 약수가 된다는 것은 두 번째 수가 첫 번째 수의 배수라는 것과 같습니다. 따라서 그 경우는 (1, 1), (1, 2), (2, 2), (1, 3), (3, 3), (1, 4), (2, 4), (4, 4), (1, 5), (5, 5), (1, 6), (2, 6), (3, 6), (6, 6)으로 14가지입니다.
따라서 주사위를 2번 던졌을 때, 첫 번째로 나온 수가 두 번째로 나올 수의 약수가 될 확률은 $\dfrac{14}{36}=\dfrac{7}{18}$입니다.

4

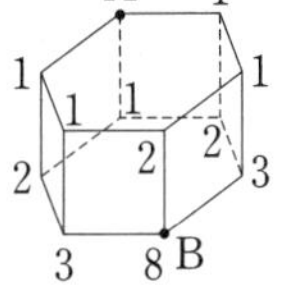

꼭짓점 A에서 가장 멀리 있는 꼭짓점은 점 B입니다. A에서 B까지 가는 최단 거리는 8가지이므로 A에서 B까지 갔다가 다시 A로 돌아오는 방법은 $8\times8=64$(가지)입니다.

5 100원짜리 동전 4개를 던질 때 나올 수 있는 모든 경우의 수는 $2\times2\times2\times2=16$(가지)입니다.
여기서 동전이 2개만 앞면이 나오는 경우는
(앞, 앞, 뒤, 뒤), (앞, 뒤, 앞, 뒤), (앞, 뒤, 뒤, 앞),
(뒤, 뒤, 앞, 앞) , (뒤, 앞, 뒤, 앞), (뒤, 앞, 앞, 뒤)으로 6가지입니다.
앞면이 2개 나올 확률은 $\dfrac{6}{16}=\dfrac{3}{8}$입니다.
뒷면이 1개 나올 경우는 (앞, 앞, 앞, 뒤),
(앞, 앞, 뒤, 앞), (앞, 뒤, 앞, 앞), (뒤, 앞, 앞, 앞)으로 4가지입니다.
뒷면이 1개 나올 확률은 $\dfrac{4}{16}=\dfrac{2}{8}$입니다.
⇨ $\dfrac{3}{8}-\dfrac{2}{8}=\dfrac{1}{8}$

6 • 4를 0보다 큰 짝수로 나타내는 방법
: 2+2 ⇨ 1가지
• 6을 0보다 큰 짝수로 나타내는 방법
: 2+2+2, 2+4, 4+2 ⇨ 3가지
• 8을 0보다 큰 짝수로 나타내는 방법
: 2+6, 4+4, 6+2, 2+2+2+2, 2+2+4, 2+4+2, 4+2+2 ⇨ 7가지
• 10을 0보다 큰 짝수로 나타내는 방법
: 2+2+2+2+2, 2+2+2+4,
2+2+4+2, 2+4+2+2,
4+2+2+2, 2+2+6,
2+6+2, 6+2+2, 2+8,
8+2, 4+2+4, 4+4+2,
2+4+4, 4+6, 6+4 ⇨ 15가지
4, 6, 8, 10으로 갈수록 짝수로 나타내는 방법은 1가지, 3가지, 7가지, 15가지로 2, 4, 8씩 커집니다. 따라서 12를 0보다 큰 짝수로 나타내는 방법은 15+16=31(가지)이고, 14를 0보다 큰 짝수로 나타내는 방법은 31+32=63(가지)입니다.

7 가운데 부분을 1이라 하고, 인접한 부분은 다른 숫자로 써서 나타내면 다음과 같습니다. 같은 숫자는 같은 색을 의미합니다.

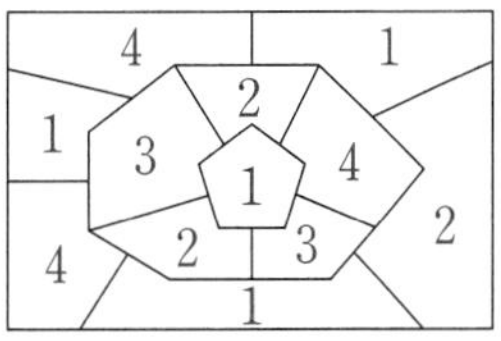

8 (작년) : (올해)=4 : 5이므로 작년의 판매량을 4×□, 올해 판매량을 5×□라 할 수 있습니다.

작년 국내 판매량: $4\times\square\times\frac{45°}{360°}=\square\times0.5$

올해 국내 판매량: $5\times\square\times\frac{72°}{360°}=\square$

작년과 올해 국내 판매량은 $\square\times0.5+\square=\square\times1.5$입니다.

작년과 올해 전체 판매량은 $4\times\square+5\times\square=9\times\square$이므로 중심각의 크기는 $\frac{1.5\times\square}{9\times\square}\times360°=60°$입니다.

특강 영재원 · **창의융합** 문제 118쪽

9 (위에서부터) 4개, 0개, 6개 / 0개, 6개, 0개
10 가, 다

9 홀수점은 변의 수가 홀수개이고, 짝수점은 변의 수가 짝수개입니다.

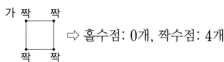

가 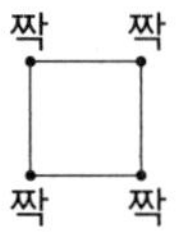

⇨ 홀수점: 0개, 짝수점: 4개

나 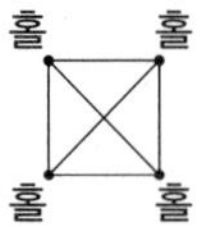

⇨ 홀수점: 4개, 짝수점: 0개

다 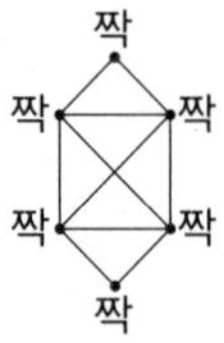

⇨ 홀수점: 0개, 짝수점: 6개

라 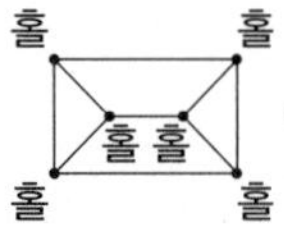

⇨ 홀수점: 6개, 짝수점: 0개

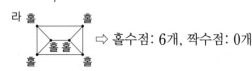

10 한붓그리기가 가능하려면 모두 짝수점이거나 2개의 꼭짓점만 홀수점이어야 합니다. 따라서 한붓그리기를 할 수 있는 것은 가, 다입니다.

Ⅵ 규칙성 영역

STEP 1 경시 **기출 유형** 문제 120~121쪽

[주제 학습 18] 14
1 138

[확인 문제] [한 번 더 확인]

1-1 11
1-2 2
2-1 2
2-2

5	3	1	2	4	6
6	2	4	5	3	1
2	1	5	3	6	4
3	4	6	1	2	5
1	6	2	4	5	3
4	5	3	6	1	2

3-1 5, 9
3-2 24

1 짝수를 삼각형 모양으로 나열할 때 첫 번째 줄의 짝수의 개수는 1개, 두 번째 줄은 2개, 세 번째 줄은 3개입니다. 11번째 줄까지의 짝수의 개수는 1+2+3+……+11=66(개)이고, 11번째 줄의 마지막 짝수는 66×2=132입니다.
따라서 (12, 3)은 12번째 줄의 3번째 수이므로 134, 136, 138……에서 138입니다.

[확인 문제] [한 번 더 확인]

1-1 첫 번째 줄은 1부터 32까지의 수가 나열되어 있고 두 번째 줄은 1, 1, 1, 2, 2, 2, 3……과 같이 수가 3개씩 반복되고 1씩 커집니다.
3×10+2=32이므로 ㉮에 들어갈 수는 11입니다.

1-2 첫 번째 줄: 10
두 번째 줄: 1+9+1=11
세 번째 줄: 1+2+8+2+1=14
⇨ 합이 10에서 1, 3, 5……씩 커지는 규칙입니다.
따라서 다섯 번째 줄의 합은
1+□+3+4+6+4+3+2+1=19+7=26이므로
□=2입니다.

다른 풀이
세로 가운데 수를 기준으로 왼쪽과 오른쪽의 수가 대칭을 이루고 있으므로 □=2입니다.

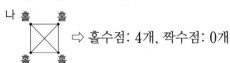

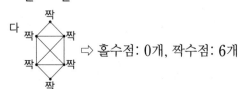

2-1

1	2		4
	1	㉯	㉰
3	㉮	1	2
		4	

세 번째 가로 줄에 3, 1, 2가 있으므로 ㉮=4입니다. 첫 번째 가로 줄에 1, 2, 4가 있으므로 빈칸은 3이고 ㉯=2입니다.
두 번째 가로 줄에는 4와 3을 넣을 수 있는데, 네 번째 세로 줄에 4가 있으므로 ㉰=3이 됩니다.
따라서 (㉮+㉯)÷㉰=(4+2)÷3=2입니다.

2-2

5	㉠	1	2	㉡	6
㉢	2	㉣	5	3	1
2		5	3		4
3		6	1		5
	6			5	
		3	6		

㉠, ㉡에 들어갈 수는 3, 4인데 ㉡을 포함하는 세로 줄에 3이 있으므로 ㉠=3, ㉡=4입니다.
㉢, ㉣에 들어갈 수는 4, 6인데 ㉣을 포함한 세로 줄에 6이 있으므로 ㉢=6, ㉣=4입니다.
나머지 빈칸도 이와 같은 방법으로 구합니다.

3-1

16	㉮	2	13
㉯	㉰	11	8
㉱	6	㉲	㉳
㉴	15	14	1

2+13+11+8=34이므로
㉮=34−(16+2+13)=3,
㉰=34−(3+6+15)=10,
㉯=34−(10+11+8)=5,
㉲=34−(2+11+14)=7,
㉳=34−(13+8+1)=12,
㉴=34−(15+14+1)=4,
㉱=34−(16+5+4)=9입니다.

3-2 숫자판 안의 모든 수를 더하면 36이므로 한 조각 안에 있는 수의 합은 36÷4=9가 됩니다. 합이 9가 되도록 4조각으로 자르면 오른쪽과 같습니다. 이때 1×3×1×4=12, 3×0×2×4=0, 1×2×5×1=10, 2×2×2×3=24이므로 가장 큰 곱은 24입니다.

1	3	1	3
1	4	4	0
2	5	2	2
1	2	2	3

STEP 1 경시 기출 유형 문제 122~123쪽

[주제 학습 19] 2개
1 검은색 **2** 19개

[확인 문제] [한 번 더 확인]
1-1 180개 **1-2** 210개
2-1 256개 **2-2** ㉣
3-1 289 **3-2** 55

1 흰 바둑돌: 1개, 3개, 5개……
검은 바둑돌: 2개, 4개, 6개……
1+2+……+9=45이고 46번째 바둑돌부터 10개의 바둑돌은 같은 색의 바둑돌입니다. 이때 흰 바둑돌은 홀수 개, 검은 바둑돌은 짝수 개이므로 10개는 검은색 바둑돌이 됩니다.
따라서 50번째 바둑돌의 색은 검은색입니다.

2 정사각형에 대각선을 그은 모양의 규칙을 살펴보면 첫 번째 모양에 마름모 1개, 두 번째 모양에 마름모 3개, 세 번째 모양에 마름모 5개, 네 번째 모양에 마름모 7개……입니다.
이와 같이 마름모가 2개씩 늘어나므로 10번째 모양에서 마름모의 수는 2×10−1=19(개)입니다.

[확인 문제] [한 번 더 확인]

1-1 한 변에 2개 놓일 때 사용된 바둑돌은 (5×1)개, 한 변에 3개 놓일 때 사용된 바둑돌은 (5×1)+(5×2)개입니다.
한 변에 바둑돌이 9개 놓일 때까지 사용된 전체 바둑돌의 수는
(5×1)+(5×2)+(5×3)+……+(5×8)
=(1+2+3+……+8)×5
=36×5=180(개)입니다.

1-2 바둑돌은 1, 1+2, 1+2+3……의 규칙으로 늘어나고 있습니다.
따라서 20번째 바둑돌은
1+2+3+4+5+……+20=21×10=210(개)입니다.

2-1 바둑돌은 다음과 같이 놓을 수 있습니다.

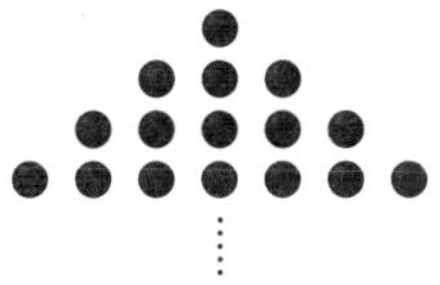

정답과 풀이

규칙성 영역

첫 번째 줄의 바둑돌의 개수의 합은 1(1×1)이고,
두 번째 줄까지의 합은 1+3=4(2×2),
세 번째 줄까지의 합은 1+3+5=9(3×3)입니다.
따라서 하영이가 바둑돌을 31개 놓았을 때는 16번째 줄에 놓은 것이므로
1+3+5+……+31=16×16=256(개)입니다.

2-2 시계 반대 방향으로 1칸, 2칸, 3칸……씩 움직이고 있습니다.
따라서 여섯 번째에는 다섯 번째보다 시계 반대 방향으로 5칸 더 간 ㉣에 색을 칠해야 합니다.

3-1

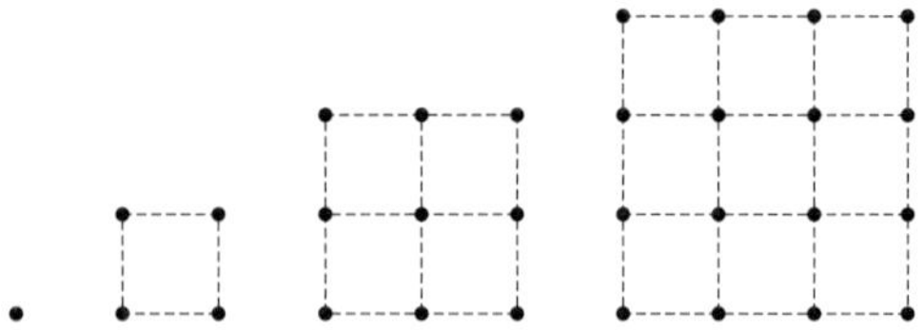

첫 번째 사각수부터 차례대로 규칙을 찾아보면
1×1, 2×2, 3×3, 4×4……입니다.
따라서 17번째 사각수는 17×17=289입니다.

3-2

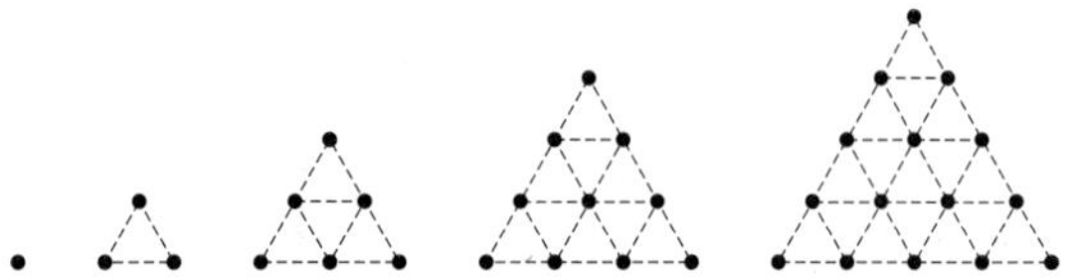

첫 번째 삼각수부터 차례대로 규칙을 찾아 보면
1, 1+2, 1+2+3, 1+2+3+4……입니다.
따라서 10번째 삼각수는 1+2+3+……+10=55입니다.

STEP 1 경시 **기출 유형** 문제 124~125쪽

[주제 학습 20] 28일

1 화요일 **2** 32번

[확인 문제] [한 번 더 확인]

1-1 22일 **1-2** 3일

2-1 36세 **2-2** 50세

3-1 2승 1패 **3-2** 1승 8패

1 29=7×4+1이므로 5번이 나올 수 있는 날짜는 1일, 8일, 15일, 22일, 29일입니다. 따라서 2월 29일은 월요일이므로 3월 1일은 화요일입니다.

2 32명이 2명씩 토너먼트로 하는 경기의 수는 다음과 같습니다.

	경기 수
1차전	16번
2차전	8번
3차전	4번
4차전	2번
5차전	1번

⇨ 16+8+4+2+1=31(번) 경기한 후 작년 우승자와 1번 더 경기를 해야 하므로 모두
31+1=32(번) 하게 됩니다.

[확인 문제] [한 번 더 확인]

1-1 목요일의 날짜를 □일이라 하면 금요일은 (□+1)일이고, 월요일은 (□+4)일이 됩니다.
□+(□+1)=□+4, □=3이므로 이번 주 목요일은 3일입니다.
둘째 주 월요일은 3일에서 4일 후인 7일이고 셋째 주 화요일은 7+7+1=15(일)입니다.
⇨ 7+15=22(일)

1-2 용돈을 받은 날짜를 7로 나누었을 때 나머지가 다르므로 모두 다른 요일입니다. 나머지가 6인 날이 없는데 이 날을 금요일로 볼 수 있습니다. 따라서 금요일은 6일, 13일, 20일, 27일이고 재민이가 용돈을 받은 화요일은 3일입니다.

2-1 현재 선생님의 나이를 □세, 민영이의 나이를 △세라 하면 □=3×△이고 12년 후에는
□+12=(△+12)×2입니다.
3×△+12=2×△+24에서 △=12입니다.
따라서 현재 선생님의 나이는 12×3=36(세)입니다.

2-2 아버지와 어머니의 나이의 합은 12×8=96(세)보다 많고 14×7=98(세)보다 적으므로 97세입니다.
어머니의 나이를 □세라 하면 아버지의 나이는 (□+3)세입니다.
□+□+3=97, □+□=94, □=47이므로 아버지의 나이는 47+3=50(세)입니다.

3-1 이기면 ○, 지면 ×로 나타내어 표를 만들어서 알아봅니다.

	승호	성재	상민	재영
승호		×	○	×
성재	○		○	○
상민	×	×		×
재영	○	×	○	

따라서 재영이는 2승 1패입니다.

3-2 10명이 서로 빠짐없이 게임을 했으므로 한 명당 9번의 경기를 하였습니다. 경기 수는 $9\times10\div2=45$(번)이고 승의 수도 이와 같아야 하는데 7명이 6승을 했으므로 $7\times6=42$(승)이고 3승이 남습니다. 또한 패의 수도 이와 같아야 하는데 7명이 3패를 했으므로 $7\times3=21$(패)이고 24패가 남습니다.
따라서 나머지 세 명은 공동으로 2등을 했으므로 각각 $3\div3=1$(승), $24\div3=8$(패)입니다.

STEP 2 실전 경시 문제 126~133쪽

1 H	**2** ㉡
3 $3\frac{1}{3}$	**4** 9
5 81	**6** 20
7 139	**8** 256개
9 17번	**10** 2개
11 3개	**12** 17 cm
13 24000원	**14** 5군데
15 4172장	**16** ⑥번
17 20장	**18** 286개
19 1535	**20** 2월, 14일
21 화요일	**22** 12월
23 30쪽, 33쪽, 36쪽	**24** 6일
25 50세	**26** 28세, 49세
27 48세	**28** 15살
29 19개	**30** 5번
31 6점	**32** 2무 3패, 1무 4패

1

1	6	7
B	E	㉮
3	4	9

사각형 안의 B, E를 알파벳 순서에 따라 생각해 보면 2번째, 5번째입니다. 이를 숫자로 바꾸면 2, 5이므로 ㉮는 숫자로는 8이고 알파벳으로 나타내면 H입니다.

2
- ㉠에는 2, 3, 4 중 하나가 들어가는데 ㉠을 포함한 세로 줄에 2, ㉠을 포함한 가로 줄에 3이 있으므로 ㉠은 4입니다.
- ㉡에는 1, 2 중 하나가 들어가는데 ㉠을 포함한 사각형 안에 1이 있으므로 ㉡=1입니다.
- ㉢에는 3, 4 중 하나가 들어가는데 ㉢을 포함한 가로 줄에 4가 있으므로 ㉢=3입니다.

따라서 가장 작은 수는 ㉡입니다.

3

10		
	5	㉠
$1\frac{2}{3}$		$2\frac{1}{2}$

$10\times5\times2\frac{1}{2}=125$이므로 가로, 세로, 대각선의 곱은 125입니다. ㉠ 위의 빈칸을 □라 하면
$1\frac{2}{3}\times5\times\square=125$, $\square=15$이므로
$㉠=125\div15\div2\frac{1}{2}=3\frac{1}{3}$입니다.

4

0	9	㉰	㉱	7	㉲	㉳	㉴	㉮	㉯

㉠에 의해 ㉰, ㉱는 1, 2, 또는 2, 1입니다.
㉡에 의해 ㉮는 4입니다.
㉢에 의해 ㉰는 2, ㉱는 1, ㉲는 6입니다.
㉣에 의해 ㉳는 3입니다.
㉤에 의해 ㉴는 8이므로 ㉯는 5입니다.
⇨ ㉮+㉯=4+5=9

5

	21	22	23	24	25	……
	20	7	8	9	10	
	19	6	1	2	11	
	18	5	4	3	12	
	17	16	15	14	13	

정답과 풀이

규칙성 영역

1을 기준으로 오른쪽 위의 대각선으로 나열된 수를 보면 홀수끼리의 곱입니다.
1(1×1), 9(3×3), 25(5×5), 49(7×7)……
따라서 위로 4칸, 오른쪽으로 4칸 위의 수는 대각선으로 1에서 4번째 홀수끼리의 곱이므로 9×9=81입니다.

6

◎	▲	▲	◎	12
□	□	◎	▲	★
◎	◎	▲	□	
◎	□	□	◎	
		17	15	

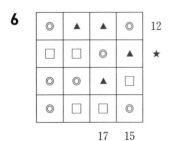

◎+▲+▲+◎=12이므로 ◎+▲=6입니다.
▲+◎+▲+□=17에서 ▲+□=11입니다.
◎+▲+□+◎=15, ◎+◎=4에서 ◎=2입니다.
따라서 ◎+▲=6에서 ▲=4이고, ▲+□=11에서 □=7입니다.
⇨ □+□+◎+▲=7+7+2+4=20

7

1	6	11	16	21	26	31	36	41	46	51	56	61	…
2	7	12	17	22	27	32	37	42	47	52	57	62	…
3	8	13	18	23	28	33	38	43	48	53	58	63	…
4	9	14	19	24	29	34	39	44	49	54	59	64	…
5	10	15	20	25	30	35	40	45	50	55	60	65	…

색칠한 수는 1, 7, 13, 19, 25, 29, 33, 37, 41, 47, 53, 59, 65……입니다.
이 수를 4개씩 묶어 보면 (1, 7, 13, 19), (25, 29, 33, 37), (41, 47, 53, 59), (65……)입니다. 이때 가장 앞에 있는 수의 차는 24, 16, 24……가 반복됩니다.
또한 홀수 괄호는 수 사이의 차가 6이고, 짝수 괄호는 수 사이의 차가 4입니다.
따라서 4개씩 묶었을 때 28번째 수는 28÷4=7로 7번째 괄호의 마지막 수입니다.

1 → 25 → 41 → 65 → 81 → 105 → 121
(+24, +16, +24, +16, +24, +16)

7번째 괄호는 121로 시작하고
(121, 127, 133, 139)이므로 28번째 수는 139입니다.
(+6, +6, +6)

8 첫 번째부터 세 번째까지 검은색 바둑돌의 수는 각각 1+2+1, 1+2+3+2+1, 1+2+3+4+3+2+1로 나타낼 수 있습니다.
따라서 15번째 모양에서 검은색 바둑돌의 수는
1+2+3+……+16+15+14+……+1입니다.
⇨ (1+2+3+……+15)×2+16
=120×2+16=256(개)

다른 풀이
첫 번째부터 세 번째까지 검은색 바둑돌의 수는 4(2×2), 9(3×3), 16(4×4)으로 나타낼 수 있으므로 15번째 모양에서 검은색 바둑돌의 수는 16×16=256(개)입니다.

9 윗줄의 바둑돌은 4개가 반복됩니다.
⇨ ●●●○
아랫줄의 바둑돌은 3개가 반복됩니다.
⇨ ●●○
따라서 두 줄은 24개를 기준으로 반복되는 규칙을 이루고 있으며 24개 안에 ●● / ●● 모양은 2개입니다.
따라서 100개씩 2줄은 모두 100×2=200(개)이므로 200÷24=8…8에서 24개씩 8번 반복되고 8개 남습니다. 남은 8개 중 ●● / ●● 모양이 1번 나오므로 ●● / ●● 모양은 8×2+1=17(번) 나옵니다.

10 넓이가 4인 마름모는 다음과 같이 2개입니다.

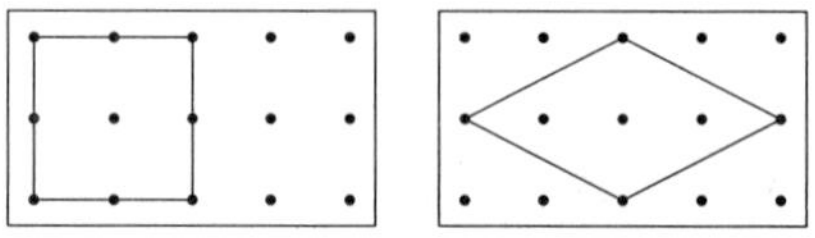

11 수직과 평행을 모두 찾을 수 있는 사각형 중 넓이가 3 cm^2인 사각형은 다음 그림과 같으므로 모두 3개입니다.

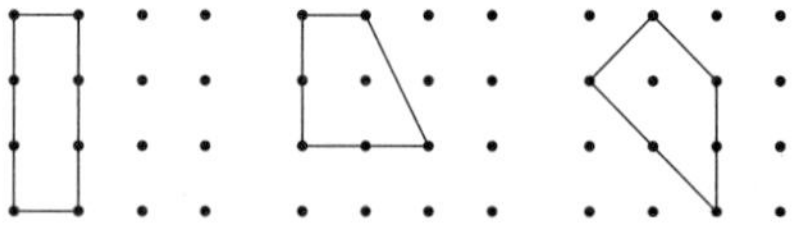

12 그림을 보면 홀수 번호의 길이는 ① 2 cm, ③ 3 cm, ⑤ 4 cm, ⑦ 5 cm로 1 cm씩 늘어나는 규칙입니다.
따라서 ㉛번은 홀수로 16번째 수이므로
16+1=17 (cm)입니다.

13 정훈이에게 남은 동전의 개수는
2+4+6+8+10+10+10+10+10+10
=(2+4+6+8)+10×6
=80(개)입니다.
따라서 동전 2개는 500+100=600(원)이므로
600×40=24000(원)입니다.

14 1 m를 10등분 하면 분수로는 $\frac{1}{10}$부터 $\frac{10}{10}$입니다.

이 중 굵은 선으로 나타낸 곳은 기약분수인 $\frac{1}{10}$, $\frac{3}{10}$, $\frac{7}{10}$, $\frac{9}{10}$를 제외한 $\frac{2}{10}$, $\frac{4}{10}$, $\frac{5}{10}$, $\frac{6}{10}$, $\frac{8}{10}$의 5군데입니다.

15 가로를 □장이라 하면 세로는 (□×2)장입니다. 처음에 만든 정사각형 모양의 타일의 수는 (□×□×2)장이고, 두 번째로 만든 정사각형에서 늘어난 타일의 수는 처음 정사각형을 만들었을 때 남은 타일 수와 두 번째 정사각형을 만들었을 때 부족한 타일의 수의 합과 같습니다. 3×2×□+6×□+18=300+246이므로 12×□=528, □=44입니다.

⇨ (가지고 있는 타일의 수)=44×44×2+300
=4172(장)

다른 풀이

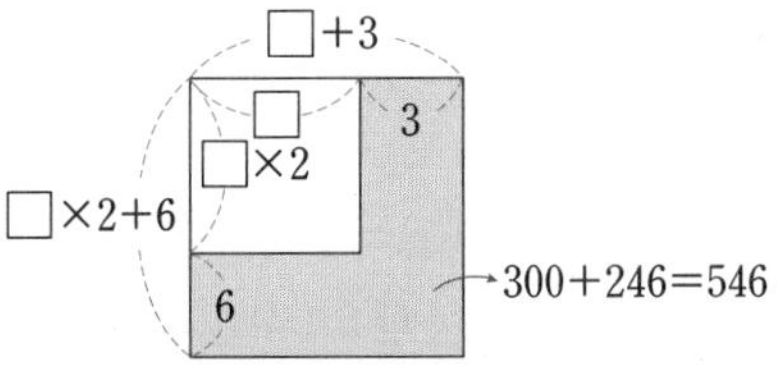

색칠한 부분은 처음 정사각형을 만들었을 때 남은 타일과 두 번째 정사각형을 만들었을 때 부족한 타일 수의 합과 같습니다.

3×(□×2+6)+□×6=546

□×6+18+□×6=546

□×12=528, □=44

⇨ (가지고 있는 타일 수)=44×44×2+300
=4172(장)

16

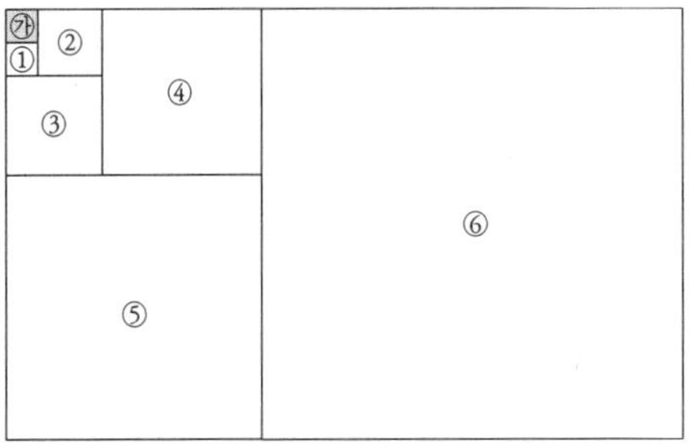

정사각형 ①의 넓이부터 표로 나타내면 다음과 같습니다.

정사각형	①	②	③	④	⑤	⑥	⑦
넓이	1	4	9	25	64	169	……

따라서 넓이가 처음으로 100보다 커지는 것은 ⑥번 정사각형입니다.

17 한 변이 1 cm: 1장, 한 변이 2 cm: 4장,
한 변이 3 cm: 9장, 한 변이 4 cm: 16장,
한 변이 5 cm: 25장……
1 cm를 더 늘렸을 때 두 정사각형 사이의 조각 수의 차는 9장입니다. 따라서 만든 정사각형의 한 변이 4 cm이므로 가지고 있는 정사각형 조각은
16+4=20(장)입니다.

18 가로는 5개씩 세로로 (4+1)번, 높이로 (3+1)번 놓여 있으므로
(가로의 성냥개비의 수)=5×5×4=100(개)입니다.
세로는 4개씩 가로로 (5+1)번, 높이로 (3+1)번 놓여 있으므로
(세로의 성냥개비의 수)=4×6×4=96(개)입니다.
높이는 3개씩 가로로 (5+1)번 세로로 (4+1)번 놓여 있으므로
(높이의 성냥개비의 수)=3×6×5=90(개)입니다.
⇨ 100+96+90=286(개)

19 (첫 번째 도형의 넓이)=1×2=2,
(두 번째 도형의 넓이)=2+3=5,
(세 번째 도형의 넓이)=5+6=11,
(네 번째 도형의 넓이)=11+12=23,
(다섯 번째 도형의 넓이)=23+24=47,
(여섯 번째 도형의 넓이)=47+48=95,
⋮
(열 번째 도형의 넓이)=767+768=1535

20 평년이고 365일일 때 홀수의 합과 짝수의 합의 차가 작으려면 날수가 28일이어야 합니다. 2월 달의 날을 짝수, 홀수로 묶어 보면 (2, 1), (4, 3), (6, 5), ……, (28, 27)이고 그 차는 1×14=14(일)입니다.

21 첫 번째 금요일을 □일이라 할 때 금요일이 4번이면
□+□+7+□+14+□+21=80,
□×4+42=80, □×4=38,
□=9.5이므로 될 수 없습니다.
따라서 금요일은 5번입니다.
□+□+7+□+14+□+21+□+28=80
□+□+□+□+□=80−70, □=2
따라서 이 달의 금요일은 2일, 9일 16일, 23일, 30일이므로 13일은 화요일입니다.

정답과 풀이

규칙성 영역

22 9월을 기준으로 7로 나눈 나머지의 합이 7의 배수가 되는 경우를 찾습니다.

월	1	2	3	4	5	6	7	8	9	10	11	12
날수	31	28	31	30	31	30	31	31	30	31	30	31
7로 나눈 나머지	3	0	3	2	3	2	3	3	2	3	2	3

• 9월의 나머지가 2이므로
⇨ 10월 15일은 금요일에서 2일 후인 일요일
• 9월, 10월의 나머지의 합이 5이므로
⇨ 11월 15일은 금요일에서 5일 후인 수요일
• 9월, 10월, 11월의 나머지의 합이 7이므로
⇨ 12월 15일은 금요일
• 8월의 나머지가 3이므로
⇨ 8월 15일은 금요일에서 3일 전인 화요일,
• 7월, 8월의 나머지의 합이 6이므로
⇨ 7월 15일은 금요일에서 6일 전인 토요일
• 6월~8월, 1월~8월은 각각의 나머지의 합이 7의 배수가 아니므로 1월~8월 중 15일이 금요일인 달은 없습니다.

따라서 2017년 달력 중 9월을 제외하고 15일이 금요일인 달은 12월밖에 없습니다.

23 하루에 3쪽씩 풀면 10일이면 30쪽, 20일이면 60쪽을 풀 수 있습니다.
따라서 21일째 (3, 6, 9), 22일째 (12, 15, 18), 23일째 (21, 24, 27), 24일째 (30, 33, 36)입니다.

24 01월부터 12월까지 중에 대칭수가 있는 달은 그달의 수를 뒤집었을 때 날짜에 있는 달입니다. 즉, 7월처럼 07인 달은 뒤집으면 70이고 이런 날짜는 없기 때문에 대칭수가 없는 달입니다.
따라서 대칭수인 날짜는 0110, 0220, 0330, 1001, 1111, 1221로 모두 6일입니다.

25 아들의 나이를 □세, 아버지의 나이를 △세라고 하여 식을 세우면

$\triangle=3\times\square-4$, $\square=\frac{1}{2}\times\triangle-7$입니다.

⇨ $\triangle=3\times(\frac{1}{2}\times\triangle-7)-4$, $\triangle=\frac{3}{2}\times\triangle-21-4$,

$\frac{1}{2}\times\triangle=25$, $\triangle=50$

따라서 아버지의 나이는 50세입니다.

26 올해 형의 나이를 △세, 삼촌의 나이를 □세라 하면

$\triangle=(\square+7)\times\frac{1}{2}$, $\triangle+14=\frac{6}{7}\times\square$입니다.

⇨ $\frac{6}{7}\times\square=(\square+7)\times\frac{1}{2}+14$,

$\frac{6}{7}\times\square=\square\times\frac{1}{2}+\frac{35}{2}$, $\frac{5}{14}\times\square=\frac{35}{2}$, $\square=49$

$\triangle=\frac{1}{2}\times(49+7)=28$

따라서 형은 28세, 삼촌은 49세입니다.

27 1900년대에 41의 배수를 찾아보면 41×47=1927 또는 41×48=1968입니다.
1927년생이면 1927+47=1974년에 죽은 것이므로 1989년에 베를린 장벽이 무너지는 것을 볼 수 없습니다.
따라서 이 사람은 1968년에 태어나 48년을 살았습니다.

28 5년 전 동생의 나이를 □살이라고 하면, 수영이의 나이는 (□+4)살입니다.
5년 전 수영이와 동생 나이의 합의 2배가 아버지 나이보다 10살 적었으므로 아버지 나이는
(□+□+4)×2+10=4×□+18입니다.
5년이 지난 올해 동생의 나이는 (□+5)살, 수영이의 나이는 (□+9)살, 아버지 나이는 (4×□+23)살입니다.
수영이와 아버지 나이의 합은
(□+9)+(4×□+23)=62, 5×□=30, □=6입니다.
따라서 올해 수영이는 6+9=15(살)입니다.

29 문제를 다 맞히면 30×8+10=250(점)이어야 하지만 3점이므로 247점의 차이가 납니다. 1문제를 맞히면 8점을 얻고, 틀리면 5점이 감점되므로 한 문제 틀릴 때마다 13점의 차이가 나기 때문입니다.
따라서 247÷13=19이므로 틀린 문제는 19개입니다.

다른 풀이

맞힌 문제를 □ 문제라 하면 틀린 문제는 (30−□)문제입니다.
⇨ 10+□×8−(30−□)×5=3
10+□×8−150+5×□=3
13×□=143, □=11
따라서 틀린 문제는 30−11=19(개)입니다.

30 이기면 3칸을 올라가고 지면 1칸을 내려오므로 가위바위보로 승부가 날 경우 올라가고 내려가는 계단의 합은 2칸입니다. 두준이는 처음보다 14칸을 올라왔고 요섭이는 2칸을 내려왔으므로 두 사람이 올라간 칸은

14−2=12(칸)으로 승부가 난 횟수는 6번입니다. 이 중 두준이는 14칸을 올라왔으므로 3×5−1×1=14로 5번 이기고 한 번 졌습니다.

31 1위 팀은 무승부가 없고 2위 팀은 진 경우가 없으므로 1위 팀과 2위 팀의 경기에서 2위 팀이 이겨야 합니다.
1위 팀은 남은 3경기에서 모두 이겨야 1위를 할 수 있고 12점을 얻습니다.
2위 팀이 2승을 할 경우 진 경우가 없으므로 2무를 하게 되어 12점 동점이 나옵니다. 그러므로 2위 팀의 성적은 1승 3무입니다.
3위 팀과 4위 팀의 경기 결과 3위 팀 승, 3위 팀과 5위 팀의 경기 결과 무승부, 4위 팀과 5위 팀의 경기 결과 4위 팀 승을 하게 될 경우에만 동점인 팀이 없습니다.
따라서 4위 팀은 1승 1무 2패로 6점을 받았습니다.
또는 3위 팀과 4위 팀의 경기 결과 무승부, 3위와 팀과 5위 팀의 경기 결과 3위 팀 승, 4위 팀과 5위 팀의 경기 결과 무승부일 경우에도 동점이 없으므로 4위 팀은 3무 1패로 6점을 받습니다.

32 한 반당 5경기를 하게 되며, 전체 시합 수는 6×5÷2=15(경기)입니다.
4개 반이 기록한 승의 수의 합이 5+4+2=11(승), 무승부는 2반이므로 나머지 2개 반의 성적에 2승과 2무승부가 있어야 합니다.
2무 3패를 한 반은 나머지 2개 반과의 시합에서 각각 무승부였으므로 나머지 2개 반의 성적에 각각 1무씩 있습니다. 만약 나머지 2개 반이 똑같이 1승씩을 한다면 2개 반의 성적이 모두 1승 1무 3패로 똑같아지므로 한 반은 2승 1무 2패, 다른 한 반은 1무 4패를 해야 합니다.
따라서 6개 반의 성적이 각각 5승, 4승 1패, 2승 1무 2패, 2승 3패, 2무 3패, 1무 4패이므로 패자 부활전을 하게 되는 반의 성적은 2무 3패, 1무 4패입니다.

STEP 3 코딩 유형 문제 134~135쪽

1 2번	**2** ㉯
3 ③, ④	**4** 126

1 정렬되지 않은 데이터 (3, 7, 5, 2)는 다음과 같이 정렬됩니다.
① 가장 작은 데이터인 2를 가장 앞의 데이터 3과 위치를 교환합니다. ⇨ (2, 7, 5, 3)
② 첫 번째 데이터인 2를 제외한 데이터 중에서 가장 작은 수인 3을 두 번째 데이터인 7과 위치를 교환합니다. ⇨ (2, 3, 5, 7)
따라서 2번 만에 데이터가 정렬됩니다.

2

	㉮ (2, 4, 6, 1)	㉯ (5, 4, 8, 7)	㉰ (4, 6, 8, 1)
1회	(1, 4, 6, 2)	(4, 5, 8, 7)	(1, 6, 8, 4)
2회	(1, 2, 6, 4)	(4, 5, 7, 8)	(1, 4, 8, 6)
3회	(1, 2, 4, 6)		(1, 4, 6, 8)
	3번	2번	3번

따라서 정렬의 횟수가 가장 적은 것은 ㉯입니다.

3 정렬되지 않은 데이터 (6, □, 4, 3, 1)이 2번 만에 정렬되었습니다. 이때 보기에 0이 없으므로 1과 6은 □와 관계없이 처음에 정렬이 되어야 하고, (1, □, 4, 3, 6)에서 4와 3도 정렬이 되어야 합니다.
4, 3을 정렬하여 (1, □, 3, 4, 6)이 되었을 때 □ 안에 들어갈 수 있는 수는 데이터가 이동하지 않아도 되는 2입니다.
4, 3을 정렬하지 않고 □와 3을 정렬하여 (1, 3, 4, □, 6)이 되었을 때 □ 안에 들어갈 수 있는 수는 데이터가 이동하지 않아도 되는 5입니다.
따라서 □ 안에 들어갈 수 있는 수는 2 또는 5입니다.

4 ▲에는 짝수 2, 4, 6, 8……, ■에는 홀수 1, 3, 5, 7……을 차례대로 넣을 때 ▲+■의 값은 3, 7, 11, 15, 19……이므로 □번째는 ▲+■=□×4−1로 나타낼 수 있습니다.
250보다 크고 250에 가장 가까운 홀수는 251입니다.
따라서 □×4−1=251일 때 □=252÷4=63이므로 ▲=63×2=126입니다.

STEP 4 도전! 최상위 문제 136~139쪽

1 450	**2** 3번
3 200 cm	**4** 9월 11일
5 48가지	**6** 흰색, 5051개
7 145	**8** 7살, 5살

1 1번째 수: 2
2번째 수: 2+6=8) +6
3번째 수: 2+6+10=18) +10
4번째 수: 2+6+10+14=32) +14
5번째 수: 2+6+10+14+18=50) +18
⋮

또한 빨간색 수는 짝수 줄이므로 위에서 30번째 줄의 빨간색 수는 짝수 줄의 15번째 줄의 빨간색 수입니다.
30번째 줄의 수는 더하는 수가
2+4×14=58까지 있습니다.
⇨ 2+6+10+14+18+……+58
=(2+58)+(6+54)+……+(26+34)+30
=420+30=450

2 두 수의 합이 12가 되는 경우는 (4, 8), (5, 7)이므로 빈 공간을 (4, 8), (5, 7)의 사이에 두어야 합니다. 이를 그림으로 나타내면 다음과 같습니다.

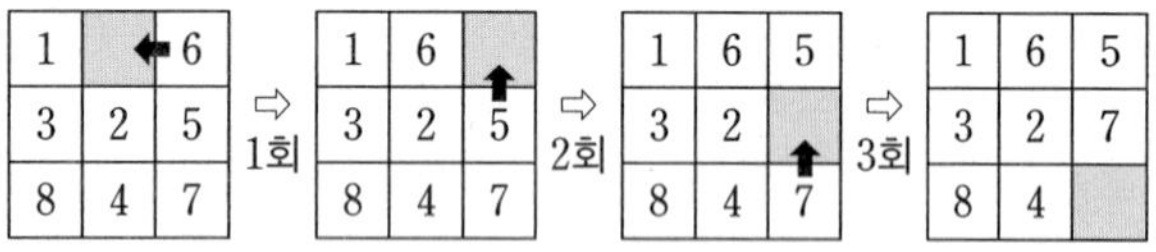

따라서 가로와 세로의 수의 합이 각각 12가 되려면 최소 3번 움직여야 합니다.

3 모든 선분의 길이의 합을 □cm라 하면
□=100+50+25+12.5+……입니다. … ㉠
㉠의 식에 $\frac{1}{2}$을 곱하면
$\frac{1}{2}$×□=50+25+12.5+……입니다. … ㉡
㉠−㉡을 하면 $\frac{1}{2}$×□=100, □=200입니다.

4 365일에서 ㉮㉯㉰일을 빼면 같은 수가 3개 나오므로
365−㉮㉯㉰=111 또는 222 또는 333입니다.
365−㉮㉯㉰=111이면 ㉮㉯㉰=254,
365−㉮㉯㉰=222이면 ㉮㉯㉰=143,
365−㉮㉯㉰=333이면 ㉮㉯㉰=32입니다.
이 중 ㉮+㉯+㉰=11인 수는 2+5+4=11로 ㉮㉯㉰=254입니다. 즉, 테러가 일어난 날은 2001년의 254번째 날입니다.
31+28+31+30+31+30+31+31+11=254이므로 테러가 일어난 날은 9월 11일입니다.

5

A	B	C	D

A, B, C, D에는 1, 2, 3, 4가 서로 겹치지 않게 들어가야 하므로 수를 넣을 수 있는 방법은
4×3×2×1=24(가지)입니다.

A	B	C	D
(색칠)			

나머지 칸을 생각해 보면 색칠된 칸에 올 수 있는 수는 가로, 세로, 대각선에 겹치지 않게 넣어야 하므로 A와 D에 오는 숫자를 제외한 B, C와 같은 숫자 2가지입니다.

A	B	C	D
C	D	A	B
D	C	B	A
B	A	D	C

A	B	C	D
D	C	B	A
B	A	D	C
C	D	A	B

나머지 칸은 위와 같이 채워지므로 수를 넣을 수 있는 방법은 모두 24×2=48(가지)입니다.

6 첫 번째에는 흰색, 두 번째에는 검은색 바둑돌이므로 홀수 번째에는 흰색 바둑돌, 짝수 번째에는 검은색 바둑돌이 놓여 있습니다. 따라서 101은 홀수이므로 흰색 바둑돌입니다.
첫 번째부터 바둑돌의 수를 세어 보면
1, 1+(1), 1+(1+2), 1+(1+2+3),
1+(1+2+3+4), 1+(1+2+3+4+5)……입니다.
따라서 101번째 바둑돌의 수는
1+(1+2+3+4+……+100)
=1+(101×50)=1+5050=5051(개)입니다.

7

㉯								
	○	17	18	19	20	21		
		⑯	5	6	7	22		
		15	④	1	8	23		
		14	3	2	9	24		
		13	12	11	10	25		
					……	26		
								㉮

색칠한 곳의 규칙을 보면 대각선 오른쪽 아래로 1×1, 3×3, 5×5이므로 (홀수)×(홀수)입니다. 즉, 25의 대각선 아래쪽의 색칠한 수들은 $7\times7=49$, $9\times9=81$이므로 ㉮$=81$입니다.
○한 곳의 규칙을 보면 4의 왼쪽 대각선 위로 2×2, 4×4이므로 (짝수)×(짝수)입니다. 즉, 16의 대각선 위쪽으로 ○한 곳의 수들은 $6\times6=36$, $8\times8=64$이므로 ㉯$=64$입니다.
⇨ ㉮+㉯$=81+64=145$

8 내 나이를 □살, 동생의 나이를 △살이라 하면 동시의 1연에 따라 □$+1=2\times($△$-1)$입니다.
또 동시의 2연에 따르면 □$-1=$△$+1$이므로 □$=$△$+2$입니다.
□$=$△$+2$를 1연의 식에 넣으면
(△$+2)+1=2\times($△$-1)$, △$+3=2\times$△-2, △$=5$이므로 □$=5+2=7$입니다.
따라서 내 나이는 7살이고, 동생의 나이는 5살입니다.

특강 영재원 · **창의융합** 문제 **140쪽**

9 ㉔

1	3	5
6		3
2	6	1

10 20명

9 ㉔

5	3	1
3	(감시탑)	6
1	6	2

이외에도 여러 가지가 있습니다.

4	1	4
1	(감시탑)	1
4	1	4

10 최소한의 수로 가로, 세로의 합이 9가 되려면 가장자리 4곳에 가장 큰 수를 넣어야 합니다. 따라서 가장 큰 수인 4를 가장자리 4곳에 넣고 그 사이에는 1을 넣으면 됩니다. 따라서 최소한의 죄수의 수는 20명입니다.

Ⅶ 논리추론 문제해결 영역

STEP 1 경시 **기출 유형** 문제 **142~143쪽**

[주제 학습 21] ④
1 (1) △ (2) ○ (3) × (4) △

[확인 문제] [한 번 더 확인]
1-1 ② **1-2** ③
2-1 ○ ; ㉔ '강아지는 동물입니다.'는 참입니다. 생태계는 동물과 식물로 구성되는데 강아지는 이 중 동물에 속합니다.
2-2 △ ; ㉔ 어떤 사람은 철수를 보고 키가 크다고 할 수 있고, 어떤 사람은 작다고 할 수 있습니다. 따라서 '철수는 키가 큽니다.'는 참과 거짓을 판별할 수 없습니다.
3-1 민재 ;
㉔ 24의 약수를 모두 구해 보면 1, 2, 3, 4, 6, 8, 12, 24가 있습니다.
3-2 지우

1 (1) '도봉산은 높습니다.'에서 높다는 것의 기준이 없으므로 참인지 거짓인지 판별할 수 없습니다.
(2) $3\frac{4}{9}=\frac{31}{9}$이므로
$3\frac{4}{9}\times21=\frac{31}{9}\times21=\frac{217}{3}=72\frac{1}{3}$입니다.
(3) 마름모는 네 변의 길이가 같고 대각선이 서로 수직입니다. 대각선의 길이는 항상 같지 않습니다.
(4) '비행기는 빠릅니다.'에서 빠르다는 것의 기준이 없으므로 참인지 거짓인지 판별할 수 없습니다.

[확인 문제] [한 번 더 확인]
1-1 ① $654\times23=15042$
③ 두 밑면 사이의 거리는 높이입니다.
④ $\frac{2}{7}\times\frac{3}{2}=\frac{3}{7}$
⑤ 참인지 거짓인지 판별할 수 없습니다.

1-2 ③ 비율에 100을 곱한 값을 백분율이라 합니다.

2-2 키는 크다 작다의 기준이 없습니다.

3-1 9는 24의 약수가 아니고, 3은 24의 약수에서 빠져 있으므로 민재가 거짓인 문장을 말했습니다.

3-2 $\square\times\frac{1}{2}+3<7$에서 $\square\times\frac{1}{2}<4$, $\square<8$입니다.
따라서 □ 안에 8보다 작은 수가 들어가야 하므로 참을 말한 사람은 지우입니다.

STEP 1 경시 **기출 유형** 문제 144~145쪽

[주제 학습 22] (1) A의 왼쪽 (2) C, B 또는 B, C
(3)

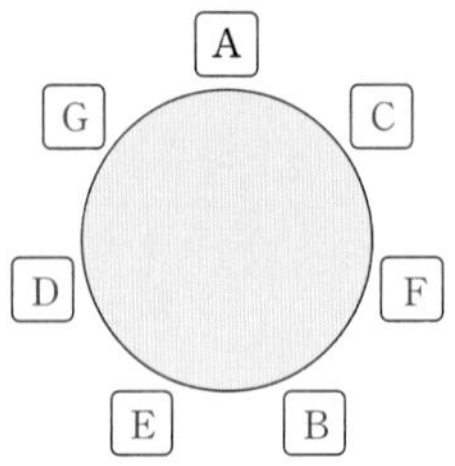

1

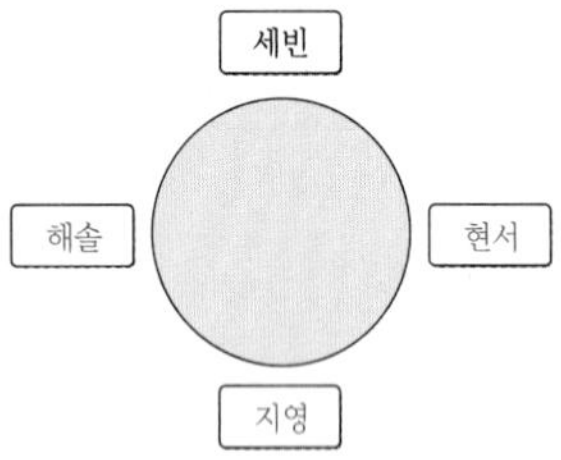

[확인 문제] [한 번 더 확인]

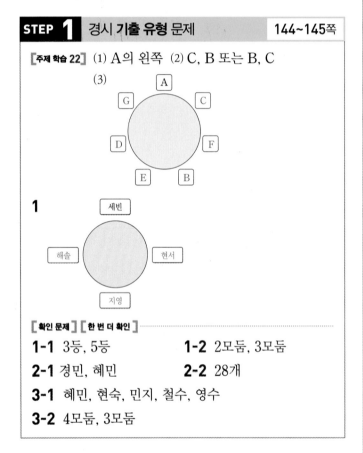

1-1 3등, 5등 **1-2** 2모둠, 3모둠
2-1 경민, 혜민 **2-2** 28개
3-1 혜민, 현숙, 민지, 철수, 영수
3-2 4모둠, 3모둠

1 현서가 오른손으로 세빈이를 쳤으므로 현서는 세빈이의 왼쪽에 앉아 있습니다.
해솔이는 현서를 앞에서 봤으므로 해솔이와 현서는 서로 마주 보고 있습니다.
따라서 지영이는 세빈이와 마주 보고 있습니다.

[확인 문제] [한 번 더 확인]

1-1

1등	2등	3등	4등	5등	6등
○	○	○	○	○	○
		현숙		철수	

현숙이는 앞에서 세 번째이므로 3등이고, 철수 앞에는 4명이 달리고 있으므로 철수는 5등입니다.

1-2 2모둠이 추측한 구슬의 개수는 35개로 가장 많고, 3모둠이 추측한 구슬의 개수는 18개로 가장 적습니다.

2-1 나란히 두 자리가 비어 있는 곳은 1등과 2등이므로 경민이와 혜민이는 1등 또는 2등입니다.

1등	2등	3등	4등	5등	6등
○	○	○	○	○	○
경민	혜민	현숙		철수	

혜민이는 경민이 바로 뒤에 있으므로 2등이고, 경민이가 1등입니다.

2-2 두 개 모둠의 답은 구슬의 수와 4만큼 차이가 나므로 두 모둠의 답 사이에는 8만큼 차이가 나야 합니다. 24와 32의 차가 8이므로 구슬은 28개입니다.

3-1

1등	2등	3등	4등	5등	6등
○	○	○	○	○	○
경민	혜민	현숙	민지	철수	영수

민지는 영수보다 빠르므로 4등이고 영수는 6등입니다.

3-2 실제 구슬의 수와 차이를 나타내면 다음 표와 같습니다.

모둠	1모둠	2모둠	3모둠	4모둠	5모둠
추측한 구슬 수	24	35	18	29	32
실제 구슬 수와의 차이	4	7	10	1	4

STEP 1 경시 **기출 유형** 문제 146~147쪽

[주제 학습 23] 주영, 정아, 수현
1 학생 A

[확인 문제] [한 번 더 확인]

1-1 피자 **1-2** 디자이너, 변호사
2-1 떡볶이, 햄버거
2-2 알 수 없습니다.
3-1

	햄버거	피자	떡볶이
영섭	×	○	×
종원	×	×	○
성렬	○	×	×

3-2 디자이너, 의사, 변호사

1 [가설 ①] 학생 A가 거짓을 말한 경우: A의 말이 거짓이므로 B가 화분을 깬 것이고, 학생 B도 자신이 깼다고 합니다. 그러나 학생 C는 학생 A가 화분을 깼다고 하므로 모순입니다.
[가설 ②] 학생 B가 거짓을 말한 경우: 학생 B는 화분을 깨지 않았고, 학생 C는 학생 A가 깼다고 한 것도 참이니 가설 ②가 맞습니다. 따라서 화분을 깨뜨린 것은 학생 A입니다.
[가설 ③] 학생 C가 거짓을 말한 경우: 학생 A와 학생 B 둘 다 참을 말한 것인데 둘의 말은 모순입니다.

[확인 문제] [한 번 더 확인]

1-1 영섭이와 떡볶이를 먹은 사람은 같은 동네에 살고 있다고 했으므로 영섭이는 떡볶이를 먹지 않았습니다. 또한 영섭이는 햄버거를 먹지 않았다는 조건이 있으므로 영섭이가 먹은 음식은 피자입니다.

1-2 진영이는 의사보다 나이가 어리므로 의사가 아닙니다. 따라서 진영이의 직업은 디자이너 또는 변호사로 가정할 수 있습니다.

2-1 영섭이가 피자를 먹었고, 종원이와 햄버거를 먹은 사람은 다른 음료수를 마신다고 했으므로 종원이는 피자와 햄버거가 아닌 떡볶이를 먹었습니다.
따라서 성렬이는 햄버거를 먹었습니다.

2-2 진영이의 직업을 디자이너로 가정하면 조건에 따라 의사, 디자이너, 변호사의 순서로 나이가 많습니다. 또한 진영이는 의사보다 나이가 어리고 경민이는 디자이너보다 나이가 어리므로 경민이의 직업은 변호사가 됩니다. 그러나 [조건 3]에서 변호사는 경민이보다 어리다는 조건이 있으므로 모순입니다.

3-1 영섭이와 떡볶이를 먹은 사람은 같은 동네에 살고 있다고 했으므로 영섭이는 떡볶이를 먹지 않았습니다. 또한 영섭이는 햄버거를 먹지 않았다는 조건이 있으므로 영섭이가 먹은 음식은 피자입니다.

3-2 진영이의 직업을 변호사로 가정하면 경민이의 직업은 디자이너 또는 의사가 될 수 있습니다. 그러나 경민이는 디자이너보다 어리므로 디자이너가 아닙니다. 따라서 경민이는 의사입니다. 진영이는 변호사이고 경민이는 의사이므로 웅휘는 디자이너입니다.

STEP 2 실전 경시 문제 148~153쪽

1 (위에서부터) 배나무, 감나무, 포도나무, 사과나무
2 (위에서부터) 인형, 신발, 휴대전화, 동화책
3 거짓에 ○표 ;
예 학자의 절반 정도는 책을 읽는 것을 좋아하므로 모두 좋아하는 것은 아닙니다.
4 × ;
예 승도네 학교에는 전교 회장이 없고, 나는 승도네 학교의 학생이므로 나는 전교 회장이 될 수 없습니다.
5 거짓에 ○표 **6** ②
7 테트리스, 레이싱, 슈팅
8 수학, 체육, 과학
9

아빠(운전석)	할아버지
동생	엄마
도영	삼촌

10 상민, 성재, 재영, 승요
11 거북이, 지렁이, 개미, 굼벵이
12

도형	삼각형	사각형	오각형	육각형
색깔	빨간색	노란색	초록색	흰색

13 넷째 ; 셋째 ; 둘째 ; 첫째
14 (A를 가장 위에 두고 시계방향으로) C, D, E, B, F

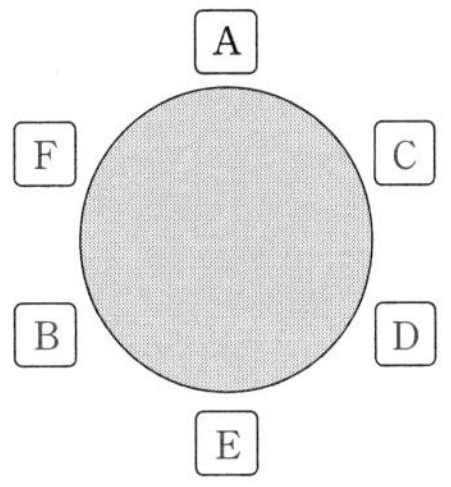

15 2모둠
16 2모둠, 3모둠, 4모둠, 5모둠
17 경찰, 시민, 마피아
18 의사, 가수, 가수
19 명훈 **20** 간호사, 화가
21 72개 **22** 1500 m
23 190 **24** 133

1 민규와 하영이네 나무의 이름은 세 글자이므로 감나무와 배나무입니다. 하영이네 나무는 배나무가 아니므로 감나무이고 민규네 나무는 배나무입니다. 승요네 집에 심어진 나무는 사과나무가 아니므로 승요네 집에 심어진 나무는 포도나무입니다.

	사과나무	감나무	배나무	포도나무
민규	×	×	○	×
하영	×	○	×	×
승요	×	×	×	○
진영	○	×	×	×

2 지영이와 은이가 받은 선물은 두 글자입니다. 은이는 인형을 받지 않았으므로 은이가 받은 선물은 신발이고, 지영이가 받은 선물은 인형입니다. 진주는 동화책을 받았으므로 정화가 받은 선물은 휴대전화입니다.

	인형	동화책	신발	휴대전화
지영	○	×	×	×
정화	×	×	×	○
은이	×	×	○	×
진주	×	○	×	×

5 가로가 48 m이고 세로가 12 m일 때
(화단의 넓이)$=48\times12=576$ (m^2)입니다.
{(가로)+(세로)}$\times2=120$이므로 (가로)+(세로)$=60$입니다.

가로(m)	48	47	46	45	44	……
세로(m)	12	13	14	15	16	……
넓이(m^2)	576	611	644	675	704	……

따라서 가로와 세로의 변화에 따라 넓이도 변합니다.

6 민지가 90 %의 표를 얻었으므로 승우는 민지에게 투표했을 가능성이 높습니다.
90 %는 확실한 것이 아니므로 확실하다고 표현하면 안됩니다.

7 표를 그리고 • 조건 •을 이용하여 문제를 해결합니다.
① 지혁이는 휘성이가 슈팅 게임을 좋아하는 걸 알고 있으므로 휘성이는 슈팅 게임을 좋아합니다.
② 승찬이와 휘성이는 테트리스 또는 슈팅 게임을 좋아하고 휘성이가 슈팅 게임을 좋아하므로 승찬이는 테트리스 게임을 좋아합니다.
따라서 지혁이는 레이싱 게임을 좋아합니다.

	테트리스	레이싱	슈팅
승찬	② ○	×	×
지혁	×	② ○	×
휘성	×	×	① ○

8 표를 그리고 • 조건 •을 이용하여 문제를 해결합니다.
승찬이는 수학을 좋아하고, 휘성이의 친구는 승찬, 지혁이므로 지혁이는 체육을 좋아합니다. 따라서 휘성이는 과학을 좋아합니다.

	수학	체육	과학
승찬	○	×	×
지혁	×	○	×
휘성	×	×	○

9 도영이는 삼촌 옆에 앉고 엄마는 동생 옆에 앉습니다. 엄마는 할아버지 뒤에 앉으므로 동생은 아빠 뒤에 앉습니다. 도영이는 동생 뒤에 앉으므로 삼촌은 엄마 뒤에 앉습니다.

10

	1등	2등	3등	4등
승요	×	×	×	③ ○
성재	×	④ ○	×	×
상민	④ ○	×	×	×
재영	① ×	② ×	② ○	×

① 친구들이 말한 것을 모두 반대로 생각하면 재영이는 1등과 4등이 아닙니다.
② 재영이는 2등이 아니므로 3등입니다.
③ 승요는 재영이보다 점수가 낮으므로 4등입니다.
④ 상민이의 점수가 성재의 점수보다 높으므로 상민이가 1등, 성재가 2등입니다.

11

	1등	2등	3등	4등
거북이	① ○	×	×	×
굼벵이	×	×	① ×	② ○
지렁이	×	② ○	① ×	×
개미	×	×	① ○	×

① 거북이가 1등이라고 가정하면 굼벵이와 지렁이는 모두 3등이 아니므로 개미가 3등입니다.
② 지렁이가 굼벵이보다 빠르므로 지렁이가 2등이고 굼벵이는 4등입니다.

참고

개미가 1등이라고 가정하면 토끼의 말에 의해 거북이가 2등입니다. 하지만 굼벵이와 지렁이가 둘다 3등이 아니므로 모순이 되어 개미가 1등이라고 할 수 없습니다.

12

	노란색	빨간색	흰색	초록색
삼각형	×	② ○	×	×
사각형	① ○	×	×	×
오각형	×	① ×	① ×	① ○
육각형	×	② ×	② ○	×

① 사각형은 노란색이고, 오각형은 빨간색이나 흰색이 아니므로 초록색입니다.
② 육각형은 빨간색이 아니므로 흰색이고 삼각형은 빨간색입니다.

13 • 첫째 도토리가 거짓을 말했다고 가정하면 둘째 도토리가 가장 작고, 넷째 도토리가 셋째로 작은데 셋째 도토리가 넷째보다 작다고 하였으므로 모순입니다.
• 둘째 도토리가 거짓을 말했다고 가정하면 넷째 도토리가 가장 크고 그 다음은 셋째 도토리입니다. 또한 셋째 도토리가 둘째보다 크다고 했으므로 둘째 도토리가 세 번째로 크고 첫째 도토리가 가장 작습니다.
• 셋째 도토리(또는 넷째 도토리)가 거짓을 말했다고 가정하면 첫째가 가장 작다고 했는데 둘째도 가장 작다고 했으므로 모순입니다.

따라서 둘째 도토리가 거짓을 말했으므로 키가 큰 순서는 넷째 도토리, 셋째 도토리, 둘째 도토리, 첫째 도토리입니다.

14 ①에서 A 옆에는 B, E가 없으므로 C, D, F가 올 수 있는데 D가 오게 되면 모순이 되어 C, F가 올 수 있습니다.

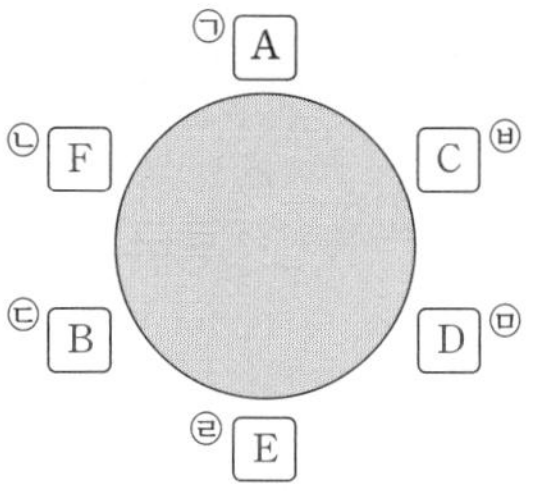

②에서 B 오른쪽에 E가 앉고 B 맞은 편에 C가 앉으므로 ㉢ 자리에 B가 앉을 수 있습니다. B가 ㉢ 자리에 앉으면 ㉣ 자리에 E가 앉고 ㉥ 자리에 C가 앉게 됩니다.
③에서 F 옆자리에 C가 올 수 없으므로 ㉡ 자리에 F가 앉고 ㉤ 자리에 D가 앉으면 됩니다.

15 1모둠과 3모둠, 4모둠과 6모둠은 서로의 말을 부정했으므로 1모둠과 3모둠 중 한 모둠, 4모둠과 6모둠 중 한 모둠이 바르게 말했습니다. 따라서 2모둠과 5모둠은 거짓을 말했습니다. 2모둠은 거짓을 말했으므로 2모둠이 행운권에 당첨되었습니다.

16 • 2모둠은 행운권에 당첨되었으므로 1모둠은 바르게 말했고, 2모둠은 거짓을 말했습니다.
• 3모둠은 1모둠의 말이 거짓이라고 하였으므로 거짓을 말했습니다.
• 4모둠은 2모둠이 행운권에 당첨되지 않았다고 말했으므로 거짓을 말했습니다.
• 5모둠은 1, 3 모둠이 행운권에 당첨되지 않았으므로 거짓을 말했습니다.
• 6모둠은 4모둠의 말이 거짓이라고 하였으므로 바르게 말했습니다.

따라서 1모둠과 6모둠이 바르게 말했고 나머지 4개의 모둠은 거짓을 말했습니다.

17 • 영희가 경찰이라면 민수는 경찰이 되어야 하므로 모순이 됩니다.
• 민수가 경찰이라면 철수는 마피아입니다. 철수가 마피아이므로 거짓을 말하면 영희는 시민이 아니어야 하는데 영희는 시민이므로 모순이 됩니다.
• 철수가 경찰이라면 영희는 시민입니다. 철수는 경찰이므로 민수는 거짓을 말하고 있습니다. 따라서 민수는 마피아입니다.

18 지우는 거짓을 말했으므로 윤진이는 가수입니다. 채정이는 거짓을 말했으므로 가수 또는 의사입니다.
• 채정이가 의사라 가정하면 이현의 말이 참인 경우 이현이는 군인이 되는데 그렇게 되면 가수와 군인의 수가 같아지게 되어 모순이 됩니다.
• 채정이가 가수라 가정하면 이현이는 참을 말하게 되고 남은 1명인 의사가 됩니다.

따라서 이현이는 의사, 윤진이는 가수, 채정이는 가수입니다.

19 세 모서리의 길이를 7 cm, 12 cm, 14 cm로 가정하면 문제의 조건에 알맞게 표가 완성됩니다.

	7 cm	12 cm	14 cm
웅휘	○	×	○
경민	×	○	○
현기	○	×	×
태형	×	○	×
명훈	○	○	○

정답과 풀이 논리추론 문제해결 영역

20

	A	B	C
간호사	○	×	×
과학자	×		
정원사	×	×	○
화가	○	×	×
군인	×		
교사	×		

B는 화가와 사이가 나쁘다고 했고 정원사와는 사이가 좋다고 했으므로 정원사와 화가는 같은 사람이 아닙니다. C와 B는 간호사에게 인사했으므로 A는 간호사입니다. A와 B는 정원사와 사이가 좋으므로 C는 정원사입니다. 정원사와 화가는 같은 사람이 아니고, 화가는 B와 사이가 나쁘므로 A는 화가입니다.
따라서 A의 직업은 간호사와 화가입니다.

21 윤민이가 1걸음 걷는 동안 금찬이는 2걸음을 걷고 에스컬레이터는 □계단만큼 내려온다고 하면,
윤민이가 18걸음 걷는 동안 금찬이는 36걸음을 걷고 에스컬레이터는 (18×□)계단만큼 내려옵니다.
금찬이는 36걸음에 내려오므로
(계단의 수)=36+18×□이고,
윤민이는 24걸음에 내려오므로
(계단의 수)=24+24×□입니다.
에스컬레이터의 계단의 수는 항상 일정하므로
36+18×□=24+24×□, □=2입니다.
⇨ (에스컬레이터의 계단의 수)
=36+18×2=72(개)

22 범준이가 400 m를 분속 50 m로 갔다가 분속 80 m로 집으로 돌아오는 데 걸린 시간은 8+5=13(분)입니다. 집에서 준비물을 챙기는 데 걸린 시간이 5분이므로 처음보다 13+5=18(분)이 늦어졌습니다. 범준이가 집을 나와 분속 50 m로 걸어서 시험 시작 10분 전에 도착하는 데 걸린 시간이 □분이라면,
분속 75 m로 시험 시작 2분 전에 도착하는 데 걸린 시간은 (□−18+8)분입니다.
따라서 50×□=75×(□−10), □=30이므로
집에서 시험장까지의 거리는 50×30=1500(m)입니다.

23 홀수를 입력하고 #을 누르면 3이 더해지고, 짝수를 입력하고 #을 누르면 2로 나누어집니다. 이 규칙에 따라 5에서부터 거꾸로 수를 찾아보면 홀수에 3을 더할 경우 짝수가 되고, 짝수를 2로 나눌 경우에만 홀수가 된다는 것을 알 수 있습니다.

$5 \xrightarrow{\times 2} 10 \xrightarrow{\times 2} 20 \xrightarrow{\times 2} 40 \xrightarrow{\times 2} 80$

$5 \xrightarrow{\times 2} 10 \xrightarrow{\times 2} 20 \xrightarrow{\times 2} 40 \xrightarrow{-3} 37$

$5 \xrightarrow{\times 2} 10 \xrightarrow{\times 2} 20 \xrightarrow{-3} 17 \xrightarrow{\times 2} 34$

$5 \xrightarrow{\times 2} 10 \xrightarrow{-3} 7 \xrightarrow{\times 2} 14 \xrightarrow{\times 2} 28$

$5 \xrightarrow{\times 2} 10 \xrightarrow{-3} 7 \xrightarrow{\times 2} 14 \xrightarrow{-3} 11$

따라서 5에서부터 거꾸로 수를 찾아보면 #을 4번 누르기 전의 수는 80, 37, 34, 28, 11입니다.
⇨ 80+37+34+28+11=190

24 달력에 있는 날짜 중 약수의 개수가 2개뿐인 수는 2, 3, 5, 7, 11, 13, 17, 19, 23, 29, 31입니다.
월요일에 있을 수 있는 경우는 7의 배수만큼 차이가 나는 (3, 17, 31)뿐입니다.
- 월요일이 3일인 주의 날짜를 합한 값
  ⇨ 2+3+4+5+6+7+8=35
- 월요일이 17일인 주의 날짜를 합한 값
  ⇨ 16+17+18+19+20+21+22=133
- 월요일이 31일인 주의 날짜를 합한 값
  ⇨ 30+31=61

따라서 가장 큰 값은 133입니다.

STEP 3 코딩 유형 문제 154~155쪽

1 2번　**2** 3번
3 5　**4** 6가지

1 [2|1|5|3]은 삽입 정렬을 이용하여 다음과 같이 정렬됩니다.
① 두 번째 데이터 1과 첫 번째 데이터 2를 비교해 자리를 교환합니다. ⇨ [1|2|5|3]
② 네 번째 데이터 3을 첫 번째, 두 번째, 세 번째 데이터와 비교해 3을 2와 5 사이에 정렬시킵니다.
⇨ [1|2|3|5]

2 정렬되지 않은 4개의 한 자리 숫자를 삽입 정렬에 의해 정렬할 때 정렬의 횟수의 최댓값은 각 자리의 숫자 모두에서 정렬이 일어나는 경우입니다.
따라서 숫자가 4개이므로 모두 4−1=3(번)입니다.

3 삽입 정렬을 이용해 정렬되지 않은 ㉮, ㉯ 데이터를 정렬할 경우 다음과 같습니다.

㉮ [1|5|3|4]

1회: [1|3|5|4] ⇨ 2회: [1|3|4|5]

따라서 총 2번 만에 데이터가 정렬됩니다.

㉯ [9|6|7|8]

1회: [6|9|7|8] ⇨ 2회: [6|7|9|8]

⇨ 3회: [6|7|8|9]

따라서 총 3번 만에 데이터가 정렬됩니다.

4 105의 약수:1, 3, 5, 7, 15, 21, 35, 105
24의 약수: 1, 2, 3, 4, 6, 8, 12, 24
두 수의 곱이 짝수가 나오려면 두 수 중 한 개 이상의 수가 짝수여야 합니다. ○와 △에 차례대로 들어갈 수는 다음과 같습니다.

	1회	2회	3회	4회	5회	6회	7회	8회
○	1	3	5	7	15	21	35	105
△	24	12	8	6	4	3	2	1

이때 두 곱이 홀수가 나오는 경우는 6회와 8회로 2가지이므로 짝수가 나오는 경우는 $8-2=6$(가지)입니다.

STEP 4 도전! 최상위 문제 156~159쪽

1 다현
2 화가, 교사 ; 변호사, 상인 ; 은행원, 소설가
3 승호
4 승필, 승요, 승연, 승호
5 36억 원
6 78개
7 신영
8 1등(독일), 2등(아르헨티나), 3등(네덜란드), 4등(브라질)

1 정재와 희원이가 이웃하여 서 있으므로 (정재, 희원) 또는 (희원, 정재) 순으로 서 있을 수 있습니다. 마찬가지로 (기창, 다현) 또는 (다현, 기창), (유진, 은솔) 또는 (은솔, 유진) 순으로 서 있을 수 있습니다.
① 기창이 다음 희원이가 표를 샀으므로 (다현, 기창, 희원, 정재) 순으로 서 있어야 합니다.
② 은솔이가 마지막에 표를 샀으므로 (유진, 은솔)이 되어야 하고, ①의 순서와 이어 보면 (다현, 기창, 희원, 정재, 유진, 은솔) 순으로 서 있어야 합니다.

따라서 표를 가장 먼저 산 사람은 다현입니다.

2 표를 그리고 • 조건 •을 이용하여 문제를 해결합니다.

	은행원	변호사	상인	화가	소설가	교사
민수	×	×	×	○	×	○
다애	×	○	○	×	×	×
혜진	○	×	×	×	○	×

3 승요: $101010=1\times2^5+1\times2^3+1\times2$
$=32+8+2=42$
이므로 바르게 말했습니다.
승호: $10101=1\times2^4+1\times2^2+1=16+4+1=21$은 42의 $\frac{1}{2}$배이므로 바르게 말하지 않았습니다.
승필: $110011=1\times2^5+1\times2^4+1\times2+1=32+16+2+1=51$이므로 바르게 말했습니다.
따라서 바르게 말하지 않은 사람은 승호입니다.

4 십진법의 수로 바꾸었을 때 승요는 42, 승호는 21, 승필이는 51, 승연이는 26입니다. 따라서 큰 수를 말한 사람부터 차례로 쓰면 승필, 승요, 승연, 승호입니다.

5 부자가 남긴 재산을 □억 원이라고 하면
(첫째 아들이 받은 재산)$=1+(\square-1)\times\frac{1}{7}$,
(둘째 아들이 받은 재산)
$=2+[\square-\{1+(\square-1)\times\frac{1}{7}\}-2]\times\frac{1}{7}$
첫째 아들과 둘째 아들이 받은 유산은 같으므로
$1+(\square-1)\times\frac{1}{7}$
$=2+[\square-\{1+(\square-1)\times\frac{1}{7}\}-2]\times\frac{1}{7}$입니다.
$7+\square-1=14+\square-\{1+(\square-1)\times\frac{1}{7}\}-2$이므로
$(\square-1)\times\frac{1}{7}=5$, $\square-1=35$, $\square=36$입니다.

6 문규는 초콜릿을 4개 먹었으므로 마지막에 은비가 가지고 있는 초콜릿의 개수는
$(220-4)\times\frac{3}{(2+3+4)}=216\times\frac{3}{9}=72$(개)입니다.
마지막에 규창이가 가지고 있는 초콜릿의 개수는

$(220-4)\times\frac{4}{(2+3+4)}=216\times\frac{4}{9}=96$(개)입니다.

은비가 $\frac{1}{5}$을 규창이에게 주기 전에 은비는

$72\div\frac{4}{5}=72\times\frac{5}{4}=90$(개)를 가지고 있었으므로 규창이에게 준 초콜릿은 $90-72=18$(개)입니다.
따라서 처음에 규창이가 가지고 있던 초콜릿은
$96-18=78$(개)입니다.

7 찬웅이의 예상이 틀렸다고 가정하고 참인 세 개의 조건에 따라 구하면 찬웅이의 말은 참이 됩니다. 따라서 찬웅이는 틀리지 않았습니다. 정욱이의 예상이 틀렸다고 가정하고 참인 세 개의 조건에 따라 구하면 정욱이의 말은 참이 됩니다. 따라서 정욱이는 틀리지 않았습니다.

찬웅이가 틀렸다고 가정했을 때

	1등	2등	3등	4등
브라질	×	×	×	○
네덜란드	×	×	○	×
독일	×	○	×	×
아르헨티나	○	×	×	×

정욱이가 틀렸다고 가정했을 때

	1등	2등	3등	4등
브라질	×	×	×	○
네덜란드	×	×	○	×
독일	×	○	×	×
아르헨티나	○	×	×	×

한별이의 예상이 틀렸다고 가정하고 참인 세 개의 조건에 따라 구하면 한별이의 말은 참이 됩니다. 따라서 한별이는 틀리지 않았습니다. 신영이의 예상이 틀렸다고 가정하면 나머지 사람들의 예상은 맞고 신영이의 예상은 틀리므로 신영이가 틀리게 말했습니다.

한별이가 틀렸다고 가정했을 때

	1등	2등	3등	4등
브라질	×	×	×	○
네덜란드	×	×	○	×
독일	×	○	×	×
아르헨티나	○	×	×	×

신영이가 틀렸다고 가정했을 때

	1등	2등	3등	4등
브라질	×	×	×	○
네덜란드	×	×	○	×
독일	○	×	×	×
아르헨티나	×	○	×	×

8 신영이의 예상이 틀렸으니 찬웅, 정욱, 한별이의 예상대로 표를 만들면 1등은 독일, 2등은 아르헨티나, 3등은 네덜란드, 4등은 브라질입니다.

	1등	2등	3등	4등
브라질	×	×	×	○
네덜란드	×	×	○	×
독일	○	×	×	×
아르헨티나	×	○	×	×

특강 영재원 · 창의융합 문제 160쪽

9

행성	태양과 가까운 순서	공전 주기
목성	5	11.9년
천왕성	7	84년
수성	1	88일
화성	4	688일
금성	2	225일
지구	3	365일
토성	6	29.5년
해왕성	8	164.8년

10 7568일 후

10 수성과 화성이 다시 일직선을 이루려면 수성의 공전 주기인 88일과 화성의 공전 주기인 688일의 최소공배수만큼 지나야 합니다. 이때 최소공배수는
$4\times2\times11\times86=7568$이므로 다시 일직선을 이루는 날은 7568일 후입니다.

배움으로 행복한 내일을 꿈꾸는

천재교육 커뮤니티 안내

교재 안내부터 구매까지 한 번에!

천재교육 홈페이지

자사가 발행하는 참고서, 교과서에 대한 소개는 물론
도서 구매도 할 수 있습니다. 회원에게 지급되는 별을 모아
다양한 상품 응모에도 도전해 보세요!

다양한 교육 꿀팁에 깜짝 이벤트는 덤!

천재교육 인스타그램

천재교육의 새롭고 중요한 소식을 가장 먼저 접하고 싶다면?
천재교육 인스타그램 팔로우가 필수!
깜짝 이벤트도 수시로 진행되니 놓치지 마세요!

수업이 편리해지는

천재교육 ACA 사이트

오직 선생님만을 위한, 천재교육 모든 교재에 대한 정보가 담긴
아카 사이트에서는 다양한 수업자료 및 부가 자료는 물론
시험 출제에 필요한 문제도 다운로드하실 수 있습니다.

https://aca.chunjae.co.kr

천재교육을 사랑하는 샘들의 모임

천사샘

학원 강사, 공부방 선생님이시라면 누구나 가입할 수 있는 천사샘!
교재 개발 및 평가를 통해 교재 검토진으로 참여할 수 있는 기회는 물론
다양한 교사용 교재 증정 이벤트가 선생님을 기다립니다.

아이와 함께 성장하는 학부모들의 모임공간

튠맘 학습연구소

튠맘 학습연구소는 초·중등 학부모를 대상으로 다양한 이벤트와 함께
교재 리뷰 및 학습 정보를 제공하는 네이버 카페입니다.
초등학생, 중학생 자녀를 둔 학부모님이라면 튠맘 학습연구소로 오세요!

정답은
이안에
있어!